Rautenpythons

Morelia bredli, Morelia carinata und der *Morelia-spilota*-Komplex

Marc Mense

2., überarbeitete und erweiterte Auflage

Bildnachweis Umschlag
Titelbild: *Morelia carinata* Foto: M. Mense
links unten: *Morelia spilota spilota* bei der Eiablage Foto: M. Mense
rechts unten: Ungewöhnlicher „Jaguar" aus der Zucht des Autors Foto: M. Mense
Hintergrund: Beschuppung eines „Crossings" *M. s. spilota* × *M. s. cheynei* Foto: M. Schmidt

---

Gewidmet meiner Frau Marion,
die mich nun schon fast
mein ganzes Leben lang begleitet

Die in diesem Buch enthaltenen Angaben, Ergebnisse, Dosierungsanleitungen etc. wurden vom Autor nach bestem Wissen erstellt und sorgfältig überprüft. Da inhaltliche Fehler trotzdem nicht völlig auszuschließen sind, erfolgen diese Angaben ohne jegliche Verpflichtung des Verlages oder des Autors. Beide übernehmen daher keine Haftung für etwaige inhaltliche Unrichtigkeiten.

ISBN: 978-3-86659-234-6

2., überarbeitete und erweiterte Auflage 2015

An der Kleimannbrücke 39/41
48157 Münster
Geschäftsführung: Matthias Schmidt
Lektorat: Kriton Kunz, Heiko Werning
Layout: Ludger Hogeback - hohe birken / Mirko Barts - GeitjeEnterprices LLC
Druck: Alföldi, Debrecen

Inhalt

Geleitwort zur zweiten Auflage

Im Jahr 2006 schlug Marc Menses Buch „Rautenpythons“ auf dem deutschen Terraristik-Buchmarkt ein – ein exzellent recherchiertes Werk über den *Morelia-spilota*-Komplex. Damals beendete ich mein Geleitwort der ersten Auflage mit der Zeile: „Ich kann nur die Bilder betrachten und auf eine englische Ausgabe warten!“, denn das Buch kam nur auf Deutsch heraus. Diese zweite Auflage dagegen soll nun auch auf Englisch erscheinen, und es steht zu erwarten, dass das Buch von der Leserschaft begeistert angenommen wird, denn über die letzten Jahre wurden diese mittelgroßen Pythons ständig beliebter und auch besser verfügbar.

Mark O'Shea mit einem Amethystpython im Mangrovensumpf von Daru Island, Western Province, Papua Neu Guinea.

Foto: M. O'Shea

Die vorliegende zweite Auflage ist jedoch weit mehr als eine ausgebesserte Version. Sie umfasst neue, zusätzliche Informationen für den Liebhaber dieser Tiere – darunter auch ein Kapitel über die Terrarienpflege des „Heiligen Grals“ unter den australischen Pythons, des Rauschuppenpythons (*M. carinata*), den ich in Menschenobhut im Australian Reptile Park, Gosford, und in der Natur in der Hunter River Gorge, Kimberley, Western Australia, beobachten konnte. Marc Mense hatte das Glück, fünf Exemplare dieser Art aus einer Beschlagnahmung illegal nach Deutschland eingeführter Tiere zu erhalten, und niemand hätte sie sich sehnlicher gewünscht als er.

Außerdem stellt der Autor all die verschiedenen Farb- und Zeichnungszüchtungen vor. Zwar wissen Marc Mense und viele andere, dass ich persönlich kein Fan solcher Morphen bin, da ich mich in erster Linie als Feldherpetologe verstehe. Aber ich bin auch Artenschützer, und mir ist bewusst, dass diese Designer-Schlangen mit ihrem extravaganten Äußeren eine große Anziehungskraft auf viele Terrarianer ausstrahlen und auf diese Weise den Druck von in der Natur lebenden Populationen nehmen: Nachzuchten solcher Morphen können offensichtlich nicht der Wildnis entnommen worden sein. Mögen mir solche Tiere also nicht so attraktiv erscheinen wie vielen Terrarianern, so schätze ich doch den Dienst, den sie ihren Verwandten in den natürlichen Lebensräumen leisten.

Ob Sie nun also Rautenpythons „wie von der Natur gewollt" oder in allen Farben des Regenbogens lieben – ich bin sicher, dass Sie in der zweiten Auflage von Marc Menses Buch etwas finden werden, was Ihr Interesse auf sich zieht!

Mark O´Shea, 2015

Diese *M. bredli* ist vermutlich hypermelanistisch. Als man sie in der Nähe von Alice Springs (NT) fand, war sie sehr dunkel, aber fast „normal" gefärbt. Im Lauf des ersten Jahres der Terrarienhaltung verlor dieses Tier jedoch sämtliche helleren Farbelemente.

Foto: D. G. Barker, mit freundlicher Unterstützung von G. Bedford

Vorwort

Der Grundstein für meine Leidenschaft zur Schlangenhaltung wurde bereits in frühester Jugend gelegt. Als Sohn einer Zoohändlerfamilie wurde ich mit Wellensittich, Meerschweinchen & Co. groß. All diese „normalen“ Tiere gehörten zu meinem Alltag, weshalb sie kaum noch mein Interesse wecken konnten. Das einzig wirklich Faszinierende für mich war jedes Mal der Besuch bei einem der Tierimporteure, denn die hatten auch immer eine große Auswahl an Reptilien.

Besonders die Schlangen zogen mich in ihren Bann, und so bekam ich dann auch im Alter von zehn Jahren mein erstes Pärchen Strumpfbandnattern der Art *Thamnophis sirtalis*, das ich jahrelang pflegte. Auch heute noch, über zwanzig Jahre später, sind Schlangen für mich die faszinierendsten Tiere überhaupt. Nur halte ich jetzt nicht mehr wie früher verschiedenste Schlangenarten, sondern ich habe mich seit etwa Anfang bis Mitte der neunziger Jahre auf die Gattung *Morelia* konzentriert.

Hauptprobleme in der Terrarienhaltung waren damals – in den 1980er-Jahren –, dass man enorm improvisieren musste, da es für die Terraristik so gut wie nichts zu kaufen gab.

Das hat sich mittlerweile drastisch geändert, denn in den letzten Jahren erlebte dieses Hobby einen wahren Boom. Das brachte sicherlich nicht nur Nachteile mit sich, sondern kam in vielen Bereichen den Tieren und den Pflegern zugute. Neben jeder Menge sehr nützlichem, aber leider auch gänzlich unbrauchbarem Zubehör kam auch immer mehr terraristische Fachliteratur auf den Markt, was die artgerechte Haltung und die daraus resultierenden Zuchterfolge kräftig nach vorn brachte.

Trotz dieses Aufschwunges in der Terraristik sind detaillierte Angaben zur Biologie, Haltung und Zucht des Rautenpythons immer noch sehr spärlich. Es herrscht außerdem ein Namenswirrwar, das zum einem aus Unkenntnis und zum anderen aus der Tatsache resultiert, dass einige Rautenpython-Unterarten dermaßen vermischt wurden und immer noch werden, dass eine genaue Zuordnung nicht oder kaum noch möglich ist. Außerdem werden manche Rautenpythons schlichtweg falsch deklariert, entweder aus Unwissenheit oder aus geschäftlichem Vorteil. Zusätzlich kursieren einige Fantasie-Namen und diverse Bezeichnungen für Farbformen, was die ganze Sache gerade für Einsteiger sehr komplex und völlig unüberschaubar erscheinen lässt.

Leider kursieren auch immer noch verschiedene Vorurteile, wie etwa, dass alle Rautenpythons bissig seien und alle im Alter groß und farblos würden, oder diverse „Schauergeschichten“ über unlösbare Probleme in der Haltung und Vermehrung des Diamantpythons (*Morelia spilota spilota*).

Dadurch und durch eine gewisse Unbekanntheit führt dieser schöne und sehr interessante Python immer noch ein Schattendasein in der Terraristik – völlig zu Unrecht, wie ich finde.

Deshalb soll dieses Buch zu einem besseren Verständnis dieser faszinierenden Riesenschlangen beitragen und etwas Licht ins Dunkel der Bezeichnungen und Unterarten bringen. Erklärtes Hauptziel dieses Buches ist es also, für diese Tiere in der Terraristik eine Bresche zu schlagen, einen Leitfaden zur Identifizierung der Arten und Unterarten sowohl im Freiland als auch im Terrarium zu bieten und eine Hilfe zur artgerechten Pflege und erfolgreichen Nachzucht dieser prächtigen Pythonart zu sein.

Seit dem Erscheinen der ersten Auflage ist viel geschehen und die Anhängerschaft dieser faszinierenden Pythonart ist deutlich gewachsen.

Wie bei fast allen Schlangen in der Terraristik ist auch bei den Rautenpythons das Thema Farb- und Mustermutationen jedes Jahr wichtiger geworden, weshalb es in der Zweitauflage mehr Platz als in der ersten einnimmt.

Ich freue mich, allen Interessierten nun diese zweite und überarbeitete Auflage meines Buches präsentieren zu dürfen.

Marc Mense, Harsewinkel, 2015

Danksagung

Als Erstes gilt mein ganz besonders großer Dank meiner Familie, speziell meiner Frau Marion und meiner Tochter Marie sowie meiner Mutter Hedwig, die immer alle Höhen und Tiefen mit mir gemeinsam durchlebt haben. Außerdem geht mein Dank an sie, da sie immer mehr Platz für immer mehr Terrarien zur Verfügung stellten und mich immer hervorragend in allen Dingen unterstützten. Besonders aber möchte ich mich hier nochmals bei meinem Vater Otto Mense ganz besonders bedanken, der das Erscheinen dieses Buches leider nicht mehr miterleben konnte. Ohne ihn wären all meine Projekte kaum realisierbar gewesen, da er immer ein Mann der Taten und nicht nur der Worte gewesen ist.

Zu ganz besonders großem Dank bin ich auch Diplom-Biologe Christian Meyer zur Heyde verpflichtet, für die Durchsicht meines ersten Manuskriptes, für die vielen sehr anregenden Gespräche und seine ständige Hilfsbereitschaft in allen Bereichen und zu jeder Zeit. Ihm gebührt auch Dank für seine Hilfe bei der Recherche zu diesem Buch.

Bedanken möchte ich mich hier auch ganz besonders, in wahlloser Reihenfolge: bei Birgen Rothe und Michaela Ellefredt für die Beschaffung sehr vieler und wichtiger Artikel; bei Angela Schwentker und Ralf Schwarte für ihre tatkräftige Hilfe bei der Übersetzung einiger wichtiger Artikel; bei meinem Freund Klaus Pastern, der mir immer und überall tatkräftig zur Seite steht; bei meinen Freunden Inge und Micheal Ellefredt für ihre Hilfe bei allem, was in den letzten Jahren anfiel, sowohl privat als auch beruflich; bei Prof. Dr. Wolfgang Böhme für seine Hilfsbereitschaft und die stets bereitwillige und freundliche Herausgabe sehr interessanter Informationen, außerdem dafür, dass er für meine Untersuchungen Rautenpythons in verschiedenen Museen bestellte; bei Dr. Günther und Herrn Langer vom Museum für Naturkunde in Berlin für die Möglichkeit der Untersuchung ihrer im Museum befindlichen Rautenpythons und ihre freundliche Unterstützung dabei; bei Oliver Vaes für die schönen Bilder; bei Jürgen Hölzel für die tolle Zusammenarbeit und seine tollen Bilder; bei Dr. S. Heinzel und dem gesamten K2- und K3-Team, Bethel; bei Markus Illigens, der bei mir für immer schönere und immer größere Terrarienanlagen sorgte; bei Christian Santen, Ingo Beilmann und Simon Gielnik für ihre stetige und tatkräftige Hilfe; bei Dipl.-Biologe Volker Franz für die vielen und wirklich tollen und einzigartigen Aufnahmen aus freier Natur und Terrarium; bei Wulf Schleip möchte ich mich für seine Hilfsbereitschaft bedanken, vor allem zur Recherche im American Museum of National History in New York an *Morelia spilota harrisoni*; bei meinen Schweizer Freunden Daniel Büter Wildisen und Markus Borer; beim gesamten Team des Natur und Tier - Verlags, das dieses Projekt erst verwirklicht hat, wobei ich mich bei Heiko Werning noch besonders bedanken möchte, da er sich mir immer wieder (z. T. recht lang) am Telefon widmete, für seine nette und hilfreiche Unterstützung in allen Bereichen, die mit dieser Arbeit zu tun hatte.

I also wish to thank the following persons (in alphabetical order):

I am very many thankful to Tracy and David G. Barker (USA) for supplying me with detailed information and contributing to this book with their high quality photographs and the fantastic illustration of the Papuan Python's head.

Many thanks to John Weigel for his great information and hints about keeping and breeding *Morelia carinata* and to Wayne Larcombe (Wayne Larks) for his amazing images of his very rare snakes.

Many thanks to Karel Bergmann (CAN) for sending me a lot of outstanding photographs and leaving me many reproductive data.

I wish to thank Jan Eric Engell (NOR) and Are Hogner (NOR) for very good photos and many interesting information.

Paul Harris (UK) contributed many great photographs and information, for what I am very grateful.

I have to thank Raymond T. Hoser (AUS) for supplying me with many fantastic and unique photos.

I want to thank Wouter Kok (NL) for contributing some very good photos to this book.

Many thanks to Piet Nuyten (NL) for some unique photographs and information.

I am thankful to Casey Lazik (USA) for supplying me with some great photos.

Especially to Mark O`Shea (UK) I am very grateful for many very interesting information, his numerous helpful hints, the sending of articles of his huge herpetological library and his ongoing great help despite of his very full date book. I would like to thank him also for his unique and partially scarce and spectatular photos. And of course I express my thanks to him also for his preface of my book.

Many thanks to Richard Shine (AUS) for his helpful hints.

Last, but not least I am very thankful to Diane and Simon Stone for their numerous and unique information and the brilliant and partially very scarce photographs they contributed. Also I have to thank Simon Stone for helping me in every respect. Very special thanks to Diane for helping Simon to count the scales at *M. s. metcalfei*. I asked Simon to do this favour to me, but Diane had to help him, as the adult *M. s. metcalfei* were not very pleased by this kind of treatment – I am sure she was cursing me for that, hence I am sorry and I realy appreciate your work Diane.

An alle, die mir geholfen haben, dieses Buch entstehen zu lassen, und an alle, die mich in den letzten Jahren unterstützt haben, nochmals ein ganz großes Dankeschön!

Marc Mense mit seiner Tochter Marie. Wenn man Kinder behutsam und mit einer gewissen Vorsicht an Schlangen heranführt, haben sie auch später keine Berührungsängste.

Foto: M. Mense

Teil 1: Biologie

Systematik

Die Systematik befindet sich ständig im Umbruch. Gerade beim Rautenpython-Komplex gab es in jüngerer Zeit einige Änderungen, und vermutlich werden weitere Erkenntnisse in den nächsten Jahren hinzukommen.

Alle heute existierenden Reptilien (Klasse Reptilia = Kriechtiere) werden in vier Ordnungen unterteilt:

Crocodylia: Krokodile/Panzerechsen
Rhynchocephalia: Schnabelköpfe/Brückenechsen
Testudines: Schildkröten
Squamata: Schuppenkriechtiere

Bei den Squamata wiederum werden Sauria (= Echsen) und Serpentes/Ophidia (= Schlangen) unterschieden. Zur Unterordnung der Schlangen gehören neben mehreren weiteren Familien und deren Unterfamilien auch die Familie Boidae (= Riesenschlangen; Boas und Pythons; ca. 74 Arten) aus der Zwischenordnung der Henophidia (Boidea; = Wühl- und Riesenschlangenartige).

Die Boidae werden in folgende Unterfamilien aufgeteilt:
Boinae: Boaartige Riesenschlangen;
28 Arten mit 45 Unterarten
Erycinae: Sandboas;
13 Arten mit 22 Unterarten
Pythoninae: Pythons;
33 Arten mit 18 Unterarten

Porträtaufnahme eines männlichen Rauschuppenpythons (*Morelia carinata*)

Foto: D. G. Barker, mit freundlicher Unterstützung des Australia Reptile Park

Dirksen & Auliya (2001) führen für die Unterfamilie Pythoninae folgende Gattungen mit insgesamt 33 Arten auf: *Antaresia, Apodora, Aspidites, Bothrochilus, Calabaria, Leiopython, Liasis, Morelia* und *Python.* Besonders der Status von *Calabaria* ist jedoch umstritten.

Zur Gattung Morelia werden derzeit folgende Arten gerechnet:

Morelia amethistina (Schneider, 1801) – Amethystpython
Morelia boeleni (Brongersma, 1953) – Boelens Python
Morelia bredli (Gow, 1981) – Bredls Python
Morelia carinata (Smith, 1981) – Rauschuppenpython
Morelia clastolepis Harvey, Barker, Ammermann & Chippendale, 2000 – Seram-Python
Morelia kinghorni (Stull, 1933) – Kinghorns Python
Morelia nauta Harvey, Barker, Ammermann & Chippendale, 2000 – Tanimbar-Python
Morelia oenpelliensis (Gow, 1977) – Oenpellipython
Morelia spilota (Lacépède, 1804) – Teppichpython, Rautenpython
Morelia tracyae Harvey, Barker, Ammermann & Chippendale, 2000 – Halmahera-Python
Morelia viridis (Schlegel, 1872) – Grüner Baumpython

Der *Morelia-spilota*-Komplex wird allgemein in sieben Unterarten aufgeteilt:

Morelia spilota (Lacépède, 1804); Rautenpython, Teppichpython

Lacépède, B.G.E.L. (1804): Mémoire sur plusieurs animaux de la Nouvelle-Hollande dont la description n'a pas encore été publiée. – Annales du Muséum National d'Histoire Naturelle, Paris, 4: 184–211
Terra typica : Australien

Unterarten

Morelia spilota spilota (Lacépède, 1804)
Morelia spilota cheynei Wells & Wellington, 1984
Morelia spilota harrisoni Hoser, 2000
Morelia spilota imbricata (Smith, 1981)
Morelia spilota mcdowelli Wells & Wellington, 1984
Morelia spilotes metcalfei Wells & Wellington, 1985
Morelia spilota variegata Gray, 1842

Die oben aufgeführte Unterteilung des *Morelia-spilota*-Komplexes wird nicht von allen Systematikern und Herpetologen anerkannt.

Porträt eines besonders hell gefärbten *M. s. mcdowelli*
Foto: M. Mense

Zumindest bei jetzigem Kenntnisstand bin ich aber der Meinung, dass man – selbst wenn sich herausstellen sollte, dass die eine oder andere Unterart nicht aufrecht erhalten werden kann – durch diese Auffassung die auffälligen geografischen Unterschiede sehr gut differenzieren kann. Außerdem vermute ich persönlich, dass sich hinter *Morelia spilota* eher noch weitere Unterarten oder gar Arten verbergen. Anlass zu dieser Spekulation gibt mir zum einen die Tatsache, dass diese Tiere bis jetzt noch nicht genetisch analysiert wurden, und zum anderen, dass sie ein riesiges Verbreitungsgebiet bewohnen und aus vielen Regionen nur bekannt ist, dass es dort „Rautenpythons" gibt, ohne dass jedoch genauere Beschreibungen vorlägen. Diese Pythons wurden dann einfach ohne gründliche Untersuchung der einen oder anderen Unterart „zugeteilt", weil deren Verbreitungsgebiet am nächsten liegt. Daher ist nicht sicher, ob die Exemplare der betreffenden Populationen tatsächlich einer bereits aufgestellten Unterart zugeordnet werden können. Das ist z. B. bei den Rautenpythons der Cape-York-Region, aber auch einigen Populationen im Landesinneren Australiens der Fall. Die Individuen der Cape-York-Halbinsel geben zu solch einer Spekulation besonderen Anlass, da sich die meisten Tiere aus dieser Gegend optisch sehr von den anderen Rautenpythons unterscheiden. Nach bisheriger Auffassung findet man dort *Morelia spilota mcdowelli*. Die meisten Tiere aus der genannten Region, die ich gesehen habe, sind jedoch eher klein bleibende, grünlich beige Rautenpythons, deren Musterung eher derjenigen der beiden Unterarten *Morelia spilota variegata* und *Morelia spilota harrisoni* ähnelt, nur mit dem Unterschied, dass die bei diesen Tieren rötlichen Elemente bei den Cape-York-Exemplaren oft grünlich oder beige sind. Außerdem sind mir Tiere aus dieser Region bekannt, die ebenso wie *M. s. harrisoni* und *M. s. variegata* rötliche Musterelemente besitzen, bei denen jedoch die helle (meist beige) Musterung etwas großflächiger als bei den beiden anderen Unterarten. Größere Ähnlichkeiten zu *Morelia spilota mcdowelli* kann ich dagegen nicht erkennen. Trotzdem habe ich mich dazu entschlossen, in diesem Buch die Verbreitungskarten der bisherigen Auffassung zur Verbreitung der Unterarten des Rautenpythons anzupassen. Hier besteht

Anmerkung zu den den Bezeichnungen „Rautenpython" und „Teppichpython"

Das Wort „Rautenpython" bezieht sich auf die rhombische (rautenförmige) Dorsalbeschuppung der unter diesem Namen geführten Pythons. Ich verwende „Rautenpython" hier als Überbegriff für alle Taxa, die in diesem Buch behandelt werden, also für Bredls Python (*Morelia bredli*), Rauschuppenpython (*Morelia carinata*) und den gesamten *Morelia-spilota*-Komplex [also alle Teppichpythons, inklusive Diamantpython (*Morelia spilota spilota*)].

Als „Teppichpython" hingegen bezeichnet man eigentlich „nur" sechs der sieben Unterarten von *Morelia spilota*, nämlich den Regenwald-Teppichpython (*M. s. cheynei*), den Papua-Teppichpython (*M. s. harrisoni*), den Westaustralischen Teppichpython (*M. s. imbricata*), McDowells Teppichpython (*M. s. mcdowelli*), den Inland-Teppichpython (*M. s. metcalfei*) und den Darwin-Teppichpython (*M. s. variegata*). Der Begriff „Teppichpython" entstand vermutlich im Zusammenhang mit der Zeichnung dieser Tiere – höchstwahrscheinlich aufgrund der Musterung von *M. s. mcdowelli* –, das eben an bestimmte Teppichmuster erinnert. Die siebte Unterart dagegen, die Nominatform *M. s. spilota*, heißt „Diamantpython".

Ist von „Rautenpythons" oder von „Teppichpythons" die Rede, sind also mehrere Arten bzw. Unterarten gemeint. Beziehe ich mich dagegen explizit auf eine bestimmte Art/Unterart, dann benutze ich auch den entsprechenden wissenschaftlichen und/oder deutschen Namen, also z. B. „Diamantpython", „Rauschuppenpython" oder „Regenwald-Teppichpython".

Man kann zusammenfassend feststellen, dass alle Taxa, die in diesem Buch behandelt werden, Rautenpythons sind – aber nicht unbedingt Teppichpythons. Jeder Teppichpython dagegen ist immer auch ein Rautenpython.

aber sicherlich noch einiger Forschungsbedarf.

Außerdem werden auch *Morelia bredli* und *Morelia carinata* zur Gruppe der Rautenpythons gestellt, denn beide sind nach heutigem Wissensstand eng mit *Morelia spilota* verwandt. Sowohl diese enge verwandtschaftliche Beziehung als auch die Tatsache, dass man *Morelia bredli* oft sonst auf Teppichpythons spezialisierten Haltern findet, waren für mich die Gründe, diese beiden Arten hier mit aufzunehmen.

Porträtaufnahme von *M. bredli*. Auf diesem Bild sieht man sehr gut die für Bredls Pythons ganz typische, sehr feine Kopfbeschuppung. Foto: W. Kok

Morelia bredi (Gow, 1981); Bredls Python

Gow, G.F. (1981): A new species of *Python* from central Australia. – Australien Journal of Herpetology 1 (1): 29–34

Terra typica: Pitchie Ritchie Park, Alice Springs, 23°42' S, 133° 51' O, Northern Territory

Dieses weibliche Exemplar von *Morelia carinata* befindet sich im Besitz des Australia Reptile Park in Gosford (NSW).
Foto: D. G. Barker, mit freundlicher Unterstützung des Australia Reptile Park

Morelia carinata (Smith, 1981); Rauschuppenpython

Smith, L.A. (1981): A revision of the python genera *Aspidites* and *Python* (Serpentes: Boidae) in Western Australia. – Records of the Western Australian Museum 9 (2): 211–226

Terra typica: Mitchell River Falls, 14°50' S, 125°42' O, Western Australia

Wie alle Vertreter der Gattung *Morelia* sind

Aufgrund verschiedener taxonomischer Revisionen während der letzten Jahrzehnte wurden viele einst gültige wissenschaftliche Namen der Rautenpythons zu Synonymen. Einige dieser veralteten Namen kursierten nur kurzzeitig, andere wurden nie von einer Mehrheit der Herpetologen anerkannt. Einige der bekanntesten und selbst heute noch hier und da auftauchenden Synonyme sind: *Python bredli; Morelia spilota bredli; Python carinatus; Coluber spilotus; Morelia spilotes; Morelia argus; Python spilotus.* Davon trifft man noch recht oft auf *Morelia argus*, manchmal aber auch auf *Python spilotus*, und selten selbst auf *Morelia spilota bredli*. Zudem spielt auch heute noch die Tatsache eine Rolle, dass mit Ausnahme des Diamantpythons (*M. s. spilota*) alle Teppichpythons lange Zeit unter ein und derselben wissenschaftlichen Bezeichnung zusammengefasst wurden, nämlich unter *Morelia spilota variegata*. Daher werden auch heute noch sehr viele Teppichpythons fälschlicherweise als *M. s. variegata* bezeichnet.

Beschreibung

auch die Rautenpythons schlanke, aber kräftige, muskulöse Schlangen. Ihr Körper ist lateral (seitlich) leicht abgeflacht. Der Kopf setzt sich deutlich vom kräftigen Hals ab. Der Schwanz ist relativ lang und als Greiforgan ausgebildet. Alle Rautenpythons weisen Rudimente von Hinterbeinen in Form von Afterspornen rechts und links der Kloake auf. Diese sind in der Regel beim Männchen stärker ausgeprägt als beim Weibchen und haben eine Funktion während der Balz.

Die Endgröße adulter Tiere variiert zwischen den Unterarten sehr stark, von ca. 140–200 cm (z. B. *Morelia spilota harrisoni*) bis über 400 cm (z. B. bei *Morelia spilota mcdowelli*). Aber auch innerhalb der einzelnen Populationen gibt es z. T. große Unterschiede bei der Endgröße.

Die Musterung ist je nach Unterart und Verbreitungsgebiet sehr unterschiedlich, von einer Zeichnung aus kleinen Flecken über ein Ringel- bis zum groben Rautenmuster gibt es jede erdenkliche Zwischenform. Ganz ähnlich verhält es sich mit sowohl der Grundtönung als auch mit der Färbung der Zeichnungselemente, wobei Braun, Grau, Schwarz, Gelb und Weiß am häufigsten zu finden sind.

Außerdem sind Rautenpythons allgemein etwas variabel, was es dann oft auf den ersten Blick etwas schwierig macht, ein Tier einer bestimmten Unterart zuzuordnen (siehe hierzu die Kapitel „Bestimmungsschlüssel“ und „Kurzbeschreibung“). Ganz allgemein kann man aber sagen, dass die einzelnen Unterarten oder Populationen in der Regel einer gewissen „optischen Linie“ entsprechen und nur Einzeltiere immer wieder aus dem Rahmen fallen.

In jedem Fall jedoch haben alle Rautenpythons eine wunderschön irisierende Haut,

Nahaufnahme eines noch jungen Papua-Teppichpythons (*Morelia spilota harrisoni*). Ganz typisch für alle Rautenpythons ist die mehr oder weniger kräftig blau gefärbte Zunge. Foto: K. Bergman

die besonders bei direkter Bestrahlung in den herrlichsten Farben schillert.

Eine Besonderheit der Rautenpythons ist, dass sie über ein geringes, physiologisches Farbwechselvermögen verfügen. Diese Eigenschaft ist zwar nicht so stark ausgeprägt wie etwa beim Oenpelli-Python (*Morelia oenpelliensis*), der im Tag-Nacht-Rhythmus von einer grauen Grundfarbe zu Rotbraun wechseln kann, aber immerhin so deutlich, dass selbst Außenstehende einen Unterschied feststellen können. Bei den meisten Rautenpythons beschränkt sich dieser Farbwechsel auf eine Verdunkelung der gesamten Körperfärbung z. B. während der Wintermonate, vermutlich um in dieser kühleren Jahreszeit einfacher und schneller beim Sonnenbaden Wärme aufzunehmen. Aber auch trächtige Weibchen sind deutlich dunkler. Sie behalten diese dunklere Färbung meist bis zur Eiablage bzw. bis zum Schlupf der Jungtiere bei.

Bei einigen Exemplaren von *Morelia spilota harrisoni* kann man zur Winterzeit allerdings einen „echten", zumindest aber recht intensiven Farbwechsel von einer rötlichen zu einer eher rötlich grünen bis olivgrünlichen Musterung beobachten. Das stärkste Farbwechselvermögen besitzt bei mir ein Exemplar mit abweichender Färbung und Zeichnung, das manchmal mehrmals täglich seine Farbe von Hellbeige (Gelblich) zu Grünlich wechselt. Diese Farbwechsel basieren – wie die oben beschriebene geringe „Aufhellung" bzw. „Abdunklung" – vermutlich auf einer Verlagerung der schwarzen Melanin-Pigmente, was bei der „eigentlich" gelblich beigen Farbe des erwähnten Exemplars bzw. der rötlichen Färbung von *Morelia spilota harrisoni* dann zu den erwähnten grünlichen Tönen führt. Dieses Farbwechsel-Verhalten zeigen jedoch nicht alle Tiere; die Gründe dafür sind noch nicht bekannt.

Eine wirkliche Umfärbung findet in der Jugend der Rautenpythons statt, während der ersten drei Lebensjahre. Ein frisch geschlüpfter Rautenpython ist in den meisten Fällen sehr dunkel getönt und weist noch keine ausgeprägte Musterung auf. *Morelia spilota variegata* und *Morelia spilota harrisoni* sind als Schlüpflinge sogar gänzlich anders gefärbt, nämlich leuchtend rot, ohne besonders dominierende dunkle Musterungselemente.

Bei den anderen Rautenpythons werden dann aber nach jeder Häutung Farben und Musterung immer intensiver und deutlicher; nach 6–12 Monaten ähnelt ihre Musterung schließlich schon sehr derjenigen der adulten Tiere, die Farben ändern sich aber noch bis etwa zum dritten oder auch vierten Lebensjahr.

Am schönsten sehen die meisten Rautenpythons zwischen dem dritten und dem fünften bzw. dem siebenten Lebensjahr aus. Danach verblassen die Farben mit zunehmendem Alter wieder geringfügig, wie bei fast allen Reptilien. Dieser Effekt ist aber relativ gering, sodass auch ein betagter Rautenpython noch wunderschön aussehen kann.

Die Pholidose (Beschuppung) ähnelt sich bei den Formen des Rautenpython-Komplexes insgesamt sehr. Eine Besonderheit gibt es aber von *Morelia carinata* zu berichten, da diese Art als einziger Python auch gekielte Schuppen besitzt; Ausführliches hierzu im Artkapitel ab Seite 123.

Die Kopfbeschuppung ist bei Rautenpythons in der Regel relativ fein, fragmentiert und etwas unregelmäßig. Die Tiere besitzen überwiegend geteilte, aber oft auch einige ungeteilte Subcaudalschuppen (Unterschwanzschuppen). Man findet also oft beides, geteilte und ungeteilte Unterschwanzschuppen, an ein und demselben Tier, wobei die geteilten immer häufiger sind.

Genaue Angaben zur Schuppenzahl werden in diesem Buch jeweils in den Kapiteln zu den einzelnen Taxa gemacht.

Die Sinnesorgane befinden sich, wie bei allen Schlangen, überwiegend am bzw. im Kopf.

Als Erstes fällt das gut entwickelte Auge auf, das wie bei allen Schlangen durch eine „Brille“ geschützt ist. Diese Brille ist durch die Verwachsung der durchsichtig gewordenen Augenlider entstanden. Im Gegensatz zu manch anderen Riesenschlangen können Rautenpythons relativ gut sehen, besonders nachts, wenn die sonst senkrecht geschlitzte Pupille weit geöffnet ist. Dennoch ist das Auge bei weitem nicht das wichtigste Sinnesorgan, denn andere Sinne, wie die wärmeempfindlichen Labialgruben und der Geruchssinn sind wesentlicher besser entwickelt, weshalb z. B. ein völlig erblindeter Rautenpython theoretisch auch in freier Wildbahn überleben könnte. Die Iris ist je nach Taxon und Verbreitungsgebiet meistens in verschiedenen Grautönen von sehr hell- bis dunkelgrau, manchmal sogar fast schwarz, seltener bräunlich beige oder gelblich gefärbt, oft ist sie genetzt, fast immer jedoch von feinen dunklen Sprenkeln durchzogen.

Die Nase ist normal entwickelt und dient in Anbetracht des extrem leistungsstarken Jacobsonschen Organs (s. u.) wohl mehr dem Luftholen als dem eigentlichen Riechen. Wobei „starke“ – für uns Menschen durchaus normale – Gerüche wohl oft erst mit der Nase wahrgenommen, dann aber sofort durch Züngeln analysiert werden.

Dabei werden mit der gespaltenen Zunge Geruchsmoleküle aufgenommen und zum Jacobsonschen Organ geführt, das sich im Gaumendach befindet. Dieses zusätzliche Geruchsorgan ist äußerst leistungsstark, sodass Pythons in der Lage sind, selbst schwächste Gerüche (vielleicht sogar einzelne Geruchsmoleküle) wahrzunehmen und auszuwerten. Dadurch ist das Jacobsonsche Organ eines der wichtigsten Sinnesorgane für den Rautenpython. Interessant ist in diesem Zusammenhang auch, das Rautenpythons immer in die Richtung züngeln, die sie gerade besonders interessiert, wobei nicht der ganz Kopf gewendet werden muss, sondern die Zunge ihre Zielrichtung ändert: Nehmen sie z. B. eine eindeutige Bewegung von links war, dirigieren sie die ausgestreckte Zunge beim Züngeln nach links, findet etwas rechts von ihnen statt, züngeln sie nach rechts, nehmen sie etwas vor ihnen war, züngeln sie geradeaus. Oft züngeln sie, gerade wenn etwas „nicht ganz eindeutig“ ist und/oder direkt vor ihnen geschieht, in mehrere Richtungen, vermutlich um das Ganze dann besser eingrenzen zu können.

Auch Rautenpythons gähnen von Zeit zu Zeit nach dem Erwachen ausgiebig (hier ein „Jaguar“-Teppichpython *M. s. mcdowelli*). Foto: M. Mense

Ein weiteres sehr wichtiges Sinnesorgan sind die Labial-

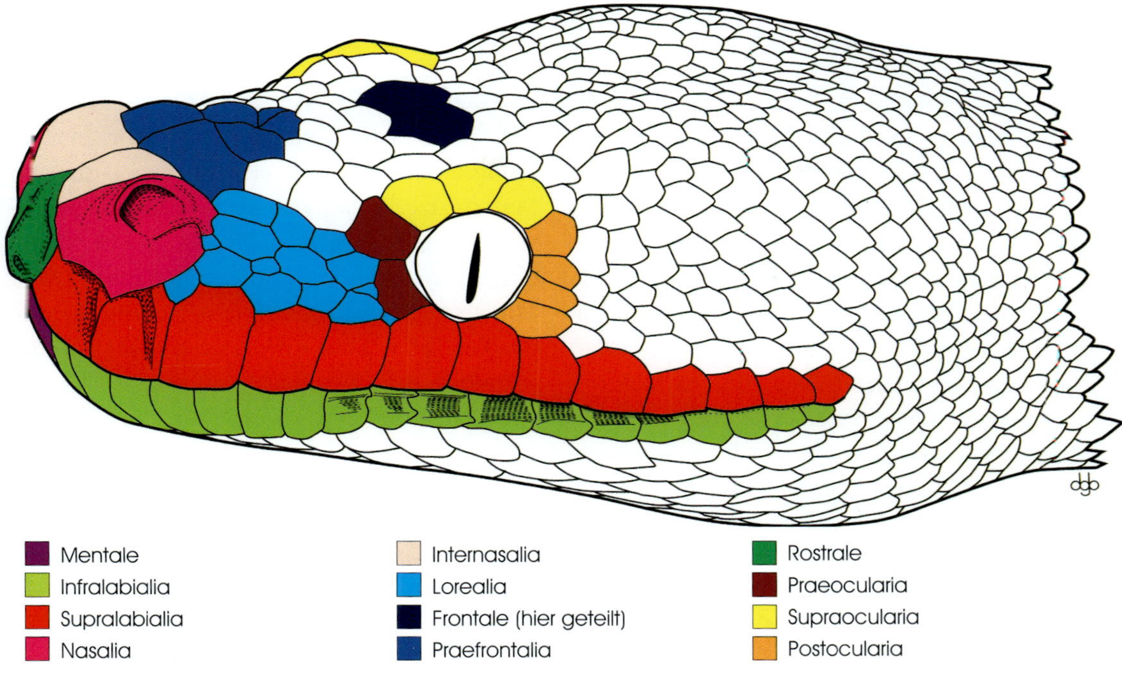

Kopfzeichnung eines Papua-Teppichpython (*Morelia spilota harrisoni*) Zeichnung: D. G. Barker, Deklarierung der Beschuppung von M. Mense

gruben, von denen zwei im Rostrale, sechs in den Supralabialia (drei auf jeder Seite des Kopfes, davon zwei ausgeprägt und eines nur angedeutet bzw. nur schwach ausgeprägt) und 12–16 in den Infralabialia (6–8 auf jeder Seite des Kopfes) sitzen.

Diese Labialgruben sind Wärmerezeptoren, mit deren Hilfe Rautenpythons auch bei völliger Dunkelheit „warmblütige" Beutetiere aufspüren oder potenzielle Feinde wahrnehmen können.

Dieses Wärmesinnesorgan ist so hoch entwickelt, dass damit auch geringste Temperaturunterschiede festgestellt und ausgewertet werden können, weshalb es neben dem Jacobsonschen Organ das wohl wichtigste Sinnesorgan der Rautenpythons ist.

Ein Ohr im herkömmlichen Sinne ist nicht vorhanden, Schallwellen können Rautenpythons also nicht hören. „Erschütterungswellen" dagegen, wie etwa das Auftreten auf den Boden oder starke Bässe, werden sehr wohl wahrgenommen.

Das Gebiss ist bei allen Rautenpythons sehr gut entwickelt, auf allen ursprünglich zahntragenden Knochen (Oberkiefer = Maxillare, Unterkiefer = Mandibulare, Flügelbein = Pterygoid, Gaumenbein = Palatinum, Zwischenkieferknochen = Praemaxillare; Lezteres ist ausschließlich bei Pythons, Aniliiden und der Gattung *Xenopeltis* bezahnt (Lancini & Kornacker 1989) sitzen flache Reihen einzelner, spitzer, nach hinten gebogener Zähne. Die vorderen Fangzähne sind besonders lang, um Beutetiere sicher festzuhalten, selbst wenn diese über ein dichtes Fell oder ein starkes Federkleid verfügen.

Bricht ein Zahn aus, wächst dieser innerhalb von 3–5 Wochen wieder nach.

Lebensweise

Wie fast alle Pythons sind auch Rautenpythons überwiegend in der Nacht bzw. in der Dämmerung aktiv. Das bedeutet aber nicht, dass sie tagsüber keinerlei Aktivität zeigten, denn vor allem in den frühen Morgenstunden und kurz vor Einbruch der Dunkelheit trifft man sie häufig beim Sonnenbaden an. Auch Beute wird, wenn sich die Gelegenheit bietet, tagsüber geschlagen – da aber zum größten Teil nachtaktive Säugetiere gefressen werden, kommt es dazu im natürlichen Lebensraum der Rautenpythons eher selten. Rautenpythons sind ganz typische Lauerjäger, die oft stundenlang mit S-förmig in Schlingen gelegtem Vorderkörper über einem Ast oder größeren Stein auf Beute warten, wobei sie den Kopf knapp über dem Boden halten.

Häufig suchen Rautenpythons immer wieder solche Stellen auf, wo sie schon einmal erfolgreich waren, da es sich dabei oft um Futterplätze, Baue oder häufig benutzte Wege von Beutetieren handelt. SHINE (1996) stellte durch Freilanduntersuchungen und anhand von Museumsexemplaren fest, dass sich frei lebende Teppichpythons (*Morelia spilota*) durchschnittlich zu 80 % von Säugetieren, zu 14 % von Reptilien, zu 5 % von Vögeln und zu 1 % von Fröschen ernährten. Australische Herpetologen dokumentierten eine Verschiebung des Beutespektrums frei lebender Jungtiere von *Morelia spilota spilota*: Bei ihnen bestand es zu 69 % aus Säugetieren, zu 23 % aus Reptilien und zu 8 % aus Vögeln. Bei adulten Exemplaren von

Kommentkampf zwischen zwei männlichen Inland-Teppichpythons (*M. s. metcalfei*) Foto: S. Stone

Wie bei den meisten Rautenpythons schlägt auch bei *M. s. metcalfei* ein Kommentkampf schnell in einen Beschädigungskampf um. Man sollte deshalb zwei Männchen während der Paarungszeit nie unbeobachtet lassen. Foto: S. Stone

Morelia spilota spilota setzte sich die Nahrung hingegen zu 91 % aus Säugetieren zusammen, den Rest machten überwiegend Vögel aus SLIP & SHINE (1988a).

WARSON (1998) berichtet, dass seine frisch geschlüpften *Morelia spilota spilota* nach der ersten Häutung ausschließlich lebende Skinke als Futter akzeptierten. Vermutlich kommt es zu solch einer leichten Änderung des Beutespektrums generell in der Jugend aller Rautenpythons, was dann auch erklären würde, weshalb ca. 25–50 % der Jungtiere, die im Terrarium geboren und aufgezogen werden, hartnäckige Futterverweigerer sind, obwohl der Rest der Jungen anstandslos an das angebotene Futter geht.

Diese Verschiebung ergibt sich vermutlich dadurch, dass Jungtiere mehr während des Tages aktiv sind, wodurch sie eher Reptilien erbeuten können, da diese ebenfalls größtenteils tagaktiv sind.

Dass junge Rautenpythons in der Jugend stärker tagaktiv sind als erwachsene, begründet sich durch ihre geringere Masse: Sie müssen einfach öfter ihren Körper aufheizen, da sie die Körpertemperatur nicht so gut speichern können wie große Tiere. Große Schlangen verlieren relativ langsamer Wärme, vor allem wenn sie sich in engen Schlingen zusammenrollen.

Ein weiterer Grund dafür, dass Jungtiere mehr Reptilien – wohl vor allem Echsen – fressen, könnte darin liegen, dass von den flinken Tieren ein stärkerer Beutefangreiz ausgeht. Als Beutetiere kommen besonders die in Australien häufigen Skinke in Betracht, die eine

Dieses Bild zeigt einen McDowells Teppichpython (*M. s. mcdowelli*) mit einem erbeuteten „Ringtail Opossum" (*Pseudocheirus peregrinus*) als Beute. Foto: R. Hoser

Bäume, Buschwerk, Wärme speichernde Felsen und ganz in der Nähe einige sichere Wasserstellen: hier im Norden des Northern Territorys ein typisches Habitat für Rautenpythons (*M. s. variegata*), aber auch für andere Pythonarten wie z. B. *Morelia oenpelliensis, Antaresia childreni, Aspidites melanocephalus* und *Liasis olivaceus olivaceus* Foto: M. Mense

Auf diesem Bild habe ich den obskuren Mageninhalt eines in Australien gefangenen Diamantpythons (*M. s. spilota*) nachgestellt. Das 1-€-Stück dient nur als Größenvergleich. Foto: M. Mense

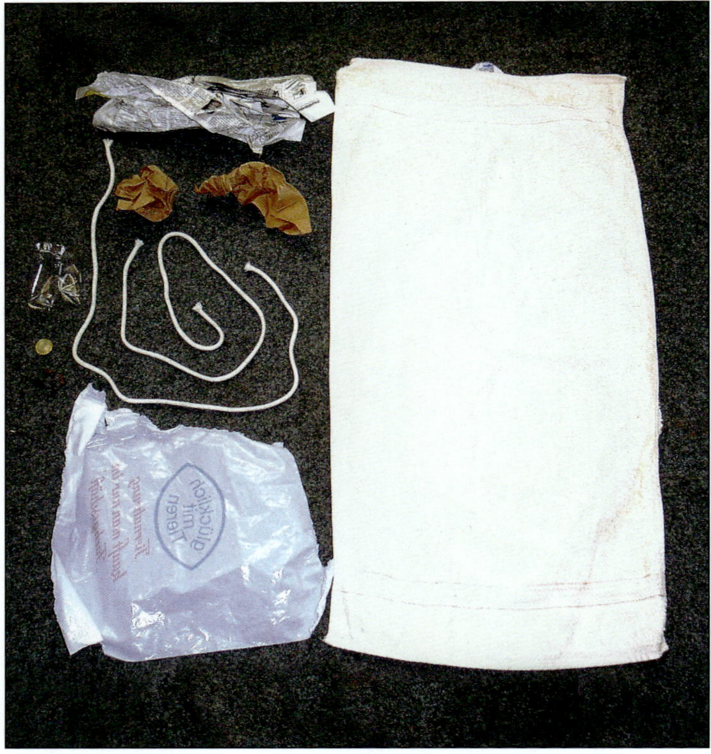

passende „Fressgröße“ und vor allem durch ihre Körperform eine ideale „Schluckform“ bieten. Es werden vermutlich auch andere Echsen gefressen, wie z. B. kleine Geckos, Agamen usw.

Dadurch, dass einige Jungtiere zunächst bevorzugt Echsen fressen, andere – selbst Geschwister aus demselben Gelege – dagegen Säuger, werden die Ressourcen auch besser verteilt, was die Überlebenschancen der kleinen Pythons verbessert.

Aber auch adulte Rautenpythons fressen manchmal Reptilien. Von MAGNIRE (1983) wurde der Fall dokumentiert, dass ein etwa 220 cm langer Rautenpython eine erwachsene Bartagame (*Pogona barbata*) tötete und sie verschlang.

Zum Thema Futter gibt es auch eine recht kuriose Aufzeichnung über einen Diamantpython (*Morelia spilota spilota*), der in einem alten Haus im Ort St. Albans in New South Wales gefangen wurde (STOPFORT 1980). Bei der Untersuchung des Mageninhaltes des etwa 2 m langen Tieres kam Folgendes zum Vorschein: Ein Tuch (Frottee) von 45 × 75 cm; zwei jeweils etwa 1 m lange Kordeln; das Cellofanpapier einer Zigarettenschachtel; zwei Stückchen braunes Papier; ein Stück Zeitungspapier; eine halbe

Plastiktüte; vier Exkrementhaufen von Ratten. Dieser Diamantpython hatte außerdem einen Holzsplitter und einige Steinchen im Maul. Bei diesem obskuren Mageninhalt handelte es sich vermutlich um ein Rattennest. Dabei bleibt unklar, ob der Python seine eigentliche Beute, vermutlich eine Ratte, bei einem Angriff verfehlte und stattdessen das Rattennest erwischte und fraß, oder ob der Python das Nest aufgrund des starken Rattengeruchs sozusagen mit der eigentlichen Beute verwechselte.

Da alle Rautenpythons semiarboricol (halb baumbewohnend) sind, werden von ihnen meistens Gegenden bewohnt, die über einen zumindest lockeren Baumbestand und/oder über eine dichte Buschvegetation verfügen. Innerhalb dieser Vegetation halten sie sich oft in einem Mosaik aus Sonne und Schatten auf, das für eine adäquate Körpertemperatur sorgt. Das hat für einen Rautenpython den Vorteil, dass er sich als wechselwarmes Reptil nicht ständig auf offener Fläche sonnen muss und dadurch weniger Gefahr läuft von einem potenziellen Fressfeind entdeckt zu werden.

Rautenpythons sonnen sich aber auch zwischendurch immer wieder einmal, z. B. in der Krone eines Baumes oder am Rand eines Dickichts (Shine & Fitzgerald 1995b). In manchen Gebieten Australiens kommt ihnen diese überwiegend baumbewohnende Lebensweise gerade zur Regenzeit zugute, da dann häufig der gesamte Lebensraum – oft über mehrere Monate –überflutet ist. Dies ist z. B. häufig im Norden des Northern Territory der Fall, wo *Morelia spilota variegata* vorkommt.

Durch ihre häufig kletternde Lebensweise suchen Rautenpythons auch oft Schutz in

Die im 2. Weltkrieg in Neuguinea aufgegebene Errol Flynn Mine (Sogeri-Tal, Central Province) wurde zum Lebensraum des Papua-Teppichpythons (*M. s. harrisoni*)

Foto: Mark O'Shea

Mark O'Shea entdeckte den Papua-Teppichpython auf den Stahlträgern der verlassen Mine in etwa 20–30 Metern Höhe.

Foto: M. O'Shea

Die Blue Mountains sind ein typischer Lebensraum des Diamantpythons (*M. s. spilota*). Dicht bewachsene Täler, felsige Hänge und offene Wälder ermöglichen ihm, sein Habitat der Jahreszeit entsprechend zu wechseln. Foto: V. Franz

Hohlräumen alter Bäume. Man findet sie aber auch häufig in etwas höher gelegen Felsspalten und Höhlen, unter morschem Holz, in Laubansammlungen und wohl auch in den Bauen verschiedener Säugetiere, da solche Unterschlüpfe Schutz vor Feinden, aber auch vor extremen Witterungseinflüssen bieten. Da in manchen Lebensräumen der Rautenpythons die klimatischen Einflüsse zu bestimmten Jahreszeiten recht extrem sein können, müssen die Tiere entsprechend reagieren: So wechseln Rautenpythons manchmal mehrmals täglich ihren Aufenthaltsort zur Steuerung ihrer Körpertemperatur. Beispielsweise sonnen sie sich morgens ausgiebig, ziehen sich dann aber zur Mittagszeit bei zu hohen Temperaturen in Kaninchenbaue, Geröllansammlungen oder Baumhöhlen zurück, kommen dann eventuell in den frühen Abendstunden wieder heraus, um sich gegebenenfalls nochmals zu sonnen oder sich nach Sonnenuntergang auf einem erhitzten Stein zu erwärmen, und gehen dann auf Nahrungs- oder Partnersuche. Zweimaliges Sonnenbaden ist aber eher selten, meistens sonnen sich Rautenpythons nur einmal täglich, morgens oder früh abends.

Leider nutzen Rautenpythons während der Nacht oft die aufgeheizten Straßen als zusätzliche Aufwärmmöglichkeit, was ihnen dann durch den Verkehr schnell zum Verhängnis wird.

Zum Teil wechseln Rautenpythons, je nach Jahreszeit, ihren Lebensraum. Shine (1996) stellte bei mit Sendern ausgestatteten Diamantpythons (*Morelia spilota spilota*) fest, dass die Tiere den Winter zum größten Teil in nach Norden ausgerichteten Felshängen verbringen. An warmen Tagen kommen sie dann häufig aus ihrem Versteck und sonnen sich ausgiebig. Da Diamantpythons zu dieser Jahreszeit weder fressen noch paarungsaktiv sind, suchen sie sich einen Lebensraum, der verhältnismäßig sicher und vor allem relativ warm ist. Im Frühling streifen die Männchen dann auf der Suche nach fortpflanzungsfähigen Weibchen weitläufig umher. Man findet sie zu dieser Jahreszeit besonders häufig in bewaldeten Tälern. Nach der Paarungszeit (Sommeranfang) wandern die befruchteten Weibchen aus dem bewaldeten Biotop in offenere Graslandschaften, um dort ihre Eier zu legen. Besonders oft trifft man sie dort in der Nähe von Gewässern an, denn dieser Lebensraum scheint für die Brut ideal zu sein, da sich die Weibchen in unmittelbarer Nähe des Nestes leicht sonnen können und durch das Gewässer die Möglichkeit zum Trinken haben, ohne das Gelege lange unbeaufsichtigt zu lassen. Die Männchen und nicht befruchtete Weibchen ziehen sich zu dieser Jahreszeit an die höchsten Punkte (z. B. Hügel) der Täler zurück, wo sie besonders oft in der Nähe von Häusern angetroffen werden, da dort die Konzentration an Kleinsäugern und Vögeln am höchsten ist.

Zur Größe des bewohnten Lebensraumes gibt es eine interessante Untersuchung aus freier Wildbahn von Shine & Fitzgerald (1995b): Sie untersuchten die Lebensgewohnheiten von *Morelia spilota mcdowelli* im Norden von New South Wales und stellten fest, dass diese Rautenpythons dort ein Areal mit der durchschnittlichen Größe von 22,5 ha (10–198 ha) bewohnen. Das bedeutet aber natürlich nicht, dass die Schlangen dieses Gebiet täglich komplett durchkriechen – durchschnittlich bewegen sie sich, je nach Jahreszeit, zwischen 1,4 und 12,6 m pro Tag.

Rautenpythons besiedeln in Australien verschiedenste Lebensräume, von relativ trockenen, steppenähnlichen Biotopen mit Busch- und/oder Baumbewuchs bis hin zum Regenwald (nähere Angaben hierzu finden Sie im Artenteil). Aber auch die Nähe zum Menschen wird von manchen Rautenpythons nicht sonderlich gemieden. So werden sie oft auf Farmen angetroffen und auch weitestgehend von den Bewohnern geduldet, da sie die Nagetiere in den Getreidelagern kurz halten (Shine 1996). Leider vergreifen sie sich aber oft auch an Geflügel oder Haustieren wie Katzen und kleinen Hunden.

Mir ist ein Fall bekannt, bei dem sich bei einer älteren Dame aus einem Vorort von Sydney seit geraumer Zeit jedes Jahr 1–2 Diamantpythons (*Morelia spilota spilota*) zur Überwinterung in den Geräteschuppen einquartieren. Dieser Schuppen bietet für die Schlangen den sehr großen Vorteil, dass sie ihr Versteck nicht einmal zum Aufwärmen verlassen müssen, da sich das Blechdach schon bei geringster Sonneneinstrahlung kräftig erwärmt. Durch Menschen werden sie kaum gestört, weil die Gartengeräte im Winter fast nicht in Gebrauch sind.

Ein weiterer, ganz ähnlicher Fall ist mir von einer Familie aus West-Australien bekannt: Ein einzelnes Exemplar von *Morelia spilota imbricata* sucht seit Jahren regelmäßig die Nebengebäude der Familie auf und wird dort sogar hin und wieder von den Bewohnern mit Futter versorgt.

Auf Neuguinea besiedeln die Pythons überwiegend küstennahe und relativ trockene Eukalyptus-Savannen. Berichte über Rautenpythons als direkte Kulturfolger auf Farmland liegen von dort nicht vor. Allerdings fand O'Shea *Morelia spilota harrisoni* in einer verlassenen Mine im Sogeri-Tal auf Stahlträgern kletternd in 20–30 m Höhe (pers. Mittlg.).

Die Paarungszeit im natürlichen Lebensraum liegt, je nach Unterart und Verbreitungsgebiet, meistens zwischen Juni und September, also dem Süd-Winter bzw. -Frühling. Zu dieser Zeit finden dann auch unter den Männchen, wenn sie sich begegnen, Kommentkämpfe statt, die sogar zu Beschädigungskämpfen eskalieren können. Dabei kriechen sie erst in Wellenlinien übereinander, kratzen sich oft gegenseitig mit den Afterspornen und versuchen dann einander zu umschlingen und den jeweiligen Gegner zu Boden zu drücken. Das Ganze kann besonders bei gleich großen bzw. starken Kontrahenten oft so weit führen, dass es dann sogar zu Beißereien kommt (Shine & Fitzgerald 1995a). Ausnahmen hierbei sind *Morelia spilota spilota* und *Morelia spilota imbricata*; von beiden Formen sind weder Komment- noch Beschädigungskämpfe bekannt. Shine & Fitzgerald (1995a) berichten außerdem, leider anhand nur eines einzigen Falles, dass bei *Morelia spilota metcalfei* vermutlich unter Männchen keinerlei agonistisches Verhalten auftrete (siehe aber unten).

Auffallend ist hierbei, dass es anscheinend ein Nord-Süd-Gefälle gibt, denn die beiden Unterarten *Morelia spilota spilota* und *Morelia spilota imbricata* sind die zwei südlichsten Vertreter ihrer Art. Nach Beobachtungen an

Kommentkampf zwischen zwei männlichen Inland-Teppichpythons (*M. s. metcalfei*). Man vermutete lange Zeit, dass der Inland-Teppichpython keinerlei agonistisches Verhalten zeige. Eine falsche Annahme, wie diese Bilder belegen. Foto: S. Stone

Morelia spilota metcalfei, der drittsüdlichsten Unterart, von Dr. Simon Stone aus Adelaide (pers. Mittlg.), der diese Tiere seit Jahren züchtet, kann man aber mit Sicherheit davon ausgehen, dass sich die Männchen dieser Unterart während der Paarungszeit in Australien doch heftige Kommentkämpfe liefern.

Eiablagen finden im natürlichen Lebensraum häufig zwischen Oktober und Januar statt, dem australischen Frühsommer bis Sommer. Frisch geschlüpfte Rautenpythons findet man zwischen Dezember und März (Sommer bis Spätsommer). In freier Natur reproduzieren sich die meisten Weibchen wahrscheinlich in einem zwei- bis dreijährigen Rhythmus. Das hängt vermutlich damit zusammen, dass alle Rautenpythons Brutpflege betreiben, was sehr an den Reserven zehrt. Vermutlich benötigen sie die 2–3 Jahre, im Einzelfall vielleicht sogar länger, um wieder genügend körperliche Reserven für eine nächste Brut aufzubauen. Leider ist über die Vermehrung in freier Wildbahn bisher nur wenig bekannt.

Die Geschlechtsreife tritt je nach Ernährungsbedingungen bei den Männchen zwischen dem zweiten und dem vierten und bei den Weibchen zwischen dem dritten und dem fünften Lebensjahr ein.

Über die Lebenserwartung in der Natur ist so gut wie nichts dokumentiert. Aus Erfahrungen in der Terrarienhaltung kann man eine Lebenserwartung von 15–25 Jahren annehmen. Bei mir pflanzte sich 2003 ein Pärchen *Morelia spilota mcdowelli* noch im Alter von 13 Jahren erfolgreich fort. Ein anderes Weibchen aus dieser Gruppe verstarb allerdings 1999 im Alter von 14 Jahren mit allen Anzeichen einer Altersschwäche. Dieses verendete Weibchen hatte jedoch auch fast jedes Jahr ein Gelege produziert, im Gegensatz zu dem Weibchen des oben genannten Pärchens, das lediglich alle 2–3 Jahre für Nachwuchs sorgte. Es ist anzunehmen, dass ein Zusammenhang zwischen dem Reproduktionszyklus und/oder eventuell auch anderen Energie zehrenden Einflüssen und der Lebenserwartung besteht.

Potenzielle Feinde erwachsener Rautenpythons gibt es im natürlichen Lebensraum nur wenige, wie Dingos, Haushunde, Füchse, sehr große Raubvögel und große Warane. Im Gegensatz dazu sind Jungtiere oder heranwachsende Rautenpythons von einer großen Vielfalt an Fressfeinden bedroht: von verschiedensten Vogelarten und Reptilien bis hin zu verwilderten Katzen.

Shine & Fitzgerald (1995b) stellten bei von ihnen untersuchten Rautenpythons in New South Wales fest, dass einige einen sehr schlechten Allgemeinzustand aufwiesen und oft auch unter Parasiten litten, vor allem Zecken. Ein von den Forschern gefangenes Männchen war mit 300 Zecken übersät, die vor allem den Kopfbereich – Nase, Maul und Labialgruben – besiedelten, sodass dem Tier aufgrund seiner sehr eingeschränkten Sinneswahrnehmungen (es konnte kaum noch züngeln und die mit Zecken weitgehend verschlossenen Labialgruben ließen wohl kein Wärmebild mehr zu) und der vielen entzündlichen Verletzungen nur geringe Überlebenschancen eingeräumt wurden.

Verbreitung

Das Verbreitungsgebiet der Rautenpythons erstreckt sich über weite Teile Australiens, wobei *Morelia spilota imbricata* und die ebenfalls zum Rautenpython-Komplex gehörende *Morelia bredli* ein recht isoliertes Verbreitungsgebiet besiedeln.

In manchen Verbreitungskarten wird für den *Morelia-spilota*-Komplex auch ein größeres Vorkommen an der Südküste zwischen West- und Ostaustralien angegeben (HOSER 1989; SHINE 1994). Das ist aber recht zweifelhaft, da dort die Nullarbor-Ebene liegt (man kennt heute nur einige kleinere Populationen direkt an der Küste, aber keine nördlich davon – siehe hierzu *M. s. imbricata*). Die Nullarbor-Ebene ist eine sehr trockene, nur mit Gräsern und niedrigen Büschen bewachsene Gegend (Nullarbor bedeutet baumlos) mit durchschnittlich weniger als 250 mm Niederschlag pro Jahr. Manchmal regnet es in dieser Region mehrere Jahre hintereinander überhaupt nicht. Die geringen Niederschläge und die Art der Vegetation sprechen deutlich gegen eine Besiedlung durch Rautenpythons, da diese bislang immer in Gegenden mit regelmäßigen Niederschlägen und/oder dauerhaften Wasserstellen und einem zumindest lockeren Baumbestand und/oder dichter Buschvegetation gefunden werden. Das wird sehr deutlich, wenn man die Verbreitungskarte (unten auf dieser Seite) mit der Karte Vegetationszonen Australiens(auf

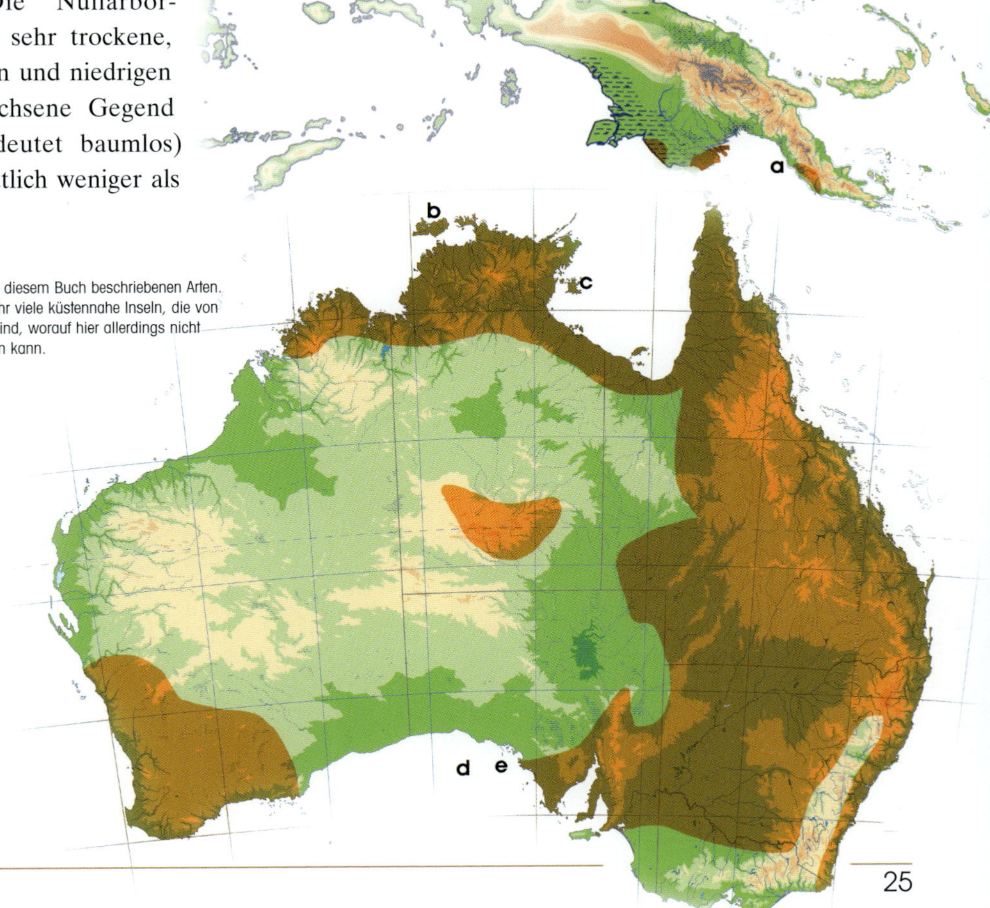

Gesamtverbreitung aller in diesem Buch beschriebenen Arten. Allerdings gibt es noch sehr viele küstennahe Inseln, die von Rautenpythons besiedelt sind, worauf hier allerdings nicht näher eingegangen werden kann.

a: Yule Island
b: Melville Island
c: Groote Eylandt
d: Fowlers Bay
e: Inselgruppe St. Francis

Die Vegetationszonen Australiens (stark vereinfacht) nach Fugger & Bittmann

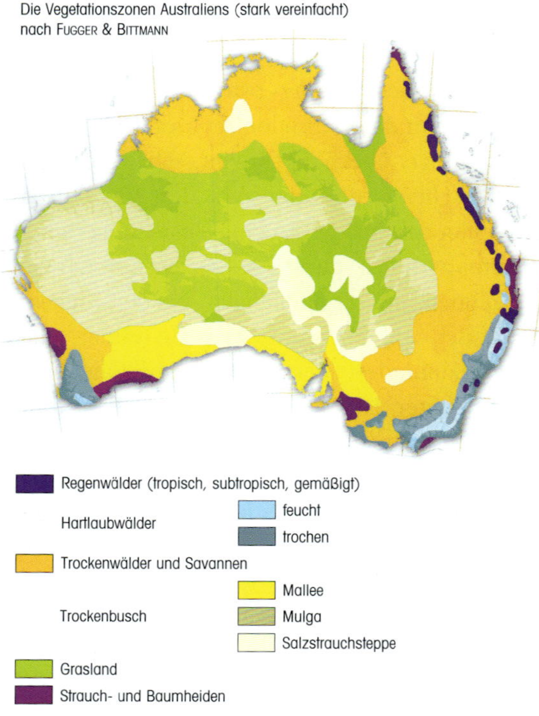

dieser Seite oben) und den beiden Karten mittlere Niederschlagsmengen Australiens (auf dieser Seite unten) vergleicht.

Dass sich ein Verbreitungsgürtel nördlich der Nullarbor-Ebene von West nach Ost erstrecken könnte, ist noch unwahrscheinlicher, da sich hier die Große Victoria-Wüste (Great Victoria Desert) befindet, die noch ungeeigneter für eine Besiedlung durch Rautenpythons erscheint.

Die meisten Unterarten haben ineinander übergehende Verbreitungsgebiete. In den Übergangszonen kommt es wohl hin und wieder zur Vermischung der Unterarten. Wie bereits angemerkt, sind einige Vorkommen noch nicht geklärt, da man von vielen Gebieten nur weiß, *dass* dort Rautenpythons vorkommen, aber nicht exakt, *welche*. Die Tiere der Cape-York-Region werden beispielsweise der Unterart *Morelia spilota mcdowelli* zugeordnet, es ist aber deutlich wahrscheinlicher, dass es sich bei den dortigen Tieren nicht um diese Form handelt, da die meisten dort bisher gefundenden Exemplare nicht besonders dem Typus eines *M. s. mcdowelli* entsprachen. Leider wurde in der Verganheit relativ wenig an solch elementarem Grundwissen über diese Tiere geforscht, was sich aber hoffentlich in naher Zukunft ändern wird, sodass man dann noch manch interessante Entdeckung machen könnte.

Außerhalb Australiens kommen Rautenpythons nur noch auf Neu Guinea vor, der zweitgrößten Insel der Welt (*Morelia spilota harrisoni*), wo sie vor allem in küstennahen Eukalyptussavannen gefunden werden.

Mittlere Niederschlagsmengen Australiens, links im Südwinter, rechts im Südsommer (nach Fugger & Bittmann)

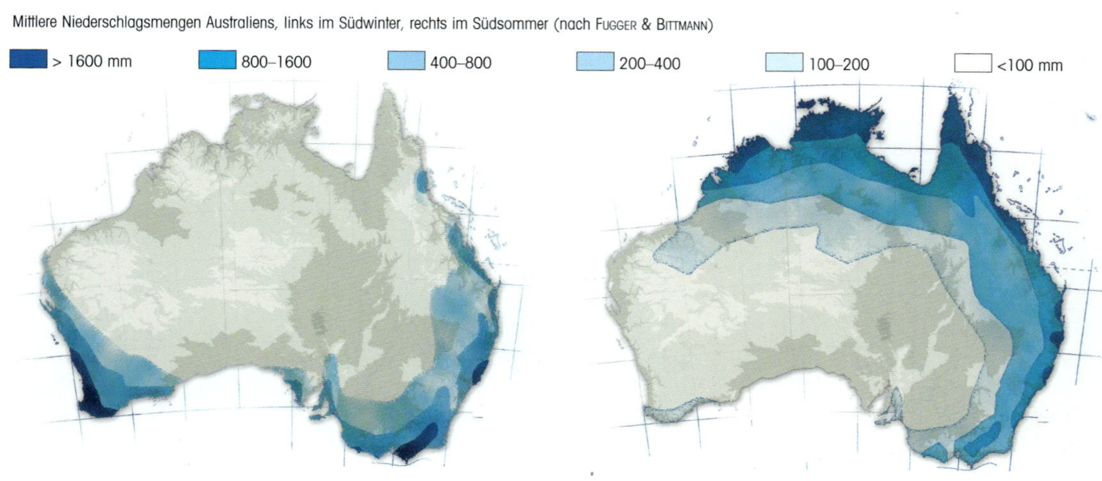

Gefährdung

Was in Australien mehr und mehr zur Gefahr wird, auch für große Rautenpythons, ist der zunehmende Straßenverkehr. Nicht nur, dass oft nachts sich auf dem warmen Asphalt aufwärmende Exemplare überfahren werden, sie werden auch beim einfachen Überqueren von Straßen überrollt. Das Schlimmste ist allerdings, dass auch am Straßenrand liegende Schlangen von so manchem Australier nach dem Motto „nur eine tote Schlange ist eine gute Schlange" in voller Absicht überfahren werden, wie mir ein australischer Freund aus dem Northern Territory berichtete.

Shine & Fitzgerald (1995b) stellten fest, dass Rautenpythons, die in suburbanen oder urbanen Gegenden wie Farmen und Plantagen leben, oft Opfer von Hunden, aber auch von Mähmaschinen werden. Gerade Hunde sind eine Gefahr: So wurden von zehn mit Sendern ausgestatten Rautenpythons mindestens fünf Opfer dieser Tiere; bei zwei Exemplaren konnte nicht hundertprozentig geklärt werden, ob sie von Hunden oder Füchsen getötet wurden.

Eine weitere Gefahr für einzelne Rautenpythons geht von den Aborigines aus; da diese die Schlangen aber nicht gezielt bejagen, sonder eher zufällig erbeuten, um sie anschließend zu essen, geht von ihnen wohl keine Gefährdung für die ganze Art bzw. auch nur für einen regionalen Bestand aus. Die Aborigines im Kakadu-Nationalpark berichteten mir, dass sie regelmäßig bei ihren Streifzügen Rautenpythons erbeuten. In diesem Gebiet handelt es sich dabei um *M. spilota variegata.* Genauso oft sollen auch Schwarzkopfpythons (*Aspidites melanocephalus*) erlegt werden, was wohl

Buschfeuer, hier zu sehen aus Neuguinea (Kupiano, Central Province), werden in der Regel nur für sehr alte, kranke oder geschwächte Pythons zur echten Gefahr.
Foto: M. O'Shea

Mark O'Shea gleich mit mehreren eingefangenen Papua-Teppichpythons in der Nähe der Stadt Port Moresby (Sogeri, Central Province)

Foto: M. O'Shea

bedeutet, dass diese beiden Arten noch recht häufig dort zu finden sind. Giftschlangen werden von den Gruppen der Aborigines im Kakadu-Nationalpark übrigens nicht gejagt.

Aborigines wurde seitens der australischen Regierung das Recht zugesprochen, die Tiere, die traditionsgemäß von ihnen zum Nahrungserwerb gejagt werden, auch weiterhin nutzen zu dürfen, selbst wenn diese wie die Rautenpythons unter Schutz stehen und/oder in einem Nationalpark leben.

Ein weitaus größeres Problem stellt die allgemeine Biotopzerstörung dar, wie es sie leider auch in Australien gibt, in einigen Gegenden teilweise sogar recht großflächig. Das betrifft vor allem *M. spilota cheynei,* da gerade die australischen Regenwälder sehr gelitten haben und heute nur noch ca. 25–30 % der ursprünglichen Fläche bedecken. Waldspezialisten wie *M. spilota cheynei* passen sich meistens nur schlecht durch den Menschen veränderten Gebieten an. Außerdem bekommen andere Rautenpythons dadurch die Möglichkeit einzuwandern.

MARYAN (1994) beschreibt ähnliche Probleme bei der Anpassung an veränderte Lebensräume bei *M. spilota imbricata*; er konnte diese Tiere in ausreichend großen Stückzahlen nur in größeren ungestörten Gegenden finden. *Morelia spilota imbricata* wird in Australien als eine bedrohte Spezies geführt. Einer der Vorschläge für die Erhaltung dieser Unterart ist die Einrichtung eines Zuchtprogramms in menschlicher Obhut (BARKER & BARKER 1994; COGGER u.a. 1993).

Einige Populationen des Rautenpythons in ariden Gegenden sollen ebenfalls gefährdet sein (R. SHINE, schriftl. Mittlg.). Ein weiteres Problem ist auch in Australien die immer weiter fortschreitende Biotopzerstörung bei der Rohstoffgewinnung, die in Australien leider oft im Tagebau und dann meistens sehr großflächig betrieben wird.

Landwirtschaftlich genutzte Flächen werden aber von einigen Rautenpythons auch weiterhin besiedelt, z. B. von *M. spilota mcdowelli*, *M. spilota variegata* (Nord-Australien) und *M. spilota spilota.* Diese Unterarten passen sich den neuen Gegebenheiten recht gut an.

Eine weitere Gefährdung für Tiere generell kann auch vom kommerziellen Handel mit ihnen und Tierprodukten sowie vom professionellen Schmuggel ausgehen. Handel kann bei den meisten Rautenpythons jedoch ausgeschlossen werden, da Australien diesen komplett unterbindet. Kommerzieller Schmuggel ist gerade bei australischen Tieren natürlich immer ein Thema, allerdings geschieht er im Falle der Rautenpythons insgesamt vermutlich in einem so kleinen Rahmen, dass er wohl keine echte Gefährdung für eine der Unterarten darstellt. Spezielles Augenmerk wäre hier höchstens auf

Nach Deutschland exportierte Rautenpythons (*Morelia spilota*) zwischen 1996 und 2001:

Indonesien:	123 Tiere (davon 67 der Natur entnommen; 56 aus einer F_1-Nachzucht [Ranching?])
USA:	229 Tiere; alles Nachzuchten
Schweiz:	32 Tiere; alles Nachzuchten

Aus Deutschland exportierte Rautenpythons (*Morelia spilota*) zwischen 1996 und 2001 (alles Nachzuchten):

Japan:	20 Tiere
Schweiz:	9 Tiere
Bulgarien:	1 Tier
Ungarn:	6 Tiere
Kroatien:	2 Tiere
Tschechische Republik:	4 Tiere

Morelia carinata zu richten. Besonders beliebt sind bei Schmugglern natürlich teure Tiere, wie etwa *M. bredli* und *M. spilota spilota*. Eine andere Art von „Schmuggel" findet auch entlang den Küsten Australiens statt, besonders im Norden, da die Aborigines dort seit jeher einen mehr oder weniger regen Handel mit Indonesien betreiben.

Dass die Gesamtsituation für Rautenpythons recht zufriedenstellend ist, hängt mit der in den meisten Fällen sehr strengen Naturschutzpolitik Australiens zusammen. Relativ große Gebiete, in denen Rautenpythons leben, stehen unter Naturschutz, außerdem wird hart gegen Schmuggler vorgegangen.

Anders sieht die Situation in Neuguinea aus, da es auf dieser Insel leider immer noch zwecks Rohstoffgewinnung zu sehr starken Waldrodungen durch Holzfirmen und Minenbetriebe kommt. Außerdem werden Wälder und Savannen von Einheimischen zur Landgewinnung für die Landwirtschaft umgewandelt. Zum Teil passen sich die Rautenpythons den neuen Gegebenheiten an, aber nur dann, wenn die grundlegenden Lebensraumanforderungen noch erfüllt werden.

Ein Teil der einheimischen Bevölkerung, vor allem im westlichen Papua-Neuguinea, fängt und tötet Pythons zum Verzehr. Zwar werden in erster Linie wohl Amethystpythons (*Morelia amethistina*) und Papua-Olivpythons (*Apodora papuana*) gejagt, weil sie recht großwüchsig sind, aber auch Rautenpythons (*M. spilota harrisoni*) werden erbeutet (O´Shea, schriftl. Mittlg.). Wie in Australien werden außerdem auch in Neuguinea viele dieser Tiere Opfer des Straßenverkehrs, vor allem rund um Port Moresby im National Capital District (NCD) (O´Shea1996). In Neuguinea werden Rautenpythons auch noch gefangen, dann meist über Indonesien vermarktet und nach Amerika und Europa exportiert. Die Stückzahlen sind aber – zumindest für nach Deutschland exportierte Tiere – relativ niedrig (siehe Kästen).

Eine starke Gefährdung ist derzeit „nur" bei zwei der Unterarten (*M. spilota cheynei* und *M. spilota imbricata*) festzustellen (s. o.). Wie kritisch die Situation im Einzelnen ist, bleibt vorerst ungeklärt. *Morelia carinata* muss bereits durch das kleine Verbreitungsgebiet als potenziell gefährdet gelten.

Gesamtzahl der exportierten Tiere (Angaben des World Conservation Monitoring Centre) zwischen 1995 und 1999:

Morelia bredli: 628 Tiere lebend plus 113 m² Haut aus Indonesien (merkwürdigerweise exportiert Indonesien *Morelia bredli*; Farming?)
Von *Morelia spilota variegata* (dabei handelt es sich eigentlich um *Morelia spilota harrisoni*) wurden insgesamt 2.773 lebende Exemplare aus Indonesien exportiert.

Lebensraum Australien

Australien liegt auf der Südhalbkugel der Erde, etwa zu gleichen Teilen nördlich und südlich des südlichen Wendekreises. Mit ca. 7,6 Millionen km² ist Australien etwa 22 Mal so groß wie Deutschland, hat aber gerade mal ca. 17 Millionen Einwohner, was etwa der Einwohnerzahl der ehemaligen DDR entspricht. Die meisten Bewohner leben in der Osthälfte des Landes und dort überwiegend in den Ballungsgebieten, wie Sydney, Brisbane, Cairns, Canberra, Adelaide und Melbourne. Im Northern Territory gibt es zwei größere Städte, Darwin und Alice Springs, in West-Australien gibt es nur eine Großstadt, Perth.

Australien ist ein Land der Extreme, von schneebedeckten Bergen bis hin zu trockenen und heißen Wüsten findet man auf diesem Kontinent nahezu jeden Landschaftstyp.

Australien ist insgesamt aber bei weitem nicht so trocken, wie oft angenommen wird: So gibt es neben den großen Wüsten auch Monsunwälder, tropische, subtropische und gemäßigte Regenwälder, Mangroven, Heiden, Hartlaubwälder, Trockenwälder, Savannen, Buschland (Mallee, Mulga und Strauchsteppen) sowie Grasland.

In Australien sind über 20.000 verschiedene Pflanzen heimisch, von denen die meisten endemisch sind, also nur dort vorkommen. Es gibt sehr viele Eukalyptus- und Akazienarten, Südbuchen, Palmen, verschiedenste Busch- und Strauсharten, Farne, Lianen, Moose, Epiphyten usw.

Interessant wird es für uns, wenn man die Verbreitungskarte für Rautenpythons mit Niederschlags- und Vegetationskarten vergleicht – Parallelen sind ganz offensichtlich. Besiedelt werden hauptsächlich Gebiete mit einer Niederschlagsmenge von über 300 bis über 1600 mm, was naturgegeben zur Folge hat, dass es in diesen Gegenden die größten Wald- und Buschbestände des Kontinentes gibt. Ausnahmen bilden hierbei *Morelia bredli* und *Morelia spilota metcalfei* (siehe hierzu auch den Artenteil), die jeweils in einem Gebiet mit weniger Niederschlag vorkommen, dort dann aber ausschließlich Biotope mit ausreichend Wasser und Vegetation bewohnen, wie etwa Flussläufe, bewachsene Täler mit sicherer Wasserstelle usw.

Einer der großen Ströme Australiens, der South Alligator River im Northern Territory. Seine Ufer sind der Lebensraum verschiedenster Reptilien, so auch des Darwin-Teppichpythons (*M. s. variegata*). Foto: M. Mense

Lebensraum Neuguinea

Nordöstlich von Australien befindet sich die mit etwa 770.000 km² nach Grönland zweitgrößte Insel der Welt: Neuguinea. Das Landschaftsbild Neuguineas wird durch riesige Gebirgszüge geprägt, die fast die gesamte Insel von Ost nach West durchziehen.

Die Rouna Falls (Laloki River, Central Province) – so fruchtbar stellt man sich die tropische Insel Neuguinea im Allgemeinen vor. Dass es auch deutlich trockenere Gebiete gibt, sieht auf den Habitatfotos von *M. s. harrisoni* (siehe Artenteil). Foto: M. O'Shea

Große Teile der Insel sind mit Regenwald bedeckt, es gibt aber auch Nebelwälder, riesige Mangroven, Sumpfgebiete und vor allem im Süden große Savannen, die denen in Australien sehr ähneln.

Neuguinea war bis vor ca. 15.000 Jahren Teil des australischen Festlandes, bis durch das Ende der letzten Eiszeit – der Höhepunkt der letzten Eiszeit lag vor etwa 18.000 Jahren – der Meeresspiegel anstieg und so Neuguinea vom australischen Kontinent getrennt wurde.

Parallelen findet man auch heute noch sowohl in der Flora als auch in der Fauna, denn in Teilen Neuguineas sieht man wie in Australien z. B. Eukalyptusbäume, Kängurus, Kakadus und z. T. eben auch die gleichen oder nahe verwandte Reptilien, wie etwa den Pazifikwaran (*Varanus indicus*), den Rautenpython (*Morelia spilota harrisoni*) oder den Grünen Baumpython (*Morelia viridis*).

Die Infrastruktur ist in weiten Teilen des Landes noch sehr schlecht, zudem kommen auch noch Bergmassive von bis zu 5.000 m Höhe dazu, was Reisen recht schwierig macht. Darum weist diese Insel wohl noch einige der letzten weißen Flecken auf diesem Globus auf: Viele Gebiete Neuguineas sind kaum bis überhaupt nicht erforscht. Das gilt auch für weite Teile des Verbreitungsgebietes von *Morelia spilota harrisoni*, weshalb das Wissen über die Biologie des Papua-Teppichpythons (zum deutschen Namen mehr im Artenteil) in freier Natur noch sehr lückenhaft ist.

Teil 2: Terrarienhaltung

Terrarium

Bevor man sich Rautenpythons zulegt, sollte man sicherstellen,

- dass man ausreichend Platz in der Wohnung für solch ein Rautenpythonterrarium besitzt, da manche dieser Pfleglinge doch einen nicht unerheblichen Platzbedarf haben,
- dass man auch wirklich die nötige Zeit hat, um sich um das Terrarium und dessen Bewohner zu kümmern,
- dass man das Geld für Futter, Strom usw. aufbringt, ohne dass es zur erheblichen Belastung wird,
- dass man in der Lage ist, Nagetiere zu verfüttern; das man Futtertiere ständig und in passender Größe bekommen kann,
- dass – falls vorhanden – Mitbewohner, Partner etc. mit dem Hobby einverstanden sind,
- dass man alle rechtlichen Fragen (wie Mietrecht etc.) geklärt hat.

Erfüllt man all diese Anforderungen, steht der Anschaffung eines Terrariums und später dann der Schlangen eigentlich nichts mehr im Wege.

Kauf oder Selbstbau?

Da das Terrarium den Lebensraum unserer Pfleglinge darstellt, muss man die Ansprüche der Tiere beim Bau bzw. Kauf und bei der Einrichtung unbedingt genauestens berücksichtigen.

Ob Kauf oder Selbstbau des Beckens – hier kann man keine allgemeingültige Empfehlung abgeben.

Pflegt man ausschließlich klein bleibende Unterarten, wie z. B. *M. spilota cheynei*, kommt man in der Regel mit Terrarien „von der Stange“ zurecht. Besitzt man jedoch relativ viele Rautenpythons oder große Tiere, wie z. B. adulte (geschlechtsreife) *M. spilota spilota* oder *M. spilota mcdowelli,* kommt man um den Selbstbau wohl kaum herum. Dabei greift man normalerweise auf Holz zurück. Bei einem Rautenpython-Terrarium ist die Feuchtigkeitsbeständigkeit ein entscheidender Punkt, weshalb man die Materialien, die man verwenden will, sorg-

Ein Großteil der Terrarienanlage des Autors besteht aus „Selbstbau-Terrarien“. Benötigt man sehr große und/oder sehr individuelle Terrarien, bietet sich das Selberbauen an. Foto: M. Mense

sam aussuchen muss. Das Wichtigste ist eine besonders wasserbeständige Bodenplatte; die gibt es mittlerweile in verschiedenen Ausführungen und Preislagen in Baustoffhandlungen. Meinen Erfahrungen nach eignen sich hierfür besonders so genannte Multiplex-Platten, da diese besonders robust und wasserbeständig sind.

Für den Rest der Grundkonstruktion verwendet man meistens so genannte KS-Platten. Das sind kunststoffbeschichtete Sperrholzplatten, die wasserabweisend, recht preiswert und in verschiedenen Farben erhältlich sind. Die Fugen müssen mit einem Aquariensilikonkleber abgedichtet werden, damit keine Feuchtigkeit in die Stoßkanten eindringen kann.

Als Lüftungen benutzen die meisten Terrarianer Möbel- oder Toilettenlüftungen; diese sind ebenfalls im Baumarkt zu bekommen. Wichtig ist, dass man die Lüftungen versetzt anbringt, um eine gute Zirkulation zu gewährleisten, und sie groß genug wählt, um diese Pythons mit ausreichend viel Frischluft zu versorgen, da stickige Stauluft von den meisten Rautenpythons schlecht vertragen wird.

Viele Einrichtungsgegenstände wie Sonnenplätze, Kletteräste oder wie hier die Wasserschale werden oft von mehreren Terrarienbewohnern gleichzeitig genutzt. In diesem Fall nehmen zwei Papua-Teppichpythons (*M. s. harrisoni*) ein gemeinsames Bad.

Foto: M. Mense

Die Maße der Lüftungsflächen sind abhängig von der Terrariengröße. So habe ich z. B. in einem Terrarium von 200 × 80 × 150 cm (L × T × H) in der rechten Seitenwand unten und in der linken oben je eine Lüftung von 20 × 25 cm und zusätzlich vier runde Lüftungen mit einem Durchmesser von 6 cm (Möbellüfter) unter den Frontscheiben installiert. Durch die kleinen Lüftungen in der Front vermeidet man außerdem bei hoher Luftfeuchtigkeit ein Beschlagen der Scheiben.

Die Schienen für die Frontscheiben bekommt man im gut sortierten Fachhandel, die Scheiben beim Glaser. Für kleinere Terrarien benutze ich meistens 4–5 mm starke Scheiben, für große Terrarien nehme ich allerdings keine unter 6 mm, um eine höhere Bruchsicherheit zu gewährleisten. Weitere nützliche Tipps und Bauanleitungen – vor allem auch zur Ausstattung von Terrarien – finde, Sie in dem Buch „Terrarieneinrichtung“ von Thomas Wilms, erschienen beim Natur und Tier - Verlag.

Terrariengröße

Die Mindestgröße des Terrariums für Rautenpythons wird in Deutschland durch das 1997 veröffentlichte „Gutachten über die Mindestanforderungen an die Haltung von Reptilien“ definiert, herausgegeben vom Bundesministerium für Ernährung, Landwirtschaft und Forsten, Referat Tierschutz. Danach muss man Rautenpythons folgende Mindestmaße bieten, die mit der Körperlänge der Tiere errechnet werden (s. u.):

Für Rautenpythons bis 2 m Länge
0,75 × 0,5 × 1,0 (L × T × H)
Für Rautenpythons über 2 m Länge
0,5 × 0,5 × 0,75 (L × T × H)

Die Zahlen sind Faktoren, die mit der Körperlänge des größeren Tieres multipliziert werden müssen, und beziehen sich auf die Haltung von 1–2 Exemplaren. Die maximale Höhe des Terrariums wird unabhängig vom errechnetem Ergebnis auf 2 m begrenzt.

Betrachten wir dies an Beispielen: Ein Rautenpython mit einer Länge von 120 cm benötigt demnach ein Terrarium mit den Maßen von 0,75 × 120 cm = 90 cm (Länge), 0,5 × 120 cm = 60 cm (Tiefe) und 1,0 × 120 cm = 120 cm (Höhe). Für einen Rautenpython mit einer Länge von 240 cm sind 0,5 × 240 cm = 120 cm (Länge), 0,5 × 240 cm = 120 cm (Tiefe) und 0,75 × 240 cm = 180 cm (Höhe) empfohlen. Diese Terrariengröße wäre für maximal zwei Tiere geeignet, für jedes weitere Tier sind etwa 20 % des Terrarien-Volumens unter Beibehaltung der Proportionen zuzugeben. Grundsätzlich sind Rautenpythons Einzelgänger, man kann sie jedoch sehr gut paarweise oder in kleinen Gruppen pflegen (allerdings bei den meisten Unterarten nie mehrere Männchen). Ich halte die meisten meiner geschlechtsreifen Tiere paarweise, manche auch als Dreiergruppe (ein Männchen, zwei Weibchen), was dann aber immer eine Trennung der Tiere zur Fütterung zur Folge haben muss (Futterneid).

Nach meinen Erfahrungen sind diese im Gutachten vorgeschlagenen Terrarienmaße insgesamt gut geeignet. Jedoch meine ich, dass bei Rautenpythons generell eine geringe Verschiebung der Proportionen von der Höhe zur Länge zu tolerieren ist, wenn also eine etwas geringere Terrarienhöhe sich zu Gunsten der Terrarienlänge verändert, da Rautenpythons eben semiarboricol (halb baumbewohnend) und nicht arboricol (baumbewohnend) sind und die größere Länge genauso gut nutzen wie eine größere Höhe. Grundsätzlich würde ich eine maximale Terrarienhöhe von 150 cm akzeptieren, gerade bei den großen Unterarten, aber nur dann, wenn die Körperlänge nicht mit dem Faktor 0,5 multipliziert wird, sondern mindestens mit 0,75, besser noch mit 1,0. Die geforderte Terrarientiefe kann man so übernehmen, wobei eine Tiefe von über 120 cm oft kaum noch zu realisieren und auch nicht erforderlich ist.

Meine Rautenpythons pflege ich in einigen Fällen sogar in noch größeren Terrarien, da diese Riesenschlangen recht aktiv sind und gerne den angebotenen Raum häufig bis in den letzten Winkel zum Klettern und Umherkriechen nutzen. Je größer das Terrarium für erwachsene Rautenpythons ist, desto mehr Aktivität zeigen die Tiere. Wenn man seinen adulten Rautenpythons also ein sehr großes Terrarium bieten kann, kommt auch der Pfleger voll auf seine Kosten, denn es gibt kaum etwas Schöneres, als einen Rautenpython bei seinen eleganten Kletterkünsten zu beobachten.

Rück- und Seitenwandgestaltung

Rück- und Seitenwände kann man sehr gut mit Styropor auskleiden, strukturieren, Vorsprünge und Ablageflächen schaffen, um ihn anschließend mit Feuchtraum-Fliesenkleber ca. 1–2 cm dick zu ummanteln. Durch den Fliesenkleber bekommt das Ganze dann das Aussehen einer Felslandschaft. Man muss jedoch darauf achten, dass dabei keine scharfkantigen Stellen entstehen, an denen sich die Tiere eventuell verletzen könnten.

Sind die Wände dann ummantelt, muss man sie die nächsten Tage von selbst trocknen lassen, denn hilft man etwa mit einem Föhn oder Ähnlichem nach, reißen sie.

Um diesen Felswänden die passende Farbe zu geben, benutzt man am besten wasserfeste Binderfarbe/Abtönfarbe; die ist absolut ungiftig und in allen Farbtönen erhältlich. Will man die Rück- und Seitenwände nicht streichen, kann man die Abtönfarbe auch direkt in den Fliesenkleber einmischen.

Diese Rück- und Seitenwandverkleidung sieht sehr natürlich aus, bietet eine weitere Möglichkeit zum Klettern sowie Ablageflächen und hat durch das Unterfüttern mit Styropor sehr gute wärmedämmende Eigenschaften.

Wer sich das handwerklich nicht zutraut oder wem es einfach zu viel Arbeit bereitet, kann das Terrarium auch mit Kork oder mit vorgefertigten Wänden verkleiden. Die werden einfach zugeschnitten und ins Terrarium geklebt. Wichtig ist es, einen guten Kleber zu benutzen und nicht etwa doppelseitiges Klebeband oder Ähnliches, denn solche Klebematerialien lösen sich auf die Dauer. Besonders empfehlenswert ist Aquariensilikonkleber, da er feuchtigkeits-, wärme- und UV-beständig ist.

Natürlich gibt es auch zahlreiche weitere Möglichkeiten zur Gestaltung von Rück- und Seitenwänden. Ausführliche Informationen dazu bietet das Buch „Terrarieneinrichtung“ von Wilms (2004).

Einrichtung

Da alle Rautenpythons gerne klettern, sollte das Terrarium unbedingt über ausreichend viele Klettermöglichkeiten verfügen. Als Kletteräste nehme ich besonders gerne Äste und Stämme von Buche, Nussbaum, Holunder und Obstbäumen. Man muss aber bei Ästen frisch aus der Natur einige Vorkehrungen treffen, um kein Ungeziefer einzuschleppen. Wenn ich mir solche Äste von draußen besorge,

Reichlich Kletteräste, einige Versteckplätze, eine Wasserschale, ein Sonnenplatz und, wenn nötig, eine milde Bodenheizung machen die Inneneinrichtung eines Rautenpython-Terrariums komplett.

Foto: M. Mense

Hier sieht man ein sehr großes Terrarium für Bredls Pythons (*Morelia bredli*). Foto: M. Mense

unterziehe ich sie mehreren Arbeitsgängen. Als Erstes spüle ich sie gründlich mit fließendem Wasser ab, dann desinfiziere ich sie mit einem handelsüblichen und in jedem gut sortierten Fachhandel angebotenen Desinfektionsmittel, und einige Stunden später spüle ich sie nochmals gründlich ab. Anschließend überbrühe ich die Äste mit kochendem Wasser, um eventuell in der Rinde sitzende Eier und Larven von Insekten abzutöten. Nach dieser Prozedur lasse ich sie dann noch mal etwa sechs Monate in einem trockenen Raum lagern, um ganz sicher zu gehen, keine unerwünschten Untermieter einzuschleppen. Stelle ich in den sechs Monaten trotzdem noch einen Befall fest, wiederhole ich den gesamten Arbeitsgang. Wem das zu viel Arbeit erscheint oder wer nicht die Möglichkeit hat, auf solche Äste und Stämme zurückzugreifen, der findet auch im Fachhandel gute und saubere Hölzer, wie Weinreben, Moorkienholz, Korkäste usw. Die Stärke der Äste sollte ruhig variieren, um den Tieren einiges an Geschick abzuverlangen und um ihnen abwechslungsreiche Möglichkeiten zum Klettern zu bieten. Äste und Stämme werden von den Tieren auch gern als Häutungshilfen benutzt, da die alte Haut an der rauen Rinde und an den Verzweigungen der Äste guten Halt findet. Wichtig ist es, nicht allzu dünne Äste zu wählen, die dann eventuell unter dem Gewicht der Tiere zusammenbrechen würden. Außerdem muss man die Äste im Terrarium gut verankern, damit sie beim Klettern nicht umstürzen und so für unsere Pfleglinge und fürs Terrarium (Glas, Beleuchtung etc.) zur Gefahr werden.

Als Bodengrund kommen verschiedene Substrate in Frage, wie z. B. Humus, ein Humus-Sand-Gemisch, Zeitungspapier, Haushaltspapier oder Kleintierstreu. Von Mulch und Buchenspänen rate ich persönlich ab, da sie sehr scharfkantig sind. Deshalb benutzen Schlangen diesen Bodengrund nicht gern zur Fortbewegung, denn sie müssten mit ihrem vollen Körpergewicht über die scharfkantigen Holzstücke kriechen. Der Hauptgrund für mich, dieses Substrat nicht zu benutzen, ist allerdings die Gefahr beim Füttern. Die meisten Rautenpythons sind gierige Fresser, die beim Beutemachen äußerst kräftig zuschlagen. Wenn dann das Beutetier verfehlt wird, besteht ein erhebliches Verletzungsrisiko im empfindlichen Maul-/Rachenraum, meistens mit schwer wiegenden Folgen. Die nächste Gefahr besteht im Mitfressen des Bodengrundes, was natürlich auch bei anderen Substraten der Fall ist, die aber eben einfach mitverdaut oder unverdaut wieder ausgeschieden werden. Mulch und Buchenspäne können aber meistens nicht verdaut werden, was dann beim Ausscheiden der scharfkantigen Holzstückchen zu großen Problemen führen kann.

In meiner Zuchtanlage variiert der Bodengrund mit dem Alter der Pythons. In Aufzuchtterrarien benutze ich aus Hygienegründen ausschließlich Haushaltspapier, da man dieses schnell und einfach wechseln kann. Bei erwachsenen Pythons wähle ich feine Kleintierstreu oder Zeitungspapier, um das Terrarium möglichst einfach sauber zu halten. Hygiene ist das oberste Gebot, denn sehr viele Erkrankungen unter Terrarienbedingungen gehen auf mangelnde Sauberkeit zurück.

Die Kleintierstreu kann man mit gereinigtem Laub vermischen, um damit ein etwas natürlicheres Aussehen zu erzielen.

Man kann auch Steine zur Dekoration benutzen. Diese sollten aber keine Spitzen haben und nicht zu scharfkantig sein, damit sich die Pythons z. B. bei einem Sturz vom Kletterast nicht daran verletzen können.

Komplett wird die Einrichtung durch einige Unterschlüpfe und Versteckplätze, wie z. B. Korkröhren, Rindenstücke oder Ähnliches, und eine Wasserschale. Die Unterschlüpfe sollten nicht zu groß gewählt werden, da Schlangen immer eng bemessene Versteckplätze bevorzugen. Besonders wichtig ist, dass man den Tieren mehrere Versteckplätze in verschiedenen Temperaturbereichen des Terrariums anbietet, da sie sonst schnell dazu neigen, von der Temperatur her weniger optimale Plätze über längere Zeiträume aufzusuchen, weil nur diese über eine Unterschlupfmöglichkeit verfügen.

Während des Häutungsprozesses wollen einige Rautenpythons ausgiebig baden, wozu sie dann komplett in der Wasserschale untertauchen. Diese Wasserschale ist hierfür deutlich zu klein gewählt.
Foto: M. Mense

Die Wasserschale sollte so groß gewählt werden, dass die Pythons ganz hineinpassen, denn Rautenpythons suchen Wasser nicht nur zum Trinken, sondern auch gerne zum intensiven Baden auf. Damit das Wasser nicht allzu kalt wird, empfehle ich, die Wasserschale in der Nähe eines Strahlers aufzustellen oder sie mit einer Heizmatte leicht zu beheizen bzw. einfach teilweise auf die Bodenheizung zu stellen. Dadurch erhöht sich dann auch automatisch die Luftfeuchtigkeit ein wenig.

Bepflanzung

Zur Bepflanzung kommen eigentlich nur Kunststoffpflanzen in Frage, da lebende Pflanzen durch die starken Kletteraktivitäten der Pythons fast ausnahmslos zerstört werden. Wenn man es dennoch mit echten Pflanzen versuchen möchte, kommen nur sehr kräftige Arten wie etwa Yucca-Palmen oder Rhododendron in Betracht. Beim Kauf ist es wichtig, darauf zu achten, dass die Pflanzen auf

Als Bepflanzung kommen für die meisten Rautenpythons nur sehr kräftige Pflanzen wie etwa *Rhododendron*-Arten oder Kirschlorbeer in Frage.

Foto: M. Mense

Meine Terrarien verfügen in der Regel über zwei vor Spritzwasser geschützte Neonröhren, wovon mindestens eine UV- Lichtanteile abstrahlt.

Foto: M. Mense

keinen Fall Stacheln besitzen oder gar giftig sind. Zwar würde eine Schlange nie „bewusst" eine Pflanze oder Teile davon fressen, aber ich habe schon häufig beobachtet, dass ganze Blätter und Stängel beim Beuteschlagen mitgefressen wurden.

Wenn man Kunststoffpflanzen benutzt, stellt sich diese Problematik nicht, da man diese an Ästen, Wurzeln und Wänden fest verankern kann. Trotzdem muss man auch hier darauf achten, dass keine Teile mitgefressen werden. Kunststoffpflanzen lassen sich bei Verunreinigungen auch besser säubern als echte Pflanzen. Außerdem werden mittlerweile so echt wirkende Plastik- und Seidenpflanzen angeboten, dass es eigentlich keinen Grund gibt, sie nicht zu verwenden.

Beleuchtung

Beleuchten kann man das Terrarium am besten mit Neonröhren. Diese müssen aber unerreichbar für die Pfleglinge angebracht oder gut geschützt werden, damit sie nicht beim Klettern zerstört werden können.

Immer noch umstritten ist, ob man Leuchtkörper mit oder ohne UV-Anteil benutzen sollte. Meinen Erfahrungen nach sollte man immer Leuchtstoffröhren mit UV einsetzen, da ich bei all meinen Rautenpythons tendenziell intensivere und kontrastreichere Färbungen feststellen konnte, wenn sie bereits ab frühester Jugend mit UV-Anteil im Licht aufwuchsen oder später zumindest über Jahre hinweg mit diesem Licht gehalten wurden. Bekam ich erwachsene Tiere, die ohne UV-Licht gehalten worden waren, verbesserte sich unter UV-Licht-Haltung die Färbung auch bei diesen Tieren.

Möglicherweise sorgt UV-Licht auch für bessere Nachzuchtergebnisse bei den Schlangen; dazu kann ich aber keine konkreten Aussagen machen, da ich all meine Tiere mit UV-Licht halte und dadurch keine Vergleichsmöglichkeit habe.

Ich verwende Leuchtstoffröhren mit UV-Anteil (als Speziallampen für Reptilien im Zoohandel erhältlich). Meistens verwende ich zwei Leuchtstoffröhren pro Terrarium, eine mit UV und eine ohne. Dabei muss man berücksichtigen, dass Leuchtstoffröhren bei einem größeren Abstand als 30 cm an UV-Wirkung verlieren. Aus diesen Grund habe unter meinen UV-Neonröhren immer einen Kletterast angebracht – damit erreicht man dann einen geringeren Abstand als 30 cm für die sich darauf sonnenden Schlangen.

Einige Pfleger des Diamantpythons (*M. spilota spilota*) halten UV-Licht sogar für unbedingt nötig, wenn man diesen Python über längere Zeit pflegen und gesund erhalten oder gar vermehren will (pers. Mittlg.).

Oft wird argumentiert, dass diese Pythons überwiegend nachtaktiv seien und deshalb kein UV-Licht benötigten. Jedoch sollte man bedenken, wie häufig sich Rautenpythons tagsüber sonnen.

Für Leuchtstoffröhren mit UV-Anteil muss man zwar bei der Anschaffung einiges investieren, dafür danken es uns unsere Pfleglinge aber auch.

Die Beleuchtungsdauer variiert je nach Jahreszeit von 6–8 Stunden im Winter und ca. 12 Stunden im Sommer. Gesteuert wird die Beleuchtung mit handelsüblichen Zeitschaltuhren.

Beheizung

Beheizt wird das Terrarium am besten mit Strahlern, die aber mit einem Drahtkorb oder Ähnlichem absolut sicher geschützt werden sollten, damit sich die Schlangen nicht verbrennen können.

Die Strahler sollten auf eine große Wurzel, einen flachen Stein oder auf eine

Schlupfbox (siehe Kapitel Trächtigkeit und Eiablage) gerichtet sein, damit sich die Tiere darunter bequem sonnen können. Wichtig ist aber, dass man Spotstrahler und nicht etwa Glühbirnen oder Energiesparlampen benutzt, um auch wirklich ausreichende Strahlungswärme zu erzeugen. Pflege ich mehrere Rautenpythons zusammen in einem Terrarium, biete ich mindestens zwei solcher Sonnenplätze an, damit sich die Tiere auch beim Sonnenbaden aus dem Weg gehen können und nicht gezwungen sind, zusammen unter ein und demselben Strahler zu liegen. Auch die Strahler steuert man am besten mittels Zeitschaltuhren, nur lasse ich sie morgens ca. 15 Minuten vor den Neonröhren ein- und abends 15 Minuten nach den Neonröhren ausschalten, damit der Tag/Nacht-Übergang etwas fließender verläuft. Alternativ kann man zur Beheizung auch Heizkabel oder Heizmatten benutzen, die aber bei weitem nicht so effizient sind.

In kühleren Terrarien (das sind in meiner Anlage die Becken in der untersten Reihe) habe ich zusätzlich zu den Strahlern auch eine kleine Heizmatte unter dünnen Fliesen angebracht, um die Wasserschale und die Schlupfbox gerade bei kühleren Nachttemperaturen zusätzlich zu beheizen. Die Temperatursteuerung übernimmt dabei ein Temperaturregler; diese sind sehr zuverlässig, aber nicht gerade preiswert.

Unabhängig davon, für welche Heizmethode man sich entscheidet, ist es sehr wichtig, verschiedene Temperaturbereiche (Temperaturgradient) innerhalb des Terrariums zu schaffen. Das bedeutet, dass das Terrarium in einen relativ heißen Bereich, einen warmen und einen eher kühlen Bereich „aufgeteilt“ werden soll. Das erreicht man dadurch, dass man seine gesamten Heizquellen auf eine Hälfte des Terrariums konzentriert. Dadurch ergibt sich dann von selbst innerhalb des Terrariums das erwünschte Temperaturgefälle.

Als Beispiel: In einem Terrarium bringe ich ganz links auf dem Boden eine kleine bis mittlere Heizmatte an und zusätzlich im linken Drittel einen Heizstrahler, in der Mitte des Terrariums eine Neonröhre. In dem Fall haben die Tiere im linken Drittel einen recht heißen, im mittleren Drittel ganz automatisch einen warmen Bereich, und im Rest des Terrariums ist es dann etwas kühler. Die Übergänge der Temperaturbereiche sind fließend, und die Schlangen können selbst bestimmen, wo sie sich aufhalten.

Wichtig ist dabei aber, dass man den Pythons in jedem Temperaturbereich auch ein Versteck anbietet, da sich sonst manche Schlangen immer für den sichersten Aufenthaltsort entschließen und nicht unbedingt für den, der ihnen vom Klima zusagt.

Wir müssen die Temperaturen im Terrarium natürlich ständig kontrollieren, ich empfehle dazu elektronische Thermometer mit Anzeige für minimal und maximal gemessene Temperaturen. Dadurch hat man dann auch einen Überblick, was während der Abwesenheit für Temperaturen herrschten. So kann man z. B. morgens die maximalen und minimalen Temperaturen der Nacht ablesen und gegebenenfalls entsprechend reagieren.

Feuchtigkeit

Eine optimale und immer den jeweiligen Bedingungen angepasste Luftfeuchtigkeit erreicht man am besten durch Überbrausen der Terrarieneinrichtung. Dazu nimmt man handelsübliche Sprühflaschen, die jede Gärtnerei und jeder Baumarkt in verschiedensten Ausführungen anbieten, und besprüht mit angewärmtem/lauwarmem Wasser (dazu muss man das verwendete Wasser relativ heiß in die Sprühflasche einfüllen) die gesamte Terrarieneinrichtung, außer Strahlern und ande-

Nach dem Überbrausen mit lauwarmem Wasser dürfen die Terrarienscheiben ruhig beschlagen, sollen aber nach spätestens 2–3 Stunden wieder getrocknet sein, das Gegenteil spräche für eine zu geringe Belüftung. Foto: M. Mense

ren elektrischen Gegenständen. Häufig nutzen Rautenpythons diese Gelegenheit auch zum Trinken, da „frisches Regenwasser" immer stehendem Wasser (Wasserschale) vorgezogen wird. Es gibt auch Beregnungsanlagen, die man entweder selber bastelt und vorgefertigt im Fachhandel bekommt. Ich persönlich bin aber kein Freund dieser Anlagen, da sie doch immer wieder zu mehr oder weniger großen Problemen führen können, weil sie relativ unflexibel im Vergleich zum manuellen Besprühen sind. Beispielsweise kann man immer „nur" mit den im Terrarium installierten Düsen an dieselbe Stelle spühen, ohne Rücksicht darauf, welches Tier sich dort gerade befindet – beim manuellen Srühen kann ich aber sehr gut Rücksicht auf erkrankte oder trächtige Tiere nehmen. Bei sehr großen Regenwaldterrarien oder bei speziell dafür ausgelegten Terrarien – z. B. mit einem Ablauf etc. – mögen diese Anlagen eine Bereicherung sein, aber speziell in der Rautenpythonhaltung habe ich eher nachteilige Erfahrungen gesammelt und kann deshalb nur sehr einschränkt zu solch einer Beregnungsanlage raten.

Es gibt auch noch die Möglichkeit, die Luftfeuchtigkeit mittels eines Ultraschall-Luftbefeuchters zu erhöhen. Diese Geräte erzeugen durch Ultraschall Nebel, der sich rasch im Terrarium ausbreitet und dadurch alles leicht anfeuchtet. Diese Mini-Nebler leisten gute Arbeit, sie ersetzen aber auf keinen Fall das Sprühen mit Wasser im Terrarium, da diese Geräte eben Nebel erzeugen und nicht „Regen". Wie ich durch eigene Beobachtungen feststellen konnte, sind regelmäßige „Niederschläge" aber für das Wohlbefinden bei Rautenpythons wichtig. Pflegt man Rautenpythons über einen längeren Zeitraum ganz ohne Niederschläge (ohne zu Sprühen), reagieren sie oft mit einigen Verhaltensänderungen. In solch einer Situation wird z. B. oft die Fortpflanzung eingestellt, die Tiere kriechen sehr viel herum und versuchen ständig, das Terrarium zu verlassen. Insgesamt verhalten sie sich wesentlich unruhiger und nervöser als unter optimalen Bedingungen.

Solch drastische Verhaltenänderungen könnten etwas damit zu tun haben, dass die Tiere sich instinktiv einer Dürreperiode ausgesetzt sehen. In so einem Fall wäre es dann z. B. reine Energieverschwendung, ein Gelege zu produzieren, weil die Wahrscheinlichkeit, dass daraus Junge schlüpfen und diese größere Überlebenschancen haben, gering ist, denn dann stünde weder ein ausreichendes Futterangebot zur Verfügung, noch gäbe es genügend Trinkwasser, und das Klima wäre natürlich auch ungeeignet. Aber auch für die Weibchen wäre es ein großes Risiko, da sie nach der Brut schwerer wieder zu Kräften kämen, weil es während und nach einer Dürreperiode auch ein wesentlich geringeres Nahrungsangebot gibt. Daher erscheint es denkbar, dass Weibchen sich unter solchen Umständen nicht verpaaren, um „unnötige" Verluste zu vermeiden.

Die erwähnte starke Unruhe, die man ebenfalls unter dauerhaft trockenen Bedingungen oft beobachten kann, führe ich darauf zurück, das die Pythons in freier Wildbahn vermutlich abwandern würden, um sich einen günstigeren Lebensraum zu suchen.

Kontrollieren kann man die relative Luftfeuchtigkeit in seinem Terrarium mit handelsüblichen Hygrometern, wobei ich elektronische Hygrometer mechanischen vorziehe, da sie meistens eine Minimum- und Maximumanzeige haben, wodurch ich dann nach Abwesenheit wenigstens noch die extremsten Werte ablesen kann.

Genauere Angaben zu den Ansprüchen der einzelnen Taxa an Luftfeuchtigkeit und Temperaturen finden sich im Artenteil.

Erwerb und Eingewöhnung

Die beste Möglichkeit, einen Rautenpython zu erwerben, ist immer noch, ihn direkt bei einem Züchter zu kaufen. Dadurch hat man gerade auch als Einsteiger immer eine sichere Anlaufstelle bei Problemen und Fragen. Außerdem kann man sich genau über die bisherigen Aufzucht- und Haltungsbedingungen erkundigen und die Elterntiere und deren Unterbringung genauestens betrachten.

Hat man jedoch nicht die Möglichkeit, bei einem Züchter zu kaufen, kann man auch einen Fachhändler aufsuchen. Bei Fachhändlern gibt es große Unterschiede, von äußerst kompetent bis völlig unwissend. Entschließt man sich zum Kauf in einem Zoogeschäft, sollte man dieses am besten mehrmals aufsuchen und sich genauestens über die Tiere erkundigen, die man erwerben möchte. Kann der Händler keine oder nur ungenaue Angaben zu Herkunft, Fütterung, Haltungsbedingungen usw. machen, oder ist die Unterbringung der Pythons nicht optimal, sollte man lieber einen anderen Händler aufsuchen.

Die dritte Möglichkeit ist der Kauf auf einer Terraristikbörse. Diese Veranstaltungen bieten den Vorteil, dass man dort oft mehrere Züchter – teilweise aus ganz Europa – gleichzeitig antrifft. Man hat aber den Nachteil, dass man weder die Elterntiere noch deren Unterbringung betrachten kann und sich

Zur Quarantäne werden die Tiere am besten einzeln in leicht zu reinigenden Terrarien untergebracht. Foto: M. Mense

Hier sieht man einen Teil der Terrarienanlage des Autors. Bevor man Neuzugänge in solch einer Anlage unterbringt, sollten diese unbedingt erst in Quarantäne.
Foto: M. Mense

auf solchen Terraristikbörsen mehr und mehr Händler untermischen, die nicht immer als solche zu erkennen sind. Deshalb ist beim Kauf auf einer Börse besonders große Vorsicht angeraten, da man auf solchen Veranstaltungen besonders viele „fliegende" Händler antrifft, die mit ihren Tieren von Veranstaltung zu Veranstaltung reisen und die einem manchmal das Blaue vom Himmel erzählen, nur um etwas Umsatz zu machen.

Damit meine ich aber natürlich nicht die überwiegend ehrlichen Anbieter, die glücklicherweise immer noch die Mehrheit stellen. Nur habe ich hin und wieder den Eindruck, besonders viele schwarze Schafe auf solchen Börsen anzutreffen.

Wichtig ist, dass die Tiere, die man erwerben will – meistens handelt es sich ja um Jungtiere – anstandslos fressen. Kann der Händler/Züchter einem das nicht garantieren, sollte man zumindest als Einsteiger vom Kauf lieber Abstand nehmen, denn eine Zwangsfütterung verlangt einiges an Geschick im Umgang mit Schlangen und stellt immer ein gewisses Verletzungsrisiko dar. Daher sollte die Zwangsfütterung (das so genannte Stopfen) dem erfahrenem Terrarianer vorbehalten bleiben.

Unabhängig davon, wo oder bei wem man seinen Rautenpython erwirbt, gibt es mehrere Kaufkriterien, die man beachten sollte:

1. Das Tier darf keine frischen Verletzungen aufweisen.
2. Bei älteren, bereits verheilten Wunden muss man sichergehen, dass sie den Python nicht dauerhaft behindern und wirklich *vollständig* abgeheilt sind.
3. Es sollten sich weder Milben noch Zecken auf dem Tier befinden. Sie lassen sich zwar mittlerweile mit speziellen Mitteln ganz gut vernichten, stellen aber als Krankheitsüberträger ein Risiko dar.

4. Das Maul darf nicht permanent geöffnet sein, und es darf auch kein Schleim aus Mund und Nase austreten, denn das deutet immer auf eine Krankheit hin.
5. Wenn man den Python in die Hand nimmt, sollte er sich dabei bewegen, züngeln usw. und nicht etwa uninteressiert oder gar schlaff bis apathisch alles über sich ergehen lassen.
6. Das Tier, das man kaufen will, muss unbedingt gut genährt sein, denn eine Abmagerung kann verschiedene Ursachen haben und stellt immer ein hohes Risiko für den Käufer dar.
7. Man sollte den Verkäufer genau über alles befragen, was einem wichtig erscheint. Kann er keine oder nur wenig informative Antworten geben oder sagt gar Falsches, muss man sich ganz genau überlegen, ob man trotzdem dort kauft.
8. Man darf seinen gesunden Menschenverstand niemals ausschalten, denn dann läuft man Gefahr, durch die Euphorie beim Anblick eines besonders schönen Pythons alle Bedenken in den Wind zu schlagen und wider besseres Wissen trotzdem zu kaufen.

Wenn man diese acht Kriterien beim Kauf immer berücksichtigt, schaltet man einen Großteil des Risikos aus, ein erkranktes oder geschwächtes Tier zu erwerben.

Wichtig ist für ein neu erworbenes Tier, dass die Umgewöhnung an das neue Zuhause langsam vollzogen wird. Dazu ist es nötig, die genauen Temperatur- und Luftfeuchtigkeitsverhältnisse vom Vorbesitzer zu übernehmen, da es sonst schnell zur Erkrankung des Neuerwerbs kommen kann.

Speziell ältere Tiere gewöhnen sich oft nur noch schwer um. Am besten erwirbt man einen Rautenpython zwischen „gut fressender Jungtiergröße“ (meistens sind solche Tiere 3–6 Monate alt) und einem Alter von drei Jahren. In diesem Alter sind sie bereits in der Regel gierige Fresser, aber noch nicht so alt, dass sie sich nur noch schwer an eine neue Unterbringung anpassen.

Die Frage, ob man sich einen Wildfang (ein der Natur entnommenes Tier) oder eine Terrariennachzucht anschaffen sollte, stellt sich für die meisten Rautenpythons erst gar nicht, da Australien schon seit über 30 Jahren keinerlei Exporte mehr zulässt. Anders dagegen Neuguinea: Von dort kamen in den letzten Jahren und kommen auch noch immer über Jakarta (Indonesien) Lieferungen mit Wildfängen. Solche Tiere sollten sich aber, wenn überhaupt, nur erfahrene Pythonhalter zulegen, da sie oft große Schwierigkeiten mit der Eingewöhnung haben. Das zeigt sich z. B. durch hartnäckige Futterverweigerung und oft monatelang anhaltendes ängstliches oder sehr aggressives Verhalten. Außerdem leiden viele Wildfänge unter Parasiten, und sie leiden oft durch die meistens schlechte Unterbringung bei den Exporteuren und den Transport unter Verletzungen und/oder Krankheiten. Wenn man Pech hat, kommen bei den neu erworbenen Wildfängen all diese aufgeführten Nachteile zusammen. Dann weiß man manchmal auch als sehr erfahrener Terrarianer nicht mehr, wo man mit einer Behandlung anfangen soll. Zudem ist für frische Wildfänge Ruhe das Wichtigste zur Eingewöhnung. Die kann man ihnen aber durch die dann häufig fällig werdenden Behandlungen nicht immer bieten, und dadurch werden die Tiere dann noch mehr gestresst, und die Situation wird immer verzwickter. So kann man in einen Teufelskreis geraten, aus dem man nur noch schwer wieder herauskommt. Deshalb der von mir gut gemeinte Rat an weniger erfahrene Terrarianer: „Finger weg von Wildfängen!“.

Trotzdem habe auch ich schon mehrere Rautenpythons (*Morelia spilota harrisoni* aus Neuguinea) als Wildfänge erworben. Diese so genannten Irian-Jaya- oder besser Papua-Teppichpythons gab es vor einigen Jahren noch nicht als Nachzuchten, weshalb ich gezwungen war, sie als Wildfänge zu kaufen, wenn ich sie halten wollte – und das wollte ich!

Da ich ausschließlich Jungtiere in einem Alter von ca. 6–12 Monaten nahm, hielten sich die Probleme in Grenzen. Ein Einsteiger in der Pythonhaltung wäre aber auch damit völlig überfordert gewesen. Da vom Papua-Teppichpython mittlerweile auch regelmäßig Nachzuchten angeboten werden, braucht jedoch auch hier niemand mehr auf Wildfänge zurückgreifen.

Unabhängig davon, ob man sich einen Wildfang oder eine Terrariennachzucht anschaffen will, muss man darauf achten, dass uns der Anbieter eine Herkunftsbescheinigung ausstellen kann. Das ist deshalb sehr wichtig, weil alle Rautenpythons international nach dem Washingtoner Artenschutzabkommen (WA), Anhang II, geschützt und daher auch im Anhang Anhang B der EU-Artenschutzverordnung aufgeführt sind. Solche Tiere gelten als gefährdet, aber nicht als von der Ausrottung bedroht. Die aktuelle EU-Artenschutzverordnung gilt seit 1997. Durch diese Verordnung wurde der zuvor nötige Besitz einer CITES-Bescheinigung bei der Haltung oder der Abgabe innerhalb der EU überflüssig. Dennoch bedeutet dieser Schutzstatus für den Terrarianer einiges an Bürokratie, da man die legale Herkunft der Tiere lückenlos nachweisen können muss. Außerdem ist man verpflichtet, die Tiere unverzüglich bei der zuständigen Behörde anzumelden. Verstirbt ein Tier oder zieht man um, so muss man das derselben und der ggf. neuen Behörde melden. Welche Behörde jeweils zuständig ist, erfährt man bei seiner Stadtverwaltung (meist sind es die Unteren Naturschutzbehörden). Der ganze Meldevorgang ist kostenlos, aber dazu ist eine Herkunftsbescheinigung des Züchters oder Händlers zwingend erforderlich. Auf solch einer Bescheinigung müssen mehrere Fakten angegeben werden.

Bei Nachzuchttieren:

- Deutscher und wissenschaftlicher Artname
- Schlupf- bzw. Geburtsdatum des Tieres
- Angaben zu den Elterntieren
- Geschlecht
- Name und Anschrift des Verkäufers/Vorbesitzers und/oder Züchters
- Angaben zu den Aufzeichnungsdokumenten beim Züchter („Zuchtbuch")
- Menge der abgegebenen Tiere
- Abgabedatum
- wenn vorhanden, eine Zuchtbuchnummer
- Unterschrift des Verkäufers/Züchters.

Bei Wildfängen zusätzlich:

- Hinweise zur Einfuhrgenehmigung wie Genehmigungsnummer, Datum der Einfuhr und Ursprungsland des Tieres
- Name und Anschrift des Verkäufers/Vorbesitzers
- Herkunftsland und Importnummer
- Menge der abgegebenen Tiere
- Abgabedatum und Unterschrift des Verkäufers.

Man kann sich aber auch kurz vor dem Kauf genau über die Anforderungen an die Herkunftsbescheinigung bei seiner zuständigen Behörde erkundigen. Damit vermeidet man Missverständnisse, und man ist dann immer auf dem neuesten Wissensstand, was die momentane, sich manchmal schnell ändernde Praxis angeht.

Für Einfuhr und Ausfuhr geschützter Tierarten in die EU gilt:

Die Einfuhr von Anhang-A- und Anhang-B-Arten ist genehmigungspflichtig, die Genehmigung erteilt in Deutschland das Bundesamt für Naturschutz in Bonn nach der Prüfung, ob die Voraussetzungen für eine artgemäße Haltung beim Antragsteller gegeben sind. Bei der Einfuhr müssen Dokumente über die Ausfuhr oder Wiederausfuhr des Herkunftsstaates vorgelegt werden.

Möchten Sie Tiere der Anhang-A- und Anhang B-Arten sowie nach der Bundesartenschutzverordnung geschützte Exemplare ausführen oder wiederausführen, müssen Sie beim Bundesamt für Naturschutz eine Ausfuhrgenehmigung oder Wiederausfuhrbescheinigung beantragen.

Die zuständigen Behörden sind dazu verpflichtet, bei der Ausstellung der Dokumente einen bestimmten Zeitrahmen einzuhalten. Die Vollzugsbehörde muss innerhalb von vier Wochen nach Eingang des vollständigen Antrags entscheiden. Deshalb sollten Sie immer sämtliche erforderlichen Unterlagen einsenden und Formulare komplett ausfüllen. Gründe für eine Verzögerung können sein, wenn Drittstaaten gehört oder wissenschaftliche Entscheidungsgrundlagen durch die Behörde eingeholt werden müssen.

Die ausgestellten Dokumente sind nicht dauerhaft gültig, sondern im Fall von Einfuhrgenehmigungen in die EU sowie Ausfuhrgenehmigungen oder Wiederausfuhrbescheinigungen aus der EU höchstens sechs Monate. Nicht genutzte Dokumente sind der Behörde zurückzugegeben.

Zum Transport eines Rautenpythons eignen sich am besten ein Leinensack und eine thermostabile Styroporbox, die man in jedem Fall besser selbst mitbringen sollte, da manche Züchter und Händler Leinensäcke und Boxen mehrfach benutzen (Ansteckungsgefahr) oder erst gar keine vorhanden sind. Den Leinensack zieht man auf links, damit sich die Schlange nicht in den Nahtfäden, die oft recht lang sind, verwickelt und sich dann eventuell damit stranguliert. Hat man nun das Tier hineingesteckt, muss man sich vor dem Verschließen mit Gummiband, Schnur oder Klebeband noch vergewissern, dass sich die Schlange im unteren Teil des Sackes befindet, damit sie nicht aus Versehen mit eingeschnürt wird.

Porträt eines Dschungel-Teppichpythons (*M. s. cheynei*). Hier sieht man sehr gut die für die meisten Rautenpythons typische, netzartige Musterung der Iris sowie die Labialgruben. Foto: M. Mense

Ist dann ein neues Tier angeschafft, bringt man es zunächst einmal in einem Quarantäneterrarium zur Beobachtung unter. Das ist besonders wichtig, wenn man schon andere Reptilien besitzt, um nicht etwa Parasiten oder eine Krankheit einzuschleppen und zu verbreiten. Das Quarantäneterrarium soll möglichst spartanisch eingerichtet sein, nur mit einem oder zwei Kletterästen, ohne Rück- und Seitenverkleidung.

Als Bodengrund kommen nur Haushalts- oder Zeitungspapier in Frage, die man mindestens ein- bis zweimal in der Woche aus hygienischen Gründen wechseln muss. Das Quarantäneterrarium wird komplettiert durch eine kleine Wasserschale, ein Versteck, Licht und Heizung. Die Temperaturen und die Luftfeuchtigkeit im Quarantänebecken müssen natürlich genauso optimal auf die Bedürfnisse des Pfleglings abgestimmt sein wie im eigentlichen Terrarium.

Nach 5–7 Tagen bietet man das erste Mal Futter an. Man sollte ruhig so lange mit der ersten Fütterung warten, damit sich der Neuerwerb in Ruhe eingewöhnen und orientieren kann. Versucht man dagegen direkt nach dem Einsetzen zu füttern, stresst das die meisten Tiere nur. Sie führen dann ständig Abwehrbisse aus, zeigen oft keinerlei Jagdverhalten und sind dann dadurch in der Regel schlechter zum Fressen zu bewegen, da sie immer wieder in eine Abwehrstellung gehen und auf die angebotenen Futtertiere aggressiv reagieren. Diese werden bei den ausgeführten Attacken zwar gebissen, aber meistens nicht getötet, und wenn doch, werden die Futtertiere in der Regel verschmäht und einfach fallen gelassen. Dann helfen nur noch möglichst viel Ruhe und Geduld, um den Neuankömmling wieder zum Fressen zu bewegen.

Wird der erste Kot abgesetzt, bringt man ihn zur bakteriologischen und parasitologischen Untersuchung zum Tierarzt oder zu einer Tierklinik (siehe Adressen). Nach etwa 14 Tagen und nach 4–6 Wochen sollte man dann nochmals je eine Kotprobe untersuchen lassen. Wurde bei diesen Kotuntersuchungen nichts festgestellt und hat man selbst auch keine Milben, Zecken oder andere Auffälligkeiten beobachtet, kann man seinen Neuerwerb nach einer Aufenthaltsdauer von insgesamt ca. 6–8 Wochen ins endgültige Terrarium überführen. Befinden sich allerdings in diesem Terrarium schon andere Rautenpythons, sollte man mit einer Überführung mindestens drei, besser sechs Monate warten, um jedes Risiko für die anderen Insassen zu vermeiden. Hat man nach sechs Monaten und eventuell mehreren Kotanalysen keinen Besorgnis erregenden Befund, kann man seinen neuen Schützling eigentlich bedenkenlos zu den anderen Rautenpythons setzen.

Eine Frage, die speziell bei der Anschaffung potenzieller Zuchttiere immer wieder für Diskussionen sorgt, ist die nach „blutsfremden“ Tieren. Meiner Meinung nach sind diese Diskussionen aber völlig überflüssig, wenn Züchter eine Selektion der zur Fortpflanzung verwendeten Tiere betreiben. Das heißt, dass Züchter immer nur die kräftigsten, gesündesten und farblich dem „Normalfall“ der betreffenden Form am ehesten entsprechenden Tiere zur Fortpflanzung weiterverwenden sollten. Geschieht das, wird man keine Inzucht-Depression feststellen können, auch nicht über einen langen Zeitraum.

Wenn unter Terrarienbedingungen jedoch keinerlei Selektion seitens des Züchters vorgenommen wird, bekommt man oft Ergebnisse, die allgemein als „Inzucht“ beschrieben werden.

Das alles soll aber natürlich nicht bedeuten, es sei falsch, „blutsfremde“ Tiere für seine Zucht zu erwerben; das Thema wird meiner Meinung nach nur in der Regel überschätzt.

Ernährung

Die meistgestellte Frage im Zusammenhang mit der Ernährung des Rautenpythons ist, wie oft und wie viel man füttern soll. Man kann jedoch keine pauschale Aussage dazu machen, denn es kommt immer auf die jeweilige Lebenssituation der Pfleglinge an.

Generell werden Jungtiere in ihren ersten 1–2 Lebensjahren einmal wöchentlich mit einem Futtertier der entsprechenden Größe gefüttert. Adulte Tiere erhalten alle 2–3 Wochen ein relativ großes oder mehrere mittlere Futtertiere gefüttert.

Ist ein Tier jedoch nach einer Krankheit geschwächt, muss man dementsprechend öfter füttern, damit es wieder zu Kräften kommt. Dasselbe gilt, wenn man weiß, dass seine Pythons bald zur Paarungszeit oder während der Trächtigkeit über einen längeren Zeitraum das Futter verweigern werden. Dementsprechend muss man sie in der Zeit, in der sie noch Futter annehmen, verstärkt füttern, um sicher zu gehen, dass sie dann für die anstrengende Vermehrungsphase über ausreichende Fettreserven verfügen (siehe hierzu auch das Kapitel „Zuchtvorbereitung“).

Für Rautenpythonweibchen ist es vorteilhaft, wenn sie vor und während der Paarungszeit leicht übergewichtig sind. Verfettete Pythons sind allerdings in der Regel nicht mehr paarungsbereit, und durch übermäßig vorhandenes Körperfett verkürzt sich ihre Lebenserwartung. Sind die Tiere erst mal verfettet, ist das recht schwer wieder wegzubekommen. Das „Übergewicht“ kann dann nur durch eine über einen langen Zeitraum geringere Fütterung wieder reduziert werden. Solch eine „Diät“ ist aber auch bei Rautenpythons nicht besonders beliebt, da sie dann ständig hungrig sind.

Generell muss man einfach den Mittelweg finden, damit diese Pythons weder mager noch fett werden. Wenn man aber seine Tiere längere Zeit pflegt, bekommt man ein ganz gutes Gefühl für die Futtermenge, und man kann außerdem jederzeit die Ration anpassen. Das heißt, nimmt unser Pflegling übermäßig zu, reduzieren wir die Futtermenge ein wenig, nimmt er ständig ab, erhöhen wir sie und suchen dann den entsprechenden Mittelweg für die zukünftige Futtermenge.

Bei ihrer typischen Lauerstellung hängen Rautenpythons von einem Ast bis kurz über den Boden herab, hier zu sehen bei *Morelia spilota cheynei*. Dies ist immer ein sicheres Zeichen für Hunger.

Foto: M. Mense

Die Häufigkeit der Fütterungen und die Futtermenge sind auch entscheidend für das Wachstum gerade heranwachsender Pythons. Denn Rautenpythons können ernorm schnell wachsen, wie FEARN (1996) zeigt: Er fütterte ein frisch geschlüpftes Jungtier von *M. spilota mcdowelli* – 58 cm lang und 30,4 g schwer –, wann immer es Beute annahm. Das Jungtier wuchs so innerhalb von zwölf Monaten auf 213 cm Länge und 3.100 g Körpergewicht heran; dabei fraß es in einem Jahr insgesamt 8.304 g Futter.

Große Rautenpythons, hier *Morelia spilota mcdowelli*, können auch relativ große Futtertiere erbeuten, wie dieses Zwergkaninchen.
Foto: M. Mense

Das sei aber keinem zur Nachahmung empfohlen, denn gesund ist solch ein „Hochpowern" sicher nicht.

Wenn man mehrere Pythons in einem Terrarium pflegt, muss man diese zum Füttern voneinander trennen, denn sonst kann es durch Futterneid schnell zu gefährlichen Übergriffen kommen.

Als Futter kommen verschiedene Kleinsäuger in Betracht. Je nach Größe der Schlange variiert das von Mäusen über Ratten bis hin zu Meerschweinchen und Kaninchen. Man kann auch Vögel anbieten, wie z. B. Küken, Wachteln oder Tauben; diese werden aber nicht unbedingt von jedem Rautenpython gern genommen.

Generell kann man bei Rautenpythons immer eine gewisse Vorliebe für ein oder zwei Futtertierarten feststellen, wobei Ratten oft nicht so gern gefressen werden wie andere Futtertiere. So verweigern z. B. meine ca. 3 m großen *M. spilota mcdowelli* in 60 % aller Fälle angebotene Ratten, akzeptieren aber im selben Moment angebotene Meerschweinchen und Zwergkaninchen.

Meine *M. spilota cheynei* nehmen eigentlich immer gierig jegliches Futter an. Wenn ausnahmsweise mal nicht, bekomme ich sie mit etwas Besonderem, wie z. B. einer Wüstenrennmaus oder einem Hamster, immer zum Fressen.

Wenn Ratten akzeptiert werden, sollte man sie Mäusen als Futtertiere vorziehen. Mir fiel das besonders bei der Aufzucht von Jungtieren auf, da ich hin und wieder ein Jungtier pro Wurf habe, das kleine Ratten akzeptiert. Solch ein Jungtier gedeiht bei gleicher Pflege und Unterbringung und annähernd gleicher Futtermenge deutlich besser und wächst auch deutlich schneller heran. Leider sind aber Jungtiere, die Ratten annehmen, eher die Ausnahme.

Die Größe der Futtertiere, die man verfüttern will, muss der Größe der Pythons angepasst sein. Zwar schaffen es Rautenpythons auch, sehr große Beutetiere zu verschlingen, jedoch ist das sehr anstrengend für sie, und deshalb sollte das die Ausnahme bleiben. Genauso falsch wäre es aber, viel zu kleine Futtertiere anzubieten. So ergibt es natürlich keinen Sinn, einem 2 m langem Rautenpython beispielsweise eine kleine Maus anzubieten.

Um Verletzungen durch die z. T. sehr wehrhaften Futtertiere zu vermeiden, verfüttere ich nur frisch abgetötete Nagetiere. Man kann auch auf gefrorenes Futter zurückgreifen, das vor dem Verfüttern sorgsam aufgetaut und leicht erwärmt wird. Bei frisch abgetötetem Futter gebe ich jede vierte bis fünfte Fütterung Vitamine hinzu und bei Frostfutter zu jeder dritten Fütterung. Dazu nehme ich ein flüssiges Multivitaminpräparat, z. B. ReptoSol von Tetra (3–4 Tropfen je 100 g Körpermasse; Dosierungsangabe laut Hersteller), das ich bei toten Futtertieren unter die Haut spritze. Verfüttere ich lebende Futtertiere, träufele ich während des Fress- und Schluckvorganges die Vitamine ins Fell der Futtertiere. Eine weitere Möglichkeit beim Verfüttern lebender Futtertiere, Vitamine zu verabreichen, besteht darin, das Futtertier in einen

Hier sieht man wie ein Rautenpython (*M. s. mcdowelli*) in Queensland einen Rosakakadu (*Cacatua roseicapilla*) erbeutet hat. Foto: R. Hoser

Plastikbehälter zu sperren und die flüssigen Vitamine auf den Boden des Behälters zu träufeln. Das Futtertier läuft nun ständig durch die süßlich klebrigen Vitamine und leckt sich diese von den Pfoten, wodurch sie dann von dem Futtertier aufgenommen und noch unverdaut durch die anschließende Verfütterung an die Schlange weitergegeben werden.

Schlangen fressen zwar ganze Tiere, weshalb eine zusätzliche Vitaminverabreichung nicht unbedingt notwendig erscheint. Trotzdem musste ich während meiner langjährigen Pflege von Schlangen immer wieder Vitaminmangelerscheinungen feststellen. Das äußerte sich meist durch eine schlechte Häutung trotz adäquater Luftfeuchtigkeit. Dieses Problem regulierte sich nach mehrfacher Vitamingabe von selbst und trat bei regelmäßiger Verabreichung von Vitaminen auch nicht wieder auf.

Man sollte sich aber davor hüten, bei jeder Fütterung Vitamine im Übermaß zu verabreichen, nach dem Motto „viel hilft viel", denn eine Hypervitaminose (Vitaminvergiftung) kann tödlich enden.

Tote Futtertiere biete ich mittels einer Futterzange mit wackelnden Bewegungen an. Dadurch erzeuge ich bei den Schlangen den Eindruck, dass sie es mit einem lebenden Tier zu tun haben, und löse damit den Fangreflex bei den Pythons aus. Haben sie dann zugepackt, „ruckle und zuckle" ich noch etwas mit der Zange, damit die toten Futtertiere von den Schlangen genauso umschlungen werden, wie es auch bei lebendem Futter passieren würde.

Das sieht eventuell auf den ersten Blick für Außenstehende etwas seltsam aus, hat aber den Sinn, dass auch Terrarienpfleglinge ihre instinktiven Jagdmechanismen beibehalten. Wird das über Jahre hinweg versäumt, kann es passieren, dass Schlangen diese Reflexe verlieren. Ist das geschehen und werden die Schlangen dann mit lebenden Futtertieren konfrontiert, verunsichern diese die Pythons meistens so sehr, dass sie dann verschmäht werden. Manchmal hat es aber auch zur Folge, wie ich persönlich schon beobachten konnte, dass die Schlangen versuchen, ein lebendes Futtertier zu fressen, ohne dieses vorher zu töten. Das wird dann für den betreffenden Pflegling sehr gefährlich, weil sich natürlich kein Tier freiwillig fressen lässt und sich dann massiv zur Wehr setzt. Nach meiner Erfahrung lassen sich solche Pythons, die den Jagdtrieb erst einmal verloren haben, kaum wieder an lebende Futtertiere gewöhnen, und wenn, dann nur über einen sehr langen Zeitraum.

Bei der Fütterung selbst sollte man immer ein Brett oder eine flache Plastikschale unterlegen, weil dann die Pythons nicht unnötig viel Bodensubstrat mitfressen können. Außerdem werden die Exkremente, die von lebenden Nagetieren häufig ausgeschieden werden, darin aufgefangen und lassen sich gut entsorgen.

Dass adulte oder auch subadulte (halb erwachsene) Rautenpythons mit einem Mal das Futter verweigern, ist außerhalb der Paarungszeit äußerst selten. Wenn diese Futterverweigerung nur über einen kurzen Zeitraum anhält, ist sie nicht bedenklich. Verweigern die Tiere jedoch so lang jegliches Futter, dass es gesundheitsschädlich wird – das erkannt man daran, dass die Körperform irgendwann mehr dreieckig als rundlich wirkt und dass solche Tiere dann auch zusehends schwächer werden – muss zwangsernährt werden. Zur Zwangsfütterung, dem „Stopfen", siehe das Kapitel „Aufzucht", dort werden zwei Methoden genau beschrieben. Die Futtermenge bzw. die Größe des Futtertieres zum „Stopfen" muss man dann natürlich der Größe des adulten oder subadulten Rautenpythons anpassen. Ich verwende dabei aber nie ein sehr großes Futtertier, da es dadurch für alle Beteiligten wesentlich schwieriger würde.

Verhalten im Terrarium

Alle Rautenpythons trinken auch aus einer Wasserschale, nur wird frisches Sprüh-„Regenwasser" immer bevorzugt. Besonders viel trinken diese Pythons, so wie hier ein Dschungel-Teppichpython (*M. s. cheynei*), während des Häutungsprozesses. Foto: M. Mense

Unter Terrarienbedingungen kann man bei Rautenpythons einige interessante Beobachtungen machen, denn zum einen unterscheidet sich das Verhalten im Terrarium in einigen Punkten von dem in freier Wildbahn, zum anderen kann man Verhaltensweisen beobachten, die einem in der Natur wohl meist verborgen blieben.

Sehr schnell kann jeder, der diese Tiere hält, feststellen, dass sich Rautenpythons den Rhythmen der Terrarienhaltung unterwerfen. Das heißt, die Pythons bekommen sehr schnell heraus, wann und wo es warm oder kühl ist, wann es dunkel und wieder hell wird. Dementsprechend reagieren sie und suchen dann z. B. bei Wärmebedarf ganz gezielt den entsprechenden Platz zur richtigen Zeit auf. Dabei konnte ich oft ihr hervorragendes Zeitgefühl feststellen, da häufig ein Sonnenplatz oder eine Heizmatte regelmäßig schon 5–15 Minuten aufgesucht wurden, bevor sie via Zeitschaltuhr in Betrieb gingen.

Rautenpythons sind im Terrarium offenbar stärker tagaktiv als in freier Natur. Zum einen wird das sicher damit zusammenhängen, dass die meisten Pfleger ihre Tiere tagsüber füttern, zum anderen könnte es auch dadurch begünstigt sein, dass sich die Lebensumstände im Terrarium von denen im Biotop stark unterscheiden. Der natürliche Lebensraum ist beispielsweise ganz anders strukturiert. In Australien finden sich z. B. häufig große Felsen, die tagsüber von der Sonne so erhitzt werden, dass sie mitten in der Nacht, selbst in recht kühlen Nächten, immer noch genug Wärme gespeichert haben, um den Pythons zum Aufwärmen zu dienen. Im Terrarium müssen die Schlangen bei Tagaktivität auch keinerlei Konfrontationen mit anderen Tieren oder gar Fressfeinden fürchten.

Oft entleeren sich Rautenpythons bei der Häutung. Geschieht das, bevor der Häutungsprozess gänzlich abgeschlossen ist, findet man die Exkremente praktischerweise im Natternhemd.

Foto: M. Mense

Rautenpythons sind sehr neugierige Schlangen. Wenn ich beispielsweise den Raum betrete, drehen die ersten Pythons ihre Köpfe herum, um dann das Geschehen außerhalb des Terrariums genauestens zu beobachten. Nähere ich mich einem Terrarium und öffne es, wird unverzüglich gezüngelt, und oft kommen die Tiere dann auch sofort etwas näher heran und überprüfen, was nun geschieht. Jegliche Bewegung, Handgriffe und Veränderungen werden von den Reptilien genauestens verfolgt. Kommen einem dabei manche Pythons sehr nahe, lässt man sie am besten einfach einmal an einem züngeln, damit sie feststellen, dass es sich nicht um ein Beutetier handelt. In aller Regel ziehen sich die Pythons dann wieder zurück, es sei denn, man hat sehr zahme Exemplare. Die nutzen diese Gelegenheit dann meistens dafür, den Pfleger als „Brücke" nach draußen zu benutzen, und kriechen einfach über ihn hinweg aus dem Terrarium heraus ins Zimmer, wo sie dann meist auf Erkundungstour gehen wollen. Besonders ausgeprägt tritt dieses Verhalten bei einem meiner Pärchen von *M. bredli* auf. Die Tiere sind noch recht jung, etwa 15 Monate alt. Sobald ich ihr Terrarium öffne, kommen sie herbeigeeilt und versuchen, über meine Arme nach draußen zu gelangen. Dabei sind sie dermaßen hartnäckig, dass man nicht mehr von Neugierde, sondern von Penetranz sprechen könnte...

Bringt man neue Äste oder andere Materialien in ein Rautenpython-Terrarium, werden diese meist einige Minuten nach dem Anbringen akribisch untersucht. Dabei wird jeder Quadratzentimeter mehrfach bezüngelt und analysiert. Außerdem macht es den Eindruck, als wenn die Tiere die Haltbarkeit und die ordnungsgemäße Befestigung auf manchmal beeindruckende Art und Weise überprüfen, indem meistens sofort alle anwesenden Schlangen drauf herumklettern und kräftig daran „ziehen" und „drücken". In manchen Fällen bin ich deshalb schon dazu übergegangen, Äste und Wurzeln anzukleben bzw. anzuschrauben.

Durch ihre aktiven Untersuchungsmethoden und durch ihre „Intelligenz" sind Rautenpythons auch Meister im Ausbrechen. Hat ein Rautenpython erst einmal festgestellt, dass irgendwo ein Schwachpunk in der Terrarienkonstruktion besteht, wird dieser immer wieder und ganz gezielt aufgesucht und wenn möglich zur Flucht genutzt. Zunächst dachte ich immer an einen Zufall, bis ich die Vorgehensweise der Pythons beobachten konnte. Wenn z. B. eine Schiebetür unten links nicht dicht schließt, und ein Rautenpython durch Drücken und Quetschen die Tür aufbekommen hat, wird er im nächsten Terrarium bzw. nach dem Anbringen eines Schlosses diese Stelle als Erstes aufsuchen und sich sofort wieder bemühen, genau dort herauszukommen.

Solch einen „Lerneffekt" kann man auch in verschiedenen anderen Situationen bei den Tieren feststellen. Einige Bespiele: Nimmt man einen Rautenpython immer durch dieselbe Seite aus dem Terrarium heraus, wird diese Seite von den Tieren wesentlich öfter aufgesucht, und durch Drücken an der Scheibenkante versuchen sie, hier heraus zu gelangen. Füttert man seine Schlangen außerhalb des Terrariums und bringt sie dazu immer in einem ähnlichen Behälter unter, z. B. in einem Plastikbecken mit Deckel, werden sie in diesem Behälter sofort sehr unruhig, gehen oft in S-Position und schnappen nach allem, was sich bewegt, da sie gespannt auf ihr Futter warten und es gierig ergreifen, sobald es gereicht wird. Verfrachtet man die Tiere aber in ein gänzlich anderes Behältnis, reagieren sie meistens ganz anders, nämlich eher ängstlich.

Viele Schlangenhalter haben sich auch eine Art „Ritual" angewöhnt: Wenn sie ihre Tiere handhaben wollen, ziehen manche sie mittels eines Schlangenhakens zu sich heran oder legen vorsichtig einen Handschuh oder ein Handtuch auf die Schlange und ergreifen sie dann. Wenn man immer dasselbe „Ritual" vollführt, „lernen" die Schlangen, dass ihnen jetzt keine Gefahr droht und auch kein Futter gereicht wird, sondern dass sie jetzt herausgenommen werden.

Inwieweit man hier im strengen Sinne von „Intelligenz" und „Lerneffekten" sprechen kann, vermag ich nicht zu beurteilen, mir zeigt es jedoch ganz klar, dass diese Tiere nicht zu unterschätzen sind. Jedenfalls fällt mir ihr reges Interesse an allem, was geschieht, im Vergleich zu den vielen Schlangenarten, die ich bis jetzt gepflegt habe, besonders auf, was sie neben weiteren Eigenschaften für mich so sehr anziehend macht.

Rautenpythons, in diesem Fall juvenile Bredls Pythons (*M. bredli*), sind wahre Meister im „Ausbrechen". Lässt man versehentlich das Terrarium auch nur einen Spalt breit geöffnet, finden das diese Tiere oft sehr schnell heraus und verschwinden. Foto: M. Mense

Umgang mit Rautenpythons

Rautenpythons werden oft als bissig dargestellt, was sie aber mit Ausnahme von Jungtieren nicht sind. Sie sind zwar auch nicht so ruhig im Umgang mit dem Menschen wie viele Boas (*Boa constrictor*) oder manch anderer Python (etwa der Königspython, *Python regius*), aber sie werden in den meisten Fällen doch so zahm, dass man mit ihnen hantieren kann, ohne dass sie auch nur den Versuch machen zu beißen. Unter all den Tieren in meinem Bestand befindet sich keines, das ich mit Handschuhen oder mit Schlangenhaken handhaben muss. Manchmal wird behauptet, dass gerade die klein bleibenden Formen der Rautenpythons (wie z. B. *M. spilota cheynei)* häufig bissig seien. Das kann ich aber ebenfalls nicht bestätigen. Ich pflege einige dieser Tiere seit fast zehn Jahren, und alle sind recht umgänglich. Vermutlich basieren solche Beobachtungen auf dem Verhalten von Einzeltieren oder auf Beobachtungen in freier Wildbahn und wurden dann verallgemeinert.

Beim Hantieren im Terrarium kommt es bei mir regelmäßig vor, dass einer meiner Rautenpythons plötzlich auf mich zugeschnellt kommt, wohl weil er irgendwelche Bewegungen von mir mit einem potenziellen Futtertier assoziiert. In solch einer Situation muss man dann ruhig Blut bewahren und den Python in Ruhe alles bezüngeln lassen. Sobald er seinen Irrtum bemerkt, zieht er sich in der Regel schnell wieder zurück und lässt einen weiter im Terrarium arbeiten.

Um die Tiere an den Umgang mit Menschen zu gewöhnen, sollte man sie regelmäßig in die Hand nehmen. Das Ganze muss aber möglichst stressfrei verlaufen, damit die Tiere mit dem Herausnehmen nichts Negatives verbinden. Jungtiere sollte man im ersten Lebensjahr nicht zu oft behelligen, da sie in diesem Alter noch sehr nervös sind und auf allzu häufigen Stress oft negativ reagieren, z. B. mit Futterverweigerung.

Im Umgang mit Rautenpythons muss man unbedingt ruhig und vor allem langsam agieren, da die Tiere sonst schnell nervös werden oder sich erschrecken und schon mal aus Angst zuschnappen.

Manche Schlangenhalter haben sich außerdem angewöhnt, einen Handschuh zu tragen, wenn sie ins Terrarium greifen, da die menschliche Hand von der Seite aus betrachtet dem Profil eines größeren Nagetieres sehr ähnelt. Dadurch könnte es dann schon mal zu einer Verwechslung kommen, da die Körperwärme von den Labialgruben wahrgenommen wird, was zur Ähnlichkeit zum Beutetier beiträgt. Der Python schnappt dann zu, im Glauben,

Rautenpythons sind weder besonders bissig noch unberechenbar, im Gegenteil, sie können bei guter Pflege sehr zahm werden. Hier zu sehen: Tom und Guy Barker mit einem Dschungel-Teppichpython (*M. s. cheynei*).

Foto: T. & D. G. Barker

einen Nager zu erwischen. Bei solch einer Verwechslung lässt der Rautenpython zwar oft sofort wieder los, eine Verletzung trägt man aber in jedem Fall davon. Bei meinen Tieren greife ich grundsätzlich nur mit einem Handschuh ins Terrarium, da die meisten meiner Tiere dermaßen verfressen sind, dass sie erst zuschnappen und dann „überlegen", ob das gut war. Andere Pfleger ergreifen ihre Schlangen zunächst mit einem Schlangenhaken, um sie anschließend in die Hand zu nehmen. Ist dieser Ablauf immer derselbe, lernen Schlangen sehr schnell, dass sie herausgenommen werden, wie oben schon erwähnt. Dann bleiben sie in der Regel auch ganz ruhig und lassen geduldig (fast) alles über sich ergehen.

Wichtig ist, dass man vor dem Hantieren nicht gerade erst ein Nagetier angefasst hat, da es sonst durch den Geruch an der Hand ebenfalls schnell zu einer Verwechslung mit einem Futtertier kommt, weil sich Pythons stark auf ihren Geruchssinn verlassen. Generell soll man sich vor dem Hantieren gründlich die Hände waschen, dann kommt es erst gar nicht zu solch einer Verwechslung, und man sorgt dadurch auch für eine gewisse Hygiene, vor allem wenn man eventuell an diesem Tag schon mehrere Schlangen in der Hand hatte.

Hat man die Schlange aus dem Terrarium genommen, muss man sie unbedingt frei kriechen lassen. Das erreicht man durch stetiges Umgreifen, wodurch sie in Bewegung bleibt, sich aber nicht vom Pfleger entfernt. Hält man sie fest oder fixiert gar ihren Kopf, bekommt sie sofort Angst und wehrt sich mit allen Kräften, wenn es sein muss auch durch Beißen. Um nochmals darauf hinzuweisen: Das Wichtigste ist, dass man ganz ruhig mit den Tieren umgeht, da sich sonst eine gewisse Hektik oder Unruhe auf sie überträgt. Außerdem sollte man dem Greifschwanz der Rautenpythons immer Halt bieten, da sie sonst oft Angst bekommen und sofort unruhig werden. Berührungen am Kopf mag keine Schlange.

Den Kopf des Pythons sollte man nicht in Gesichtsnähe kommen lassen, da bei einem Biss ins Gesicht schwere Verletzungen die Folge sein können. Da der menschliche Hals nicht besonders belastbar ist, sollte man sich generell auch keine größere Schlange darum legen.

Bis zu 3–4 Tage nach der letzten Mahlzeit sollte man seinen Pflegling nicht herausnehmen, da Schlangen in dieser Phase des Verdauens möglichst viel Ruhe brauchen. Hält man sich nicht daran, kann es passieren, das die Schlange erbricht. Das kann durch Stress verursacht werden, aber auch, weil man durch Massieren des Bauches die Schlange ganz einfach dazu bringen kann, die Nahrung hochzuwürgen, was beim Hantieren aus Versehen möglich ist.

Generell sind Schlangen keine Streicheltiere, aber dennoch ist eine gewisse Zahmheit von Vorteil, da sie den Umgang mit den Tieren für alle Beteiligten stressfreier gestaltet.

Besonders, wenn mal ein Tierarztbesuch ansteht, ist es sehr vorteilhaft, wenn das Tier relativ umgänglich ist.

Geht man mit einem Rautenpython vernünftig und gewissenhaft um, geht von ihm keine Gefahr aus. Schnappt ein Rautenpython aber doch einmal zu, kann das verschiedene Ursachen und Folgen haben. Damit meine ich, dass er entweder zur Verteidigung beißt, dann beißt er meist nur kurz und lässt sofort wieder los, sodass gewöhnlich keine großen Verletzungen entstehen. Oder er beißt „aus Versehen" (weil er z. B. die Hand für ein Futtertier gehalten hat) – daraus resultieren immer die schlimmsten Bissverletzungen, weil sich der Python dann meist fest um die entsprechende Körperstelle wickelt und so fest zubeißt, wie es nur geht. Bei allen Bissverletzungen sollten Sie in jedem Fall einen Arzt aufsuchen.

Krankheiten, Häutungsschwierigkeiten und Parasiten

Die ersten Anzeichen für eine Krankheit oder Belastungen durch Parasiten sind Verhaltensabweichungen wie besonders häufiges Gähnen, Husten, Flüssigkeitsausstoß aus Mund und/oder der Nase, Atemgeräusche, Futterverweigerung, Erbrechen von Futter, Häutungsschwierigkeiten, veränderter Kot, allgemeine Schlaffheit, ungewöhnlich intensives Baden und/oder andere Verhaltensänderungen oder -auffälligkeiten.

Stellt man Derartiges bei einem Tier fest, sollte man umgehend einen Tierarzt aufsuchen und genaustens schildern, was sich zugetragen bzw. verändert hat. Ist man sich nicht ganz sicher, ob mit seinem Tier etwas nicht stimmt, und will man nicht gleich zu einem Tierarzt gehen, sollte man zumindest mit einem erfahrenen Pythonhalter darüber sprechen und ebenfalls alles genau beschreiben, damit er sich ein Bild von der Gesamtsituation machen kann, um einem dann einen Rat zu geben.

Häutungsschwierigkeiten

Sehr oft bekommen Schlangen Häutungsschwierigkeiten bei Vitaminmangel und bei zu trockener Haltung. Sie äußern sich dadurch, dass sich die Schlange nur stückchenweise in kleinen Fetzen häutet, einzelne Hautfetzen auf der Schlange „kleben" bleiben (beispielsweise die Brille), der ganze Kopf in der Haut stecken bleibt, der Schwanz nicht mitgehäutet wird oder im schlimmsten Fall die gesamte Schlange in ihrer Haut stecken bleibt. Bevor man dann die Ursache der Häutungsprobleme bekämpft, muss erst einmal der Schlange geholfen werden. Dazu badet man sie für ca. 15–25 Minuten in lauwarmem (ca. 26–30 °C), der Größe der Schlange angemessen tiefem Wasser. Die Wassertiefe sollte so gewählt werden, dass der Rücken der auf dem Boden des Badegefäßes liegenden Schlange vollständig mit Wasser bedeckt ist, die Schlange jedoch nicht permanent schwimmen muss. Während des Badens sollte man anwesend bleiben, um das Tier eventuell vorzeitig wieder aus dem Badebehälter nehmen zu können, da sich manche Schlangen bei dieser Prozedur so sehr aufregen, dass man einschreiten muss. Nach solch einem Bad versucht man dann vorsichtig, die verbliebene Haut vom Tier abzulösen. Dazu kann man eine stumpfe Pinzette, Haushaltspapier, ein Handtuch oder die eigenen Finger benutzen, man muss aber recht vorsichtig sein, damit die darunter liegende Haut nicht verletzt wird. Besonders schwierig ist es, wenn die Brille auf den Augen geblieben ist, denn dann muss man sich ungeheuer vorsehen, beim Ablösen mit einer Pinzette oder Ähnlichem das

Die Häutung an sich vollzieht sich innerhalb kurzer Zeit, und das Natternhemd sollte mehr oder weniger an einem Stück abgestreift werden. Geschieht dies nicht so, ist das immer ein Zeichen für nicht adäquate Lebensumstände oder Krankheit. Foto: M. Mense

Während des Häutungsprozesses wird die Haut stumpfer, weniger farbig, und die Augen verfärben sich grau. Durch stark kalkhaltiges Wasser und intensives Baden ist diese *M. spilota mcdowelli* insgesamt sehr gräulich verfärbt. Foto: M. Mense

Auge nicht zu verletzen. Es gibt mittlerweile so genannte „Häutungshilfe-Sprays", die gerade bei solchen kniffligen Stellen wie den Augen und bei Tieren, die sich absolut nicht baden lassen wollen, gut zum Einsatz gelangen können.

Hat man dann sein Tier weitestgehend von allen Hautresten befreit, muss man sich über die Ursache der schlechten Häutung Gedanken machen.

Als Erstes kontrolliert man die Luftfeuchtigkeit im Terrarium. Ist sie zu niedrig (Hinweise zu den Bedürfnissen der einzelnen Taxa finden Sie im Artenteil), wird sie entsprechend erhöht. Ist dagegen die allgemeine relative Luftfeuchtigkeit den Ansprüchen des Pfleglings gerecht geworden, liegt das Problem wahrscheinlich an einer Unterversorgung mit Vitaminen. Das kann man dann nur längerfristig wieder regulieren, indem man in regelmäßigen Abständen dem angebotenem Futter zusätzliche Vitamine verabreicht. Wie man die Vitamine zuführt, ist im Kapitel „Ernährung" beschrieben.

Milbenbefall

Milben sind die häufigsten äußeren Parasiten (Ektoparasiten), die man bei Rautenpythons und anderen Schlangen im Terrarium findet. Milben sind oft unterschiedlich große, rundliche, meistens dunkel gefärbte, Blut saugende Spinnentiere.

Ersts Anzeichen für einen Milbenbefall ist vermehrtes Baden der Schlange, da sie so zunächst die Plagegeister los wird. Zuckungen der Haut sind ein weiterer Hinweis auf Milbenbefall, da es wohl für die Schlange unangenehm ist, wenn Milben unter den Schuppen die weiche Haut nach Blut anzapfen. Milben sind als solche gut zu erkennen, wenn sie entweder auf dem Tier umherlaufen oder nach einem Bad ertrunken auf dem Boden des Badegefäßes liegen bzw. auf der Wasseroberfläche treiben. Das Problem bei einem Milbenbefall ist, dass sich diese Ektoparasiten mit rasender Geschwindigkeit vermehren und so für eine befallene Schlange zur Gefahr werden können, da das Reptil schnell durch das ständige Blutsaugen mit kleinen Wunden übersät wird. Außerdem sind Milben Krankheitsüberträger, weshalb eine sofortige Behandlung anzuraten ist. Es gibt entweder die Möglichkeit, einen Tierarzt aufzusuchen, der dann ein entsprechendes Präparat verabreicht, oder man kann bei einem noch nicht zu massiven Befall die Schlange auch selbst behandeln. Das macht man am besten, indem man als Erstes die Schlange aus dem Terrarium nimmt, sie lauwarm abbraust, um sie anschließend in einem Quarantänebecken unterzubringen. In dem Quarantänebecken wird sie auf Zeitungs- oder

Haushaltspapier gehalten, das am besten täglich gewechselt wird. Nun wird sie mit einem giftfreien Milbenpräparat aus dem Fachhandel behandelt. Sollte sich die Schlange während dieser Zeit häuten, entfernt man die alte Haut schnellstmöglich aus dem Terrarium/ Quarantänebecken, da solch ein Natternhemd (auch bei Pythons heißt die abgestreifte Haut so) voller Milben steckt, die sich während der Häutung auf der Schlange befanden und in der auf links gezogenen Haut kurzfristig eingesperrt sind. Auf diese Art wird man schnell und einfach eine größere Menge Milben wieder los.

Den Bodengrund aus dem eigentlichen Terrarium wirft man weg, und die Einrichtungsgegenstände sollte man mit kochendem Wasser abbrühen und gegebenenfalls auch mit einem Milbenmittel behandeln. Das Terrarium (inkl. aller Seiten- und Rückwandverkleidungen) wird gründlich gesäubert, ebenfalls mit einem Milbenmittel behandelt und danach so lange komplett leer gelassen, bis die Behandlung vollständig abgeschlossen ist. Erst wenn die Schlange über mehrere Wochen keinen Befall mehr zeigt, kann man sie zurück in ihr dann neu eingerichtetes Terrarium setzen, aber auf keinen Fall zu früh, da sonst die gesamte Behandlung von vorn beginnt.

Es gibt aber auch Milbenmittel, bei denen während der Behandlung die Schlange in ihrem Terrarium belassen werden kann. Danach erkundigt man sich aber am besten bei seinem Tierarzt und/oder Fachhändler vor Ort.

Darmvorfall

Leider kommt es gerade bei jungen Rautenpythons hin und wieder zu einem Darmvorfall. Einer der möglichen Gründe dafür ist, dass Jungtiere große Futtertiere kleineren, die ihrem Körperverhältnis entsprechen würden, oft vorziehen. Wenn sie dann auch noch über

Darmvorfälle sind bei Rautenpythons relativ selten. Meist trifft es Jungtiere, da diese im Verhältnis zum eigenen Körper relativ große Futtertiere fressen.
Foto: M. Mense

eine zu schwache Verschlussmuskulatur verfügen, kann schon mal beim Koten der hintere Teil des Darmes mit herausgepresst werden. Sie sollten also nur relativ kleine Beutetiere an junge Rautenpythons verfüttern.

Erfahrene Terrarianer können in einem leichten Fall den Darm einfach wieder hineinverfrachten, indem sie ihn vorsichtig mit einer sterilisierten kleinen, stumpfen Pinzette rechts und links festhalten (fixieren), leicht zusammendrücken und ganz sanft wieder in die Kloake einführen. Wichtig ist aber, dabei extremste Vorsicht walten zu lassen, und man darf auch nicht etwa versuchen, den Darm ohne eine Fixierung einfach wieder hineinzustopfen, da man sonst die recht dünne Darmhaut sehr schnell verletzen kann. Eine andere Möglichkeit besteht darin, den Darm leicht mit Zucker zu bestreuen, wodurch er die meiste Flüssigkeit verliert und deutlich abschwillt. Wenn man dann ein Stückchen Eis an den Darm hält, zieht die Schlange ihn vor Schreck oft selber wieder hinein.

Bei beiden Methoden muss man anschließend die Kloake für einige Tage mit einem Pflaster verschließen, da sie meistens so weit gedehnt wurde, dass sonst der Darm von selbst wieder vorfallen könnte. Wichtig ist aber, während dieser Zeit das Pflaster jeden Tag zu wechseln, damit gegebenenfalls Urin abfließen kann.

Hat man den Darmvorfall nicht sofort bemerkt und ist der Darm schon ein Stück abgestorben (zu erkennen daran, dass er nicht mehr rosa oder blutrot, sondern dunkel gefärbt ist), oder traut man sich solch eine Behandlung nicht zu, muss man umgehend einen Tierarzt aufsuchen, da es sonst schnell lebensbedrohlich für unseren Pflegling werden kann.

Eines meiner Tiere hatte häufiger Schwierigkeiten mit einem Darmvorfall. Zunächst dachte ich, es liege an einer Muskel- bzw. Gewebeschwäche. Da aber auch kleinere und/oder seltenere Futtergaben nichts änderten und ein Darmvorfall auch immer nur sporadisch auftrat (manchmal Monate lang überhaupt nicht), kam solch eine Schwäche eigentlich nicht mehr in Betracht. Inzwischen habe ich herausgefunden, was bei diesem Tier immer wieder zu Darmvorfällen führt. Offenbar ist die Form der Exkremente dafür verantwortlich: Immer wenn dieses Tier einen Darmvorfall bekam, war der Kot nicht länglich, sondern fast kugelrund geformt, was das Herauspressen vermutlich erschwerte. Die Ursache dafür konnte ich leider nicht ermitteln. Wie sich das Problem in der Zukunft entwickelt, wenn das Tier erwachsen ist, bleibt abzuwarten.

Atemwegserkrankungen

Neben Häutungsschwierigkeiten sind Erkältungskrankheiten wohl am häufigsten bei Schlangen im Terrarium zu beobachten. Die Ursachen können Zugluft, zu kalte Unterbringung, starkes Abkühlen beim Transport oder beim Baden sein, die Probleme werden aber auch manchmal durch direkte Infektion mit Bakterien, Viren oder Pilzen verursacht.

Die ersten Anzeichen für solch eine Erkrankung sind Atemgeräusche, wie leichte Piepsen, Rasseln oder so etwas wie Husten (jedoch hört sich das eher an wie eine Mischung aus Husten- und Schnupfgeräusch). Manchmal tritt gleichzeitig auch Flüssigkeit aus Mund und/oder Nase aus. Das kommt aber in einigen

Fließt Speichel aus dem Maul einer Schlange oder bilden sich Bläschen, ist dies in der Regel ein sicheres Anzeichen für eine Erkrankung.

Foto: M. Mense

Fällen auch ohne auffallende Atemgeräusche vor, kann dann aber ebenfalls ein erstes Anzeichen für eine Atemwegserkrankung sein.

Oft wird dann auch bald jede Futterannahme verweigert, und das Tier wird schnell schwächer, weshalb man bei solchen Anzeichen nicht lange warten, sondern schnellstmöglich einen Tierarzt aufsuchen sollte. Wartet man zu lange, wird schnell aus einer „harmlosen“ Erkältung eine „deftige“ Lungenentzündung.

Als erste heilungsunterstützende Maßnahme sollte man die allgemeine Temperatur im Terrarium auf 30–32 °C erhöhen, die Luftfeuchtigkeit etwas reduzieren und – wenn es noch angenommen wird – Futter mit einem Multivitaminpräparat verabreichen. Da man sich aber nie sicher sein kann, ob es nun eine „einfache“ Erkältung ist oder ob es sich um eine schwerere, durch Parasiten, Bakterien oder Viren hervorgerufene Erkrankung handelt, ist es ratsam, eine Kotuntersuchung und einen Rachenabstrich vornehmen zu lassen. Beides muss dann bakteriologisch und parasitologisch untersucht werden (geeignte Institute: siehe „Adressen“), inklusiv Resistenztest, damit dann dementsprechend mit der Behandlung begonnen werden kann.

Trotz der oben beschriebenen Symptome muss man aber nicht bei jedem kleinsten Atemgeräusch in Panik verfallen. Pieps- oder Rasselgeräusche kann man manchmal auch bei kerngesunden Tieren feststellen, z. B. wenn sich Rautenpythons aufregen und dadurch stark zu atmen beginnen. Während der Häutung kann es ebenfalls schon mal zu einer erschwerten oder geräuschvollen Atmung kommen, nämlich dann, wenn sich die Haut im Nasenloch durch die „feuchte“ Atemluft eher als der Rest der Schlangenhaut gelöst hat. Ist man sich aber nicht sicher, sollte man lieber einen Tierarzt oder einen erfahrenen Pythonhalter aufsuchen.

Magen-Darm-Infektionen / Auswürgen von Futter

Das erste Anzeichen einer Magen-Darm-Infektion ist das Auswürgen von Futter, da dieses nicht mehr verdaut werden kann. Im Anfangsstadium wird von der Schlange immer noch Futter angenommen. Zu diesem Zeitpunkt können aber meist nur noch sehr kleine Futtertiere verdaut werden, und normal große Beute wird meist nach kurzer Zeit wieder ausgewürgt. Schreitet die Krankheit fort, wird dann meistens gar kein Futter mehr gefressen, und wenn doch, werden in dieser Phase oft auch kleine Futtertiere wieder ausgewürgt. Die Schlange wird nun schnell schwächer. Ohne eine adäquate Behandlung führt diese Erkrankung unweigerlich zum Tod. Da sie aber gerade im Anfangsstadium gut zu behandeln ist, sollte man nicht unnötig lange damit warten, zum Tierarzt zu gehen.

Das Auswürgen von Futter kann aber auch andere Ursachen haben, wie zu kalte oder zu warme Haltung. Bei zu niedrigen Temperaturen verfügen Schlangen nicht über ausreichend Energie, um das Futter zu verdauen, und bei zu hohen Temperaturen zersetzen sich die Futtertiere im Magen-Darm-Trakt oft schneller, als die Schlange sie verdauen kann, was dann ebenfalls zum Auswürgen führt. Stress ist aber auch oft ein Auslöser für das Auswürgen, weshalb man eine Schlange mindestens 3–4 Tage nach einer Fütterung in Ruhe lassen sollte. Auf keinen Fall sollte man eine Schlange kurz vor ihrem Verkauf noch füttern.

Maulfäule

Vermehrtes Reiben der Schnauze an Einrichtungsgegenständen, das Einstellen von Züngeln bzw. seltenes Züngeln mit oft verklebter Zungenspitze, Futterverweigerung und vermehrte Speichelbildung – häufig mit Ausfluss und Blasenbildung am Maul – sind Hinweise auf eine Maulfäule. Öffnet man dann das Maul, sieht man oft ausgefallene Zähne, viel Speichelflüssigkeit und entzündete, häufig eitrige Stellen.

Bei einer fortgeschrittenen Maulfäule ist dann oft das gesamte Maul angeschwollen und vereitert. In den meisten Fällen wird eine Maulfäule durch Bakterien hervorgerufen und muss unbedingt schnellstmöglich behandelt werden, da sie sonst den Tod des Pfleglings zur Folge hätte, weshalb man sofort einen Tierarzt aufsuchen muss.

Wurmbefall

Würmer sind wohl die häufigsten Innenparasiten (Endoparasiten), die man bei Rautenpythons und bei Schlangen ganz allgemein finden kann. Es gibt verschiedenste „Gruppen" von Würmern, wie z. B. Lungenwürmer, Hautwürmer, Magen-Darm-Würmer usw. Häufig hat man unter Terrarienbedingungen mit Würmern im Verdauungstrakt zu tun, die von den Schlangen mit dem Futter aufgenommen wurden. Ein ganz typisches Anzeichen für solch einen Befall ist, wenn die befallene Schlange trotz reichlicher Fütterung ständig Körpergewicht verliert.

Hautwürmer stellt man dann fest, wenn diese etwas herangewachsen und als kleine Knubbel unter der Schlangenhaut zu sehen sind.

Generell ist es aber meistens schwierig, einen Wurmbefall „einfach so" festzustellen, weshalb man einmal jährlich eine Kotprobe zu einem Tierarzt oder einer Untersuchungseinrichtung (siehe „Adressen) zur Kontrolle einsenden sollte.

Stress, z. B. durch falsche Haltungsbedingungen, ist die Ursache Nr. 1 für die meisten Erkrankungen von Rautenpythons im Terrarium.

Bietet man ihnen gute Bedingungen, zeigen Rautenpythons dem Halter ihre ganze Schönheit. Hier zu sehen ein Bredls Python (*M. bredli*) aus dem Besitz des Autors.
Foto: M. Mense

Geschlechtsbestimmung, Zuchtvorbereitung und -stimulation

Kommentkämpfe sind unter Männchen während der Paarungszeit üblich und schlagen oft relativ schnell in Beschädigungskämpfe um. Auch Männchen verschiedener Unterarten kämpfen miteinander, z. B. *M. s. harrisoni* gegen *M. s. cheynei*. Hier zu sehen sind ein „Crossing" (*M. s. spilota* × *M. s. cheynei*) und ein Dschungel-Teppichpython (*M. s. cheynei*).
Foto: M. Mense

Grundvoraussetzung zur Vermehrung ist, wenn man kein trächtiges Weibchen erworben hat, dass man Tiere unterschiedlichen Geschlechts pflegt.

Am einfachsten ist eine Geschlechtsbestimmung bei frisch geschlüpften Rautenpythons durch Evertieren (Terrarianer-Slang: „Poppen"). Hierzu wird der Körper des Tiers in Rückenlage gebracht. Mit Daumen und Zeigefinger der einen Hand hält man es vor der Kloake, der Daumen der anderen Hand wird unter den Schwanz gelegt, und mit dem Zeigefinger dieser Hand drückt man langsam und sanfte auf die Subcaudalia in Richtung Kloake. Hierbei stülpen Männchen ihre Hemipenis aus. Bei Weibchen sieht man nur zwei kleine, weiße „Propfen" oder einfach nichts. Dies ist momentan auch die sicherste Art der Geschlechtsbestimmung, die man sich allerdings von einem Fachmann zeigen lassen sollte, bevor man sie erstmals selbst durchführt.

Um das Geschlecht größerer Exemplare festzustellen, kann man Pythons sondieren. Dabei wird vorsichtig eine Edelstahlsonde in die Kloake der Schlangen eingeführt und in Richtung Schwanz geschoben. Diese Sonde befindet sich dann in einem der Geschlechtsteile des Tieres (Hemipenistaschen beim Männchen, Hemiclitoristaschen beim Weibchen), um dessen Tiefe zu messen. Bei Männchen und Weibchen kann man die Sonde unterschiedlich tief einführen. Die Einführtiefe wird mit der Zahl der Subcaudalia (Schuppen der Schwanzunterseite) angeben, so weit man die Sonde einführen konnte. Bei Rautenpythons kann die Sonde bei Männchen 8–12 Subcaudalia, in Ausnahmefällen sogar bis zu 20 Subcaudalia tief reichen, bei Weibchen dagegen nur 3–5, in Ausnahmefällen bis zu 7 Subcaudalia.

Das Sondieren muss aber unbedingt einem sehr erfahrenem Terrarianer oder einem Tierarzt überlassen werden, da es ein nicht unerhebliches Verletzungsrisiko für die Tiere darstellt!

Das Sondieren bringt aber oft kein sicheres Ergebnis, da Schlangenmännchen durch Kontraktionen der Schwanzmuskulatur ein tieferes Eindringen der Sonde verhindern können, sodass der Eindruck entsteht, ein Weibchen sondiert zu haben.

Man muss aber auch nicht zwingend sondieren, um das Geschlecht seiner Tiere festzustellen.

Pflegt man mehrere dieser schönen Pythons, kann man zum einen die Körpergröße und die Kopfform/Kopfgröße vergleichen, denn Männchen sind normalerweise etwas größer und wuchtiger und besitzen i. d. R. einen größeren, vor allem aber auch längeren Kopf. Ausnahmen sind hierbei *M. spilota spilota* und *M. s. imbricata*: Bei diesen beiden Unterarten sind die Weibchen alles in allem größer und wuchtiger, das gilt auch für ihre Köpfe.

Zum anderen kann man die Schwanzform zur Geschlechtsbestimmung heranziehen. Der Schwanz verjüngt sich beim Männchen von der Kloake an fließend, während er beim Weibchen abrupt dünner wird. Außerdem ist der Schwanz beim Männchen insgesamt etwas länger.

Beide Geschlechter verfügen über Aftersporne, beim Männchen sind diese aber in der Regel größer und etwas kräftiger.

Ein ganz sicheres Indiz für ein Männchen ist, wenn dieses „seine Hemipenes mithäutet“. Zu sehen ist dies am Natternhemd an der Kloakenöffnung in Form zweier dünner, länglicher, meist gelblicher „Häutchen bzw. Pfropfen“. Dabei handelt es sich in Wirklichkeit aber in den meisten Fällen gar nicht um die Haut der Hemipenes, sonder um so genannte „Spermapfropfen“.

Ich überlasse die genaue Geschlechtsbestimmung, wenn ich mir mal bei einem Tier nicht hundertprozentig sicher bin, gerne einem meiner adulten Zuchtmännchen. Dazu setze ich das zu untersuchende Tier zu diesem „sicheren“ Männchen. Fängt Letzteres an, den neuen Partner zu bebalzen, kann mit höchster Wahrscheinlichkeit davon ausgegangen werden, dass es sich dabei um ein Weibchen handelt; entwickelt sich dagegen ein Kommentkampf, ist es mit großer Sicherheit ein Männchen. Diese Methode funktioniert aber nur während der Paarungszeit zuverlässig, denn ansonsten verhalten sich Männchen oft beiden Geschlechtern gegenüber völlig neutral.

Bei Rautenpythons werden die Männchen meistens mit 2,5–3,5 Jahren geschlechtsreif, die Weibchen mit 3–4 Jahren. Der Zeitpunkt kann sich je nach Ernährung der Tiere nach vorn oder auch nach hinten verschieben. Bei besonders großem Futterangebot werden die Pythons wesentlich schneller geschlechtsreif. Man sollte aber seine Pfleglinge auch nicht überernähren, nur um möglichst schnell Nachwuchs zu produzieren, denn das ist dann für diese sehr jungen Pythonweibchen gesundheitsgefährdend, und ihre Gelege sind meistens klein und oft auch nicht sehr ergiebig.

Grundsätzlich sollte man lieber ein Jahr länger warten, als zu früh mit der Zucht zu beginnen.

Wichtig ist auch die richte Auswahl der Tiere, mit denen man nachzüchten möchte, denn man sollte nur Tiere derselben Unterart

Ausgestülpter Hemipenis von *M. s. imbricata* (St.-Francis- Island-Population, SA). Außerdem sieht man auf diesem Bild sehr gut die Afterklauen (Aftersporne), die bei männlichen Rautenpythons fast immer etwas größer und stärker ausgebildet sind als bei weiblichen.

Foto: S. Stone

miteinander verpaaren. Außerdem dürfen nur Tiere zur Vermehrung verwendet werden, die dazu auch kräftig genug sind, da es sonst speziell für die Weibchen, aber im Einzelfall auch für Männchen durch die lange Zeit der Futterverweigerung während der Paarungszeit gefährlich werden kann. Zudem sind Gelege geschwächter Tiere häufig nicht oder nur zum Teil schlupffähig.

Die Fortpflanzungsbereitschaft wird bei Rautenpythons durch den jahreszeitlichen Rhythmus ausgelöst. Die Tiere paaren sich ausschließlich in unserem Winter. Voraussetzung zur Nachzucht ist es also, einen entsprechenden jahreszeitlichen Verlauf zu bieten.

Dies geschieht durch unterschiedliche Temperaturen und Tageslichtdauer. Im Herbst reduziert man die Lichtlänge im Terrarium langsam von täglich ca. zwölf auf etwa 7–8 Stunden. Auch die nächtlichen Tiefsttemperaturen sollen im Herbst und Winter um einige Grad Celsius tiefer liegen. Wichtig ist aber, dass die Tiere während dieser Zeit tagsüber wieder ausreichend Energie durch Sonnenbaden aufnehmen können, um nicht durch dauerhaft kühle Temperaturen zu erkranken. Hierzu finden sich genauere Temperaturangaben im Artenteil.

Als vorteilhaft hat sich auch eine Trennung der Geschlechter über die Sommermonate erwiesen, da sonst das Männchen zur Paarungszeit eventuell keinerlei Interesse für das ständig anwesende Weibchen zeigt. Dazu bringt man das Weibchen in einem getrennten Terrarium unter. Im Herbst setzt man dann das Weibchen wieder zurück zum Männchen, nicht umgekehrt, da die Männchen sonst oft zuerst tagelang intensivst die neue Umgebung erkunden und sich nicht unbedingt um das Weibchen bemühen.

Hat man das Weibchen dann wieder zum Männchen gebracht, zeigt dieses meistens sofort großes Interesse an der Partnerin, und es kommt oft sehr schnell zur Balz oder direkt zu Paarungsversuchen.

Reichen dieser Jahresrhythmus und die Trennung der Tiere als Auslöser für das Paarungsverhalten nicht aus, kann man die Männchen oft durch ihr instinktives Konkurrenzverhalten stimulieren. Das erreicht man, indem man z. B. ein Natternhemd eines fremden Rautenpythonmännchens ins Terrarium legt. Das so getäuschte Pythonmännchen vermutet dann einen Konkurrenten in seinem Territorium und beginnt meistens sofort damit, das gesamte Terrarium aufgeregt abzusuchen, um seine Besitzansprüche an dem Weibchen geltend zu machen. Oft kommt es dann schon spontan zu den ersten Paarungen. Das Natternhemd, das man für diesen kleinen Trick verwendet, muss nicht einmal von derselben Unterart stammen, wohl aber offenbar von einem Männchen aus der *Morelia-spilota*-Gruppe.

Reicht das alles immer noch nicht, ist meistens ein Kommentkampf (rituelles Kräftemessen zweier Männchen) das entscheidende Stimulans. Zur Paarungszeit setzt man hierzu zwei Pythonmännchen zusammen oder ein fremdes

Männchen zu einem Pärchen. Sobald sich die Männchen bezüngelt haben, beginnen sie meistens sofort mit dem Kommentkampf. Dabei verfolgen sie sich, umschlingen einander und versuchen jeweils den Kopf und/oder den Vorderkörper des Kontrahenten zu Boden zu drücken. Bei diesem Kräftemessen stellt sich recht schnell ein Gewinner heraus. Das unterlegene Männchen versucht dann i. d. R. zu fliehen, was unter Terrarienbedingungen natürlich nicht oder nur eingeschränkt möglich ist. Deshalb muss man bei einem Kommentkampf unbedingt anwesend bleiben, um die kämpfenden Männchen früh genug wieder zu trennen, da es bei Rautenpythons häufig zu heftigen Beißereien kommt, wenn das unterlegene Tier nicht fliehen kann. Die Gefahr, dass ein Kommentkampf in einen Beschädigungskampf eskaliert, der u. U. auch tödlich enden könnte, ist recht groß.

Manchmal kommt es durch Kommentkämpfe auch zu anderen Ergebnissen als erwartet. So setzte ich einmal ein fremdes Männchen zu einem vermeintlichen Pärchen

Morelia spilota harrisoni (Papua-Teppichpython), das ich seit mehreren Jahren zusammen pflegte, bei dem sich aber keinerlei Nachwuchs einstellen wollte. Das fremde Männchen wurde sofort von dem alteingesessenen Männchen bemerkt und angegriffen. Nach einigen Minuten Kampf nahm ich das dazugesetzte Männchen wieder heraus, da die Situation zu eskalieren begann. Nachdem das fremde Männchen entfernt worden war, griff der Gegner jedoch seinen langjährigen Partner an, und sofort begann ein erneuter Kommentkampf – ich hatte die ganze Zeit zwei Männchen zusammen gehalten! Die beiden Tiere waren Jahre zuvor mehrfach sondiert worden, sahen nach einem Pärchen aus und verhielten sich auch über Jahre so. Vermutlich war es nie zu Kämpfen zwischen den beiden gekommen, weil ich sie gemeinsam in einem Terrarium aufgezogen hatte und sich das kleinere Männchen dem größeren unterordnete. Da auch kein Weibchen in der Nähe war, hatte es vermutlich keinen Auslöser für Kommentkämpfe gegeben. An diesem Beispiel sieht man aber auch sehr gut, dass es keine Garantie bei der äußerlichen Geschlechtsbestimmung von Rautenpythons gibt, auch nicht durch Sondieren. Außerdem zeigt sich, wie schnell ein richtig eingesetztes Stimulans seine Wirkung zeigen kann.

Außerhalb der Paarungszeit sind die Männchen untereinander relativ friedfertig, die

Ein sicheres Indiz für ein Männchen sind so genannte Spermapfropfen. Sie finden sich relativ häufig an den Häutungen geschlechtsreifer Männchen.

Foto: M. Mense

meisten ignorieren einander. Trotzdem sollte man nicht mehrere männliche Rautenpythons gemeinsam in einem Terrarium pflegen, da in manchen Jahren die Tiere ohne weitere Stimulans in Paarungsstimmung kommen, und dann können spontan Kämpfe unter den Männchen ausbrechen.

Kommt es zwischen Männchen zu keinerlei Kommentkämpfen, gibt es dafür mehrere Erklärungen:

- Es ist keine Paarungszeit.
- Ein Tier oder beide sind noch nicht geschlechtsreif.
- Es handelt sich nicht tatsächlich um zwei Männchen.

Etwas anders sieht das bei *M. s. spilota* und *M. s. imbricata* aus. Von diesen Unterarten sind keine Kommentkämpfe oder andere agonistische (= feindselige) Verhaltensweisen bekannt. Die Anwesenheit mehrerer Männchen ist aber zur Vermehrung gerade bei diesen Unterarten wohl ein wichtiger Paarungsauslöser, auch ohne dass es zu Kämpfen kommt. In freier Natur konnte schon mehrfach beobachtet werden, dass sich eine ganze Gruppe von Männchen um ein einzelnes paarungsbereites Weibchen bemühte (Shine 1996; Pearson et al. 2002; Stone, schriftl. Mittlg.). Das läuft dann sehr friedlich ab, ist aber wohl ein wichtiger Schlüssel zur Vermehrung dieser Pythons.

Zur Nachzuchtvorbereitung gehört es auch, seine geschlechtsreifen Tiere zuvor in einen guten Ernährungszustand zu versetzen, da die Männchen i. d. R. während der gesamten Paarungszeit und darüber hinaus oft jegliche Futteraufnahme verweigern. Eines meiner Pythonmännchen weist jedes Jahr von November bis April, manchmal sogar bis Mai, jedes angebotene Futter zurück. Das würde er ohne genügend Fettreserven niemals überstehen, denn das ist nicht nur eine sehr lange Zeit ohne Nahrung (auch für Pythonverhältnisse), sondern gleichzeitig ist das Tier – wie alle Pythonmännchen – durch die ständige Partnersuche auch besonders aktiv und verbraucht dadurch besonders viel Energie.

Wie immer gibt es natürlich auch Ausnahmen: Ich besitze auch Männchen, die das ganze Jahr ohne Unterbrechung Futter annehmen.

Sind die Pythonmännchen paarungsbereit, lassen sich meist einige Verhaltensänderungen feststellen. Fast ausnahmslos wird nun, wie erwähnt jegliche Futteraufnahme verweigert, die Tiere kriechen ständig unruhig umher und halten sich besonders häufig an den kältesten Stellen im Terrarium auf. Nach meiner Vermutung dient diese Vorliebe für kühle Plätze dazu, befruchtungsfähiges Sperma zu produzieren. Dieses Verhalten zeigen die Männchen instinktiv.

Auch die Weibchen verweigern für mehrere Wochen die Nahrungsaufnahme, meistens nach erfolgter Befruchtung (oft direkt mit dem Tag der Ovulation). Während der Trächtigkeit und der Brutzeit ist ihr Energieverbrauch ebenfalls enorm. Die Kombination aus Futterverweigerung und erhöhtem Energieaufwand zur Fortpflanzungzeit zehrt stark an den körperlichen Reserven, weshalb einige Züchter ihre Tiere nur jedes zweite Jahr verpaaren oder sie zumindest jedes dritte Jahr aussetzen lassen. Solch eine Vermehrungspause ist sehr empfehlenswert, da sich Rautenpythons in freier Natur auch nicht jährlich fortpflanzen. Außerdem verbessert man durch diesen schonenden Umgang den Gesundheitszustand seiner Pfleglinge und erhöht vermutlich ihre Lebenserwartung. Dadurch bekommt man dann letztlich genauso viele Junge von seinen „Zuchttieren", wie wenn sie jedes Jahr ein Gelege produziert hätten, aber aufgrund der Dauerbelastung früher zugrunde gegangen wären. Deshalb gibt es selbst für professionelle Züchter keinen Grund, die Tiere keine Vermehrungspause einlegen zu lassen.

Paarung, Trächtigkeit, Eiablage, Inkubation und Schlupf

Bei *Morelia spilota* und *M. bredli* liegt die Paarungszeit bei unseren mitteleuropäischen Terrarienbedingungen zwischen November und April. Am häufigsten kann man Paarungen zwischen Dezember und Februar beobachten. Zur Paarung kriecht das Männchen mit zuckenden Bewegungen, meistens im Zickzack-Kurs, über den Rücken des Weibchens. Dabei benutzt es häufig aktiv seine Aftersporne, um damit das Weibchen durch Kratzen auf dem Rücken, den Flanken und der Kloakenregion zu stimulieren. Ist das Weibchen paarungsbereit, kommt es dann meist schnell zur Kopulation. Dazu schiebt das Männchen seinen Schwanz unter den des Weibchens und führt einen Hemipenis ein (Schlangen besitzen zwei so genannte Hemipenes). Die Schwänze sind dabei oft eng umschlungen.

Eine Paarung dauert durchschnittlich 2–4 Stunden, sie kann sich aber auch über mehr als zwölf Stunden hinziehen. Der von mir beobachtete „Ausdauerrekord“ liegt bei sage und schreibe 20 Stunden, aufgestellt von meinem ältesten Pärchen von *Morelia spilota mcdowelli.*

Während der gesamten Paarungszeit kopulieren Rautenpythons sehr häufig, oft mehrmals in einer Woche, manchmal auch täglich. Insgesamt paaren sie sich oft über 20 Mal innerhalb einer Saison.

Die erfolgreiche Befruchtung bzw. den Beginn einer Trächtigkeit erkennt man als Erstes am Eisprung (Ovulation). Dieser zeigt sich beim Rautenpythonweibchen für ca.10–20 Stunden durch eine mehr oder weniger ausgeprägte Verdickung zwischen der Körpermitte und dem Anfang des hinteren

Zur Paarung kriecht das Männchen mit Wellenbewegungen über das Weibchen, stimuliert es durch Kratzen mit den Afterspornen und versucht zur Kopulation seinen Schwanz unter den des Weibchens zu schieben (*M. s. variegata*). Foto: M. Mense

Kopulation bei Bredls Python (*Morelia bredli*), zu sehen ist hier u. a. ein kleines Stück des Hemipenis. Foto: P. Harris

Körperdrittels. Sie wirkt oft ganz ähnlich wie die Körperverdickung, die durch ein größeres Beutetier im Magen hervorgerufen wird. Die Ovulation bzw. die Befruchtung findet unter Terrarienbedingungen bei den meisten Weibchen zwischen Januar und März statt. Sie kann aber auch zeitlich versetzt zu den Paarungen auftreten, weil Rautenpythonweibchen in der Lage sind, Sperma zu speichern.

Weibchen stellen meist direkt nach der Ovulation die Nahrungsaufnahme ein. Es gibt aber einige sehr seltene Ausnahmen, denn manche Weibchen akzeptieren bis zwei Wochen vor der Eiablage noch Futter. Die meisten trächtigen Weibchen sonnen sich nun ausgiebiger als sonst, und ihr Körperumfang wächst zusehends. Manchmal nimmt ein trächtiges Weibchen dann auch eine Seiten- oder sogar Rückenlage der hinteren Körperhälfte ein. Dieses Verhalten ist auch von anderen Riesenschlangen bekannt. Wozu es dient, ist ungeklärt, es gibt aber verschiedene Vermutungen: Zum einen könnte es der Entlastung dienen, zum anderen vermutet man, dass die Tiere dadurch die Wärmeaufnahme etwas direkter und gezielter steuern können, vielleicht nutzen trächtige Weibchen aber auch beide Vorteile.

Die allgemeine Körperfärbung wird bei trächtigen Tieren etwas dunkler. Da Rautenpythons aber im Winter ohnehin schon etwas düsterer getönt sind, ist dieser Unterschied dann nur noch gering und dadurch relativ schwierig auszumachen.

Die dunklere Körperfärbung wird von den Weibchen nur bis zur Eiablage beibehalten, wenn sie danach vom Gelege entfernt werden. Bei einer Naturbrut dagegen ist diese dunklere Körperfärbung meist bis nach dem Schlupf der Jungtiere zu beobachten.

Hat man die Trächtigkeit sicher festgestellt und kommt es zu keinerlei Paarungen mehr, kann man die Geschlechter voneinander trennen, muss das aber normalerweise nicht tun. In der Regel sind die Weibchen ab etwa der Ovulation für die meisten Männchen völlig uninteressant und werden dann von ihnen auch nicht mehr behelligt. Es ist jedoch sehr wichtig, die Männchen während der Trächtigkeit auszusperren, wenn sie trotz sicherer Ovulation die Weibchen nicht in Ruhe lassen und sich ständig paaren wollen, denn das bedeutet immer wieder sehr viel Unruhe für die trächtigen Weibchen, da sie sich erwehren und meistens „fliehen" müssen, was für tragende Weibchen natürlich nicht gut ist. Spätestens bei der Eiablage sollten „solche" Männchen nicht zugegen sein, da sie dann oft, wohl durch die dabei freigesetzten Gerüche, regelrecht paarungsaggressiv werden. In solch einem Fall erscheinen die Männchen sehr hektisch, fast wild, versuchen sich unter allen Umständen zu paaren und werden zur echten Gefahr für Weibchen und Gelege. Solch eine Situation habe ich selbst schon erlebt und kann nur sagen, dass es wirklich erschreckend ist, wie ruppig und mit welchem Nachdruck die Männchen dann vorgehen. Um

Die Ovulationsschwellung, hier bei einem Regenwald-Teppichpython (*M. s. cheynei*), ist meistens für 10–20 Stunden sichtbar.

Foto: M. Mense

Bei diesem Dschugel-Teppichpython (*M. s. cheynei*) ist die Trächtigkeit schon so weit fortgeschritten, dass aufgrund der Zunahme der Leibesfülle bereits die Zwischenhaut sichtbar ist, die normalerweise von den Schuppen völlig verdeckt wird. Foto: M. Mense

Diese Rückenlage kennt man auch von anderen Riesenschlangenarten. Sie ist ein ganz typisches Verhalten für trächtige Weibchen (hier *M. s. mcdowelli*). Foto: M. Mense

die Tiere zu trennen, bringt man die Männchen in einem anderen Terrarium unter, belässt aber die Weibchen in ihrer gewohnten Umgebung. Die trächtigen Weibchen bleiben in ihrem Terrarium, um möglichst jede Art von Stress und Umgewöhnung für das Tier zu vermeiden. Aber um nochmals darauf hinzuweisen: Das sind „Ausnahme-Männchen“, normalerweise braucht man seine Tiere während der Trächtigkeit nicht zu trennen.

Wichtig ist, dass man den Weibchen schon in der frühen Phase der Trächtigkeit eine Eiablagekiste zur Verfügung stellt, damit sie bereits lange vor der Eiablage zur „normalen“ Terrarieneinrichtung gehört. Eine solche Eiablagebox ist eine nicht allzu große Kiste, die von den Pythonweibchen zum Absetzen ihres Geleges aufgesucht wird. Sie hat einen oder zwei enge Eingänge und einen Deckel, der zur besseren Kontrolle abnehmbar oder zumindest zu öffnen sein muss. Das Unterteil besteht bei meinen Boxen immer aus einer Kunststoffwanne, da diese wasserbeständig ist, was zur anschließenden Inkubation vorteilhaft ist. Der Boden wird am besten mit leicht feuchtem *Sphagnum*-Moos ausgekleidet, weil dieses Substrat relativ resistent gegen Schimmel ist und von allen Pythonweibchen gern zur Eiablage angenommen wird. Der Standort der Kiste sollte warm und möglichst blickgeschützt sein. Meine Eiablageboxen stelle ich immer unter einen Strahler und drehe die Eingänge (oder den Eingang) so, dass sie ins Terrarium oder zu einer Seitenwand, aber nicht gerade zur Glasfront zeigen. Dadurch fühlt sich das Weibchen sicher, und die Kiste wird durch den Strahler gut erwärmt. Ein weiterer Vorteil dieses Standortes ist, dass sich die trächtigen Weibchen dann direkt auf der Box sonnen können und solch eine ideale Eiablagestelle gern annehmen. In meinen kühleren Terrarien im unteren Anlagenbereich stelle ich die Schlupfkiste außerdem noch zu einem Teil auf eine milde Bodenheizung, damit sie in der Nacht nicht zu sehr abkühlt. Bietet man trächtigen Rautenpythons keine adäquate Eiablagebox, oder stellt man sie einfach zu spät zur Verfügung, suchen die Schlangen sich in der Regel selbst eine Eiablagestelle im Terrarium. Das ist aber meistens sehr schlecht für das Gelege, da die unteren Eier dann häufig mit dem Terrarienboden verkleben, wodurch eine Entnahme zur Überführung in einen Inkubator ohne Beschädigungen fast nicht machbar ist. In noch ungünstigeren Fällen lassen die Weibchen ihre Eier einfach von einem Ast auf den Boden fallen oder setzen ihr gesamtes Gelege in der Wasserschale ab, wodurch der größte Teil, wenn nicht sogar das gesamte Gelege zerstört wird. Diesen Vorgang nennt man „Verwerfen“, und er ist ein ernst zu nehmendes Alarmsignal für suboptimale Bedingungen. Dass Rautenpythons eine

Diese „Ballstellung“ konnte ich bisher nur beim Papua-Teppichpython (*M. s. harrisoni*) und, wie hier zu sehen, beim Dschungel-Teppichpython (*M. s. cheynei*) während der Trächtigkeit wiederholt beobachten.
Foto M. Mense

Meine Schlupfboxen verfügen alle über eine herausnehmbare Kunststoffschale. Diese erleichtert das Entfernen des Geleges und lässt sich einfach reinigen.
Foto: M. Mense

Die Eiablage findet häufig während der Nacht oder der frühen Morgenstunden statt und dauert normalerweise mehrere Stunden. Unter Wellenbewegungen wird Ei für Ei gelegt, hier zu sehen beim Dschungel-Teppichpython (*M. s. cheynei*).

Foto: M. Mense

Legenot bekommen können, ist zwar wie bei allen anderen Reptilien auch möglich, mir ist allerdings zum jetzigen Zeitpunkt kein einziger Fall bekannt, bei dem es durch Fehlen einer geeigneten Eiablagestelle o. Ä. dazu gekommen wäre (so genannte psychogene Legenot). Die seltenen mir bekannten Legenot-Fälle bei Rautenpythons hatten immer körperliche Ursachen (so genannte organische Legenot).

Während der Trächtigkeit häuten sich alle Rautenpythons in einem ganz bestimmten Zyklus. Dieser ist von Weibchen zu Weibchen und von Unterart zu Unterart etwas unterschiedlich. Besonders interessant ist die letzte Häutung vor der Eiablage („pre-lay-shed“). Bei vielen meiner Tiere findet sie etwa drei Wochen, meistens 19–25 Tage, vor der Eiablage statt. Bei einem meiner Weibchen von *M. spilota cheynei* liegt diese Zeitspanne jedoch bei 30–31 Tagen. Genauere Angaben zu jeder Unterart finden Sie im Artenteil. Ich habe beobachtet, dass sich bei ein und demselben Weibchen der Zeitpunkt dieser Häutung von Jahr zu Jahr nur sehr wenig, um +/- einen bis maximal drei Tage ändert. Das hat für einen Züchter den Vorteil – zumindest ab der zweiten Eiablage –, dass er das Eiablagedatum relativ genau berechnen kann, um dann alle nötigen Vorkehrungen zu treffen und das Gelege möglichst schnell in einen vorbereiteten Inkubator zu überführen.

Gegen Ende der Trächtigkeit werden die Weibchen zunehmend unruhiger und kriechen manchmal viel umher, suchen aber regelmäßig ihre Eiablagekiste und einen Sonnenplatz auf. In dieser Phase konnte ich fast jedes Mal eine Art „Nestbau" bei den trächtigen Tieren beobachten, bei dem sie alles *Sphagnum*-Moos aus der Mitte der Eiablagebox nach außen schichteten. Auch nach einem Eingreifen wird dies immer wiederholt. Ein ähnliches, z. T. noch ausgeprägteres „Nestbauverhalten" stellte man bei trächtigen frei lebenden Diamantpythons (*M. spilota spilota*) fest (Cook 1994; Shine 1996; Slip & Shine 1988c). Wahrscheinlich bietet ein solches Nest zwei Vorteile: Zum einen schützt es gegen Witterungseinflüsse wie Wind, Sonne usw., und zum anderen sind die Weibchen gegen potenzielle Angreifer getarnt.

Einige Tage vor dem Absetzen des Geleges verlassen die meisten Weibchen dann nur noch kurz ihre Eiablagekiste, meistens um sich zu sonnen. *Morelia spilota harrisoni* und *M. s. cheynei* treffe ich dann außerdem oft zusammengerollt in einer Art „Ballstellung" an.

Die eigentliche Eiablage findet oft in der Nacht oder in den frühen Morgenstunden statt, seltener tagsüber. Sie dauert meistens nicht länger als 2–3 Stunden. Die Weibchen liegen dazu in Schlingen in ihrer Box und setzen unter seitlichen Wellenbewegungen und Muskelkontraktionen der gesamten hinteren Körperhälfte und speziell des Hinterleibes ein Ei nach dem anderen ab. Nach der Eiablage umschlingen sie das Gelege und „raffen" es zu einer Halbkugel, manchmal auch zu einer Art Pyramidenform zusammen. Innerhalb der nächsten Stunden

Die Entwicklungsfähigkeit der abgesetzten Eier kann man durch so genanntes Schieren feststellen. Bei einem befruchteten Ei, wie hier, werden dann die Äderchen sichtbar.

Foto: K. Bergmann

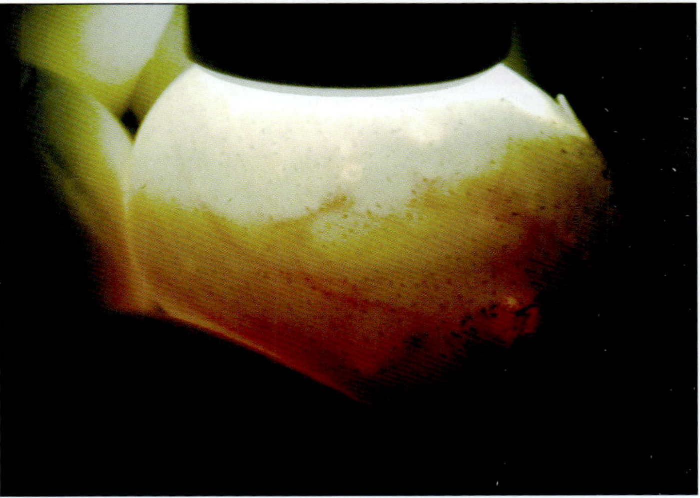

Bei diesen Eiern ist es ganz offensichtlich, dass sie nicht entwicklungsfähig sind. Solch starke Verformungen und Verfärbungen zeigen nur unbefruchtete Eier.

Foto: M. Mense

Ist die Eiablage abgeschlossen legen sich die Weibchen in engen Schlingen um das Gelege, in diesem Fall *M. s. mcdowelli.* Foto: M. Mense

kleben die Eier in dieser zum Bebrüten idealen Form zu einem Eiklumpen zusammen. Nun legen die Weibchen ihren Körper in eng geschlossenen Schlingen um das Gelege, um es in für Pythons ganz typischer Art und Weise zu „bebrüten".

Die Entwicklungsfähigkeit der abgesetzten Eier kann man durch so genanntes Schieren feststellen. Dabei wird mit einer starken, aber wenig Wärme produzierenden Lampe von hinten oder unten durch das Ei geleuchtet, wodurch dann bei einem befruchteten Ei die Äderchen usw. sichtbar werden. Einigen Eiern sieht man ihre „Unfruchtbarkeit" aber auch so schon an, sie sind deutlich kleiner, nicht weiß und etwas unförmig (so genannte Wachseier). Sollte sich während der Inkubation trotzdem herausstellen, dass das eine oder andere Ei nicht befruchtet war, oder stirbt eines der Eier während der Inkubation ab, fangen diese dann meist schnell an, sich zu zersetzen – fast immer auch mit Schimmelbildung. Solche „faulen" Eier werden aber trotzdem in der Regel nicht zur Gefahr für die anderen Eier, da „gesunde", lebensfähige Pythoneier durch ihre Schale über einen guten Schutz verfügen. Entfernen lassen sich abgestorbene Eier nur schwer, gänzlich aber nie. Das heißt, man kann solche Eier dann nur vorsichtig mit einer Spritze leersaugen und die gut zugängliche Schale dann entfernen. Die Stellen der Schale, die mit den anderen Eiern direkten Kontakt haben, müssen aber unbedingt sitzen bleiben, da sie mit den anderen Eiern verklebt sind und beim Entfernen die „gesunden" Eier beschädigt würden.

Bei meinen Pythongelegen habe ich verdorbene Eier nur ein einziges Mal entfernt, da eine kleine Fliegenart dort ihrerseits Eier abgelegt hatte und Maden zu schlüpfen begannen. Generell halte ich es aber für nicht unbedingt nötig, solche Eier aus einem intakten Gelege zu entfernen.

Ich möchte hier noch auf eine Besonderheit hinweisen. Rautenpythons sind in der La-ge Sperma zu speichern und Sperma aus verschiedenen Paarungen für eine Befruchtung zu vermischen. Diese Erfahrung musste ich machen, als ich zum ersten Mal mein albinotisches Männchen von *M. s. variegata* verpaarte. In mehreren Gelegen schlüpften neben den eigentlich ausschließlich zu erwartenden heterozygoten Exemplaren zudem Jaguare. Die Weibchen, die diese Gelege produzierten, waren im Jahr zuvor mit Jaguaren verpaart worden. Dies lässt nur die Schlussfolgerung zu, dass diese Weibchen Sperma vom Vorjahr gespeichert hatten und mit den „neuen", albinotischen Spermien mischten. Die resultierenden Jaguare waren natürlich keine „Hets" für Albino.

Von Königspythons (*Python regius*) ist dieses Phänomen ebenfalls bekannt. Einige renommierte Königspythonzüchter arbeiten damit, indem sie z. B. mehrere co-dominante Männchen mit einem Weibchen verpaaren – so bekommen sie verschiedene Morphen in einem Gelege.

Der Inkubator

Die Anforderungen an einen Inkubator ganz allgemein und für Pythoneier im Speziellen sind:

1. Er muss thermostabil sein, d. h. er muss die gewünschte Temperatur halten, auch bei kleinen bis mittleren Temperaturschwankungen außerhalb des Inkubators.
2. Die bevorzugte Bruttemperatur muss frei einstellbar sein und dauerhaft recht genau beibehalten bleiben (das setzt einen guten Temperaturregler voraus).
3. Eine relativ hohe Luftfeuchtigkeit (90–100 %) muss innerhalb des Inkubators erreicht und dauerhaft gehalten werden können.

Geeignete Inkubatoren werden im Fachhandel angeboten. Bei der Kunstbrut kommt man bei kleineren bis mittleren Gelegen in der Regel mit handelsüblichen Brutapparaten (z. B. „Jäger Kunstglucken") aus. Hat man sehr viele Gelege, sollte man sich einfach mehrere solcher Brutapparate anschaffen. Besitzt man relativ große Gelege (wie z. B. von *M. s. mcdowelli* oder *M. s. spilota*), oder möchte man sein Pythonweibchen selber „brüten" (eine Naturbrut betreiben) lassen, kann man auf große Profi-Geräte zurückgreifen und das Tier samt Gelege darin unterbringen. Die sind zwar in der Regel sehr gut, aber leider auch recht teuer.

Eine Alternative hierzu sind ausgemusterte, aber voll funktionsfähige Babyinkubatoren. Diese Geräte zählen zu den besten Inkubatoren, die man verwenden kann, da feuchtwarme Luft (je nach Einstellung) im Inneren des Gerätes erzeugt und dann gleichmäßig im Inkubator verteilt wird. Außerdem sind diese Inkubatoren sehr zuverlässig und verfügen über verschiedene Warnfunktionen, wie z. B. bei Stromausfall, Überhitzung usw.

Hat man nicht die Möglichkeit, einen Babyinkubator zu bekommen, kann man sich alternativ einen Brutapparat auch selbst bauen.

Bau eines Inkubators

Seitdem ich auch etwas größer werdende Pythons züchte, habe ich mir schon mehrere Brutapparate selbst gebaut.

Mein bisher größter und bester Inkubator ist aus Holz konstruiert (siehe Abb. auf dieser Seite). Er hat eine Kammer mit zwei

Der Inkubator des Autors. Die Eier sind in Boxen untergebracht, aber ohne direkten Kontakt zum Brutsubstrat. So kann es extrem feucht am Gelege sein, ohne dem Holzinkubator zu schaden.

Foto: M. Mense

Metallgittern, auf denen die Eier untergebracht sind, sowie eine Heizkammer. Darin befindet sich ein stark gebogenes Blech, auf dem eine leistungsstarke Heizung angebracht ist. Luftschlitze sowie Computerlüfter sorgen für die Wärmeverteilung.

Etwas einfachere Inkubatoren kann man auch aus einem ausgedienten Terrarium bauen. Als Grundbehälter nehme ich dazu ein Terrarium mit den Maßen 100 × 40 × 50 cm (Länge × Tiefe × Höhe). Ich benutze kein kleineres Terrarium, damit ich zur Kunstbrut mindestens drei oder mehr Gelege darin unterbringen bzw. damit ich bei einer Naturbrut auch dem Weibchen etwas Platz außerhalb ihrer Schlupfbox anbieten kann.

Von innen verkleide ich dieses Terrarium dann mit dunkelbraunen, ca. 3 cm starken Korkplatten. Mit Styropor oder Styrodur ginge das auch; beide Materialien saugen sich im Gegensatz zu Kork aber nicht mit Wasser voll, was bei Kork aber für eine höhere Luftfeuchtigkeit sorgt. Das Auskleiden dient aber in erster Linie zur Isolation.

Von außen beklebe ich das Terrarium wenigstens teilweise mit Styropor. Man sollte, wenn man nicht den ganzen Inkubator verkleiden will, zumindest eine ca. 2 cm starke Styroporplatte unter das Terrarium legen, da man sonst zu viel Energie an eine ständig kalte Bodenplatte verschwendet.

Die Lüftungen des Terrariums decke ich zu 90–95 % mit Plexiglas oder ebenfalls mit Styropor ab, damit die hohe Luftfeuchtigkeit im Inkubator gehalten werden kann.

Als Heizung verwende ich ein Heizkabel mit mindestens 50 Watt, meistens jedoch mit einer noch höheren Leistung (80 oder 100 W), damit ich die relativ hohen Temperaturen, die im gesamten Inkubator herrschen müssen, auch bei etwas geringeren Außentemperaturen erreiche. Das Heizkabel lasse ich in engen Schlingen verlegt auf dem Boden, an den Seiten und dem Deckel in Feuchtraumfliesenkleber ein. Nach dem Aushärten bekommt man dadurch einen saugfähigen, aber festen Belag, der sich durch die Kabelheizung sehr schön gleichmäßig erwärmt. Außerdem kommt so bei der Naturbrut das Weibchen niemals in direkten Kontakt mit dem Heizkabel.

Nun kommt ein weiteres wichtiges Element für einen Brutapparat, der Temperaturregler. Ausgezeichnete Regler gibt es für die Terraristik im Fachhandel; diese arbeiten sehr genau und lassen sich teilweise mit und ohne Nachtabsenkung einstellen. Für unseren Zweck stellen wir, wenn vorhanden, die Nachtabsenkung ab und legen den Fühler direkt an das Gelege oder hängen ihn kurz darüber, damit sich keine große Differenz zwischen der eingestellten und der tatsächlichen Temperatur an den Eiern ergibt. Zusätzlich bringt man in so einem Brutapparat aber auch noch mehrere Thermometer zur ständigen Kontrolle an. Dazu benutze ich immer digitale Thermometer mit einem Fernfühler, da dieser sich auch prima in die Zwischenräume des Geleges einführen lässt und man so die Temperaturen rund um das Gelege, aber eben auch in seinem Inneren kontrollieren kann. Meistens verfügen solche Thermometer auch noch über eine Speicherfunktion für die minimal und maximal gemessenen Temperaturen, was einem zusätzlich die Möglichkeit gibt, die Extremwerte zu überprüfen.

Damit die untersten Eier durch die aufsteigende Hitze (bzw. einem Hitzestau) nicht wesentlich stärker als die obersten erwärmt werden, stelle ich den Brutbehälter mit den Eiern bzw. die Schlupfbox auf niedrige Füße. Dazu benutze ich meistens flache Keramikschalen, da sie sehr standfest sind und sich flexibel einsetzen lassen.

Zur Erhöhung der Luftfeuchtigkeit und als Tränke für das Weibchen stelle ich auch immer noch einige flache, aber relativ großflächige Wasserschalen in den Inkubator.

Inkubation

Zur Inkubation des Geleges gibt es zwei Möglichkeiten, die oben schon anklangen: die künstliche Bebrütung ohne das Muttertier oder die Naturbrut mit dem Weibchen. Beide Methoden haben sich bewährt, meinen Erfahrungen nach sollte man aber, wenn es möglich ist, die Naturbrut immer bevorzugen, was allerdings eine gute körperliche Konstitution des Weibchens voraussetzt. Die Naturbrut bietet jedoch den Vorteil, dass sich das Weibchen um das Gelege kümmert und auch gegebenenfalls eingreift, was bei einer künstlichen Brut natürlich nicht möglich ist.

Angaben zur Brutdauer finden Sie bei den einzelnen Artbeschreibungen.

Die Inkubationstemperatur sollte zwischen 30,5 und 32,5 °C betragen. Bei Temperaturen unter 30 °C entwickeln sich viele Gelege von Rautenpythons nur noch schlecht, unter 29 °C sehr schlecht bis gar nicht mehr. Unter solchen Bedingungen sind die Jungtiere dann oft nach mehr als 60–70 Tagen Inkubationsdauer immer noch im Ei. Öffnet man dann solch ein Ei, ist das Jungtier meistens weit entwickelt, besitzt aber oft noch sehr viel Dotter und ist selten lebensfähig oder bereits abgestorben. Broer (1983) inkubierte ein Rautenpythongelege bei 29 °C. Nur ein Teil der Jungen schlüpfte, und zwar erst nach 78 Tagen. Bei mehreren Gelegen verschiedener Elterntiere entwickelten sich bei mir bei einer Inkubationstemperatur von 29 °C die Gelege zunächst ganz normal, dann starben aber meist zum Ende der Inkubationszeit (oft erst nach 60–65 Tagen) die meisten Embryos in den Eiern ab, und es schlüpften unter diesen Bedingungen nur 0–25 % der Jungtiere. Außerdem kam es zweimal vor, dass etwa nach 60–62 Tagen ein

Während der Inkubation, vor allem zu deren Ende hin, fallen einige Eier etwas ein. In der Regel wirkt sich das aber nicht negativ auf die Schlupffähigkeit der Jungtiere aus. Foto: M. Mense

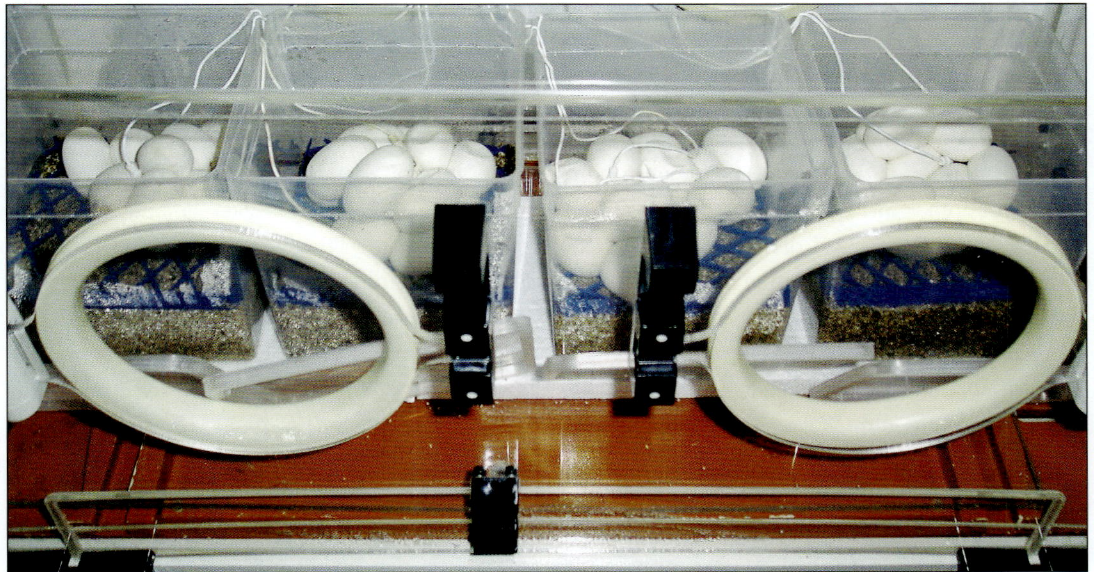

Jungtier das Ei aufschlitzte, jedoch nicht wie sonst relativ lang und an ein oder zwei Stellen, sondern nur an einer Stelle und ganz kurz. Beim Versuch, das Ei zu verlassen, blieben beide Jungtiere (von zwei verschiedenen Gelegen und Elterntieren) nach etwa 10 cm Körperlänge stecken und verstarben. Nach dem Öffnen des Eies fand ich jedes Mal ein weit entwickeltes Jungtier mit sehr großem Dottervorrat, das aber sonst äußerlich ganz gesund erschien und ohne Deformationen war. Dieses Phänomen konnte ich sonst noch nie bei der Inkubation von Rautenpythoneiern beobachten. Bei Bruttemperaturen unter 29 °C schlüpften bei mir überhaupt keine Jungtiere mehr.

Generell verlängert sich die Brutdauer, wenn die Inkubationstemperaturen niedriger sind.

Jede Verringerung der Bruttemperatur um 1 °C erzeugt meistens eine Verlängerung der Inkubationsdauer um 5–8 Tage. Ross & Marzek (1994) empfehlen aber andererseits, die Bruttemperaturen nicht zu hoch zu wählen, da es sonst zu Missbildungen kommen kann. Sie geben an (allerdings allgemein für Pythoneier), dass eine Inkubationstemperatur von 32,8 °C deshalb nicht überschritten werden soll.

Neben der richtigen Bruttemperatur sind auch das richtige Brutsubstrat und die Lagerung der Eier für eine erfolgreiche Inkubation wichtig. Die Eier dürfen auf keinen Fall nach der Ablage gedreht werden, da sich der Embryo an der oberen Hälfte des Eies anheftet. Durch ein Drehen des Eies auf die frühere Oberseite würde der Embryo dann keinen Sauerstoff mehr austauschen können und sehr schnell absterben.

Als Brutsubstrat kommen verschiedenste Wasser speichernde Materialien in Betracht, wie z. B. *Shpagnum*-Moos, Vermiculit, Perlit, Seramis usw. Bei der Naturbrut sollte man jedoch unbedingt *Shpagnum*-Moos benutzen, denn alle anderen Substrate sind für brütende Weibchen relativ ungeeignet. Bei der Inkubation muss man unbedingt darauf achten, dass die Eier nicht zu viel Wasser aufnehmen, da das die Entwicklung der Embryonen behindern bzw. stark schädigen bis stoppen kann. Deshalb schaffen viele Züchter und auch ich selbst durch ein Plastikgitter einen Abstand zwischen den Eiern und dem eigentlichen Brutsubstrat. Manche inkubieren die Eier sogar ganz ohne Substrat, nur mit der Feuchtigkeit des Inkubators.

Naturbrut

Zur Naturbrut überführt man das Weibchen samt der Eiablagekiste und dem Gelege in einen vorbereiteten Brutschrank. Zur besseren Kontrolle drehe ich jetzt allerdings eine Öffnung der Schlupfkiste nach vorn zur Glasfront, hänge aber den Brutapparat mit einem Tuch ab, damit das brütende Weibchen nicht durch meinen Aufenthalt im Raum gestört wird.

Bei brütenden Weibchen kann man Muskelkontraktionen sehen, eine dadurch erhöhte Bruttemperatur konnte allerdings bis jetzt bei den meisten Rautenpythons noch nicht nachgewiesen werden. Eine Ausnahme bildet auch hier wieder der Diamantpython (*M. s. spilota*). Harlow & Griff (1984) waren die ersten, die unter Terrarienbedingungen eine durch Muskelkontraktion erhöhte Bruttemperatur bei *Morelia spilota spilota* nachweisen konnten, Slip & Shine (1988d) gelang das dann für frei lebende Diamantpythons. Die Forscher hatten vier mit Sendern ausgestatte Weibchen für ihre Untersuchungen zur Verfügung. Dabei stellten sie fest, dass die brütenden Weibchen eine Körpertemperatur von teils bis zu 9 °C (ausnahmsweise sogar 13 °C) über der Außentemperatur aufwiesen.

Bei einer Naturbrut kann man auch im Terrarium einige interessante Verhaltensweisen feststellen, die sowohl auf die Bruttemperatur als

Beim Schlupf der Jungtiere öffnet das brütende Weibchen seine Schlingen etwas, damit die Babys herauskommen können, hier bei *M. bredli* zu sehen. In dieser Phase entferne ich das Weibchen, damit es im meist doch sehr beengten Brutapparat nicht zu Unfällen mit den zerbrechlichen Jungtieren kommt.

Foto: C. Lazik

Für eine Naturbrut sind eine hohe Luftfeuchtigkeit, präzise Regeltechnik für die Temperatur und nicht zu vergessen eine Wasserschale für das brütende Pythonweibchen wichtig.

Foto: M. Mense

auch auf die Feuchtigkeit Einfluss haben. So konnte ich schon oft Weibchen dabei beobachten, wie sie sich innerhalb des Inkubators auf der Bodenheizung erwärmten und sich anschließend wieder eng um das Gelege legten. Durch ihren dann aufgeheizten Körper erhöhen die Weibchen auch die Temperatur der Eier, da sie durch die Körpermasse und die engen Schlingen nur langsam wieder Wärme verlieren. Eine ähnliche Beobachtung machte ich auch schon mehrfach in Bezug auf Feuchtigkeit: Die Weibchen verlassen ihr Gelege, befeuchten sich in der Wasserschale und legen sich noch nass wieder eng um das Gelege.

Trotz dieser mütterlichen Fürsorge sollte man die Brutbedingungen im Inkubator natürlich so optimal wie möglich gestalten, um das für das Weibchen ohnehin schon energieaufwändige Brüten nicht noch anstrengender zu machen.

Die Bruttemperatur sollte am Gelege, wie schon erwähnt, zwischen 30,5 und 32,5 °C betragen. Als optimal haben sich bei mir Bruttemperaturen zwischen 31 und 32 °C erwiesen. Wohl gemerkt – diese Zahlen beziehen sich auf die Temperaturen am Gelege bzw. an den Eiern, nicht etwa auf die Raumtemperatur im Inkubator. Wichtig ist in diesem Zusammenhang auch, darauf hinzuweisen, dass man die Temperatur an verschiedenen Stellen am (bzw. im) Gelege kontrollieren muss, da es dort oft große Unterschiede von oben nach unten bzw. von außen nach innen gibt. Hat man innerhalb seines Geleges eine größere Temperaturspanne, muss man versuchen, einen Mittelweg für das gesamte Gelege zu finden. Meistens sind die Unterschiede aber gering, sodass es kein Problem darstellt, einen Kompromiss zu wählen.

Die relative Luftfeuchtigkeit sollte während der gesamten Inkubation nicht unter 90 % sinken.

Um sie konstant hoch zu halten, stelle ich, wie gesagt, großflächige Wasserbehälter in den Inkubator. Außerdem besprühe ich die Wände und das gesamte Interieur (Schlupfbox, Moos bzw. Brutsubstrat) täglich mit handwarmem Wasser (siehe hierzu auch Kapitel Terrarium/Feuchtigkeit). Dabei darf auch das Weibchen etwas benetzt werden, aber nicht sehr stark, da es sonst zu viel an Körpertemperatur verliert (und es auch zu sehr gestört würde).

Stellt man häufige Muskelkontraktionen fest, sollte man die Temperatur im Inkubator nochmals überprüfen und eventuell etwas erhöhen, da es sonst sehr anstrengend für das Weibchen wird und es unnötig viel Energie verliert.

Abgestorbene Eier sind i. d. R. auch für das Muttertier keine Gefahr.

Beim Hantieren im Inkubator muss man etwas vorsichtig sein, da brütende Pythonweibchen ihr Gelege vehement beschützen und jeden vermeintlichen Eindringling angreifen.

Will man das brütende Weibchen vom Gelege entfernen, muss man zuerst den Kopf fixieren. Foto: M. Mense

Schlüpfen die Jungtiere, wird das Weibchen entfernt, da es sonst unter den beengten Verhältnissen schnell zu Unfällen kommen kann.

Kunstbrut

Zur künstlichen Inkubation entfernt man das Muttertier vorsichtig vom Gelege und überführt die Eier in eine mit Brutsubstrat gefüllte Plastikschale, die man in den vorbereiteten Inkubator stellt. Entfernt man das Weibchen unmittelbar nach der Eiablage, hat man mit wenig Gegenwehr zu rechnen. Anders sieht das aus, wenn man sich damit ein oder mehrere Tage Zeit lässt, dann setzen sich die Muttertiere häufig heftig zur Wehr. In diesem Fall sollte man bei größeren Exemplaren unbedingt zu zweit agieren und das Tier vor dem Entfernen mit einem Tuch abdecken, damit es weniger sieht, sich beruhigt und dadurch etwas geschont wird. So oder so muss man mit viel Gefühl vorgehen, da es sonst eventuell zu Beschädigungen des Geleges kommen kann.

Hat man das Weibchen entfernt und wieder in sein Terrarium gesetzt, sucht es meistens aufgeregt nach seinem Gelege. Besonders nervös ist es am ersten Tag nach der Trennung. Manchmal hilft es auch, das Muttertier lauwarm abzubrausen, dann verliert es etwas schneller den Geruch des Geleges. Nach zwei Tagen hat sich das Tier meist wieder beruhigt und nimmt in der Regel nach 2–5 Tagen wieder Futter an.

Die Bedingungen bei der Kunstbrut sind fast identisch mit der Naturbrut. Temperatur und Luftfeuchtigkeit muss man ständig kontrollieren, besonders die Feuchtigkeit im Inkubator muss noch höher gehalten werden.

Hat man den Kopf beherzt, aber mit der nötigen Vorsicht gepackt, wickelt man den restlichen Körper der Schlange vorsichtig vom Gelege. Bei größeren oder sehr unwilligen Exemplaren sollte man hierzu allerdings besser zu zweit agieren.

Fotos: M. Mense

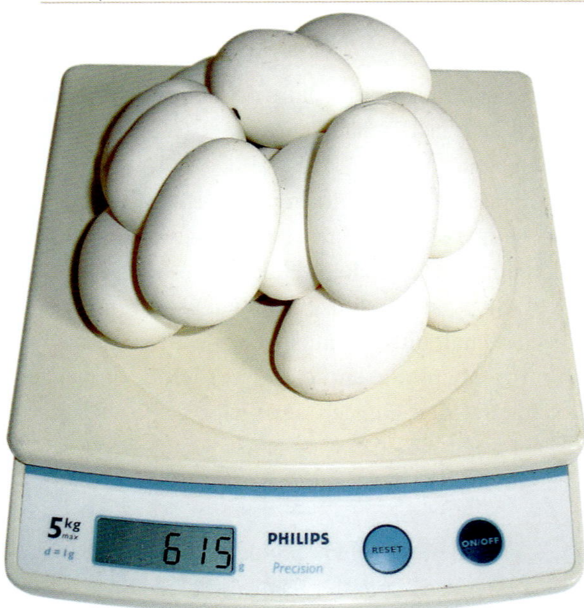

Hat man die Eier entfernt, kann man sie in Ruhe durchzählen, vermessen und wiegen. Foto: M. Mense

Wenn sie nicht ständig bei 95 %, besser bei 99 % liegt, drohen die Eier auszutrocknen. Die Austrocknungsgefahr bei der Kunstbrut hängt damit zusammen, dass die Eier bei einer Naturbrut erst gar nicht so viel Flüssigkeit verlieren, weil sie dann durch das Weibchen besser gegen Feuchtigkeitsverlust geschützt sind. Bei einer Kunstbrut sprühe ich im gesamten Inkubator 1–2 Mal täglich mit handwarmem Wasser. Dabei dürfen die Eier auch ruhig leicht benetzt, aber nicht richtig nass werden. Tropfwasser vom Inkubatordeckel soll nicht auf die Eier gelangen, gegebenenfalls muss man zum Schutz des Geleges darüber eine schräg gestellte Glasscheibe anbringen, auf die das Wasser tropfen und dann schadlos abfließen kann. Tropft zu viel Wasser auf die Eier, können sich deren Poren verschließen, wodurch kein Sauerstoffaustausch mehr möglich wäre. Das führt zum Absterben der Embryonen.

Die Temperaturanforderungen sind identisch zu den oben beschriebenen; achten Sie darauf, direkt an den Eiern und auch im Gelege zu messen.

Schlupf

Je nach Unterart und Bruttemperatur schlüpfen die Jungtiere nach ca. 50–65 Tagen Inkubation, in Extremfällen auch erst nach 78 Tagen.

Bei der Naturbrut bemerkt man den Schlupf immer etwas später als bei der künstlichen Inkubation, da das Muttertier erst dann seine Schlingen etwas löst, wenn die ersten Köpfe aus den Eiern schauen. Bei der Kunstbrut kann man bei einigen Eiern schon 1–2 Tage vor dem eigentlichem Schlupf einen Ritz in der Eischale entdecken. Nachdem ein Ei angeritzt wurde, dauert es dann noch ca. 10–48 Stunden, bis das Jungtier es endgültig verlässt.

Der Schlupf des gesamten Geleges kann sich über mehrere Tage bis zu einer Woche hinziehen, da auch sehr geringe Temperaturunterschiede innerhalb des Geleges, z. B.

Hier sieht man die „substrat-“ und die – sehr häufig in USA und Kanada praktizierte – „non substrat“-Variante der künstlichen Inkubation. Foto: K. Bergmann

Schlupf eines Papua-Teppichpythons (*M. s. harrisoni*). Deutlich zu sehen ist der Eizahn. Foto: K. Bergmann

von außen nach innen, eine unterschiedlich lange Inkubationszeit mit sich bringen. Die einzelnen Jungtiere schlüpfen aber auch individuell unterschiedlich schnell. Außerdem wird der Dotter nun restlos aufgebraucht, was ebenfalls unterschiedlich lang dauern kann. Bei einigen Jungtieren hat man manchmal sogar den Eindruck, dass sie sich einfach nicht trauen zu schlüpfen und sich bei jeder auch noch so geringen Störung sofort wieder ins Ei zurückziehen. Dadurch kann der Schlupfvorgang dann oft mehrere Tage dauern.

Haben die Schlüpflinge dann endgültig ihr Ei verlassen, nimmt man sie sofort aus dem Inkubator. Anschließend badet man sie in lauwarmem Wasser, um die Reste von Eiflüssigkeit abzuspülen, und überführt sie in die vorbereiteten Aufzuchtterrarien. Direkt nach dem Schlupf sind die meisten Jungtiere noch überhaupt nicht bissig, weshalb es keine Schwierigkeiten dabei geben sollte.

Frisch geschlüpfte Rautenpythons sind in der Regel sehr dunkel gefärbt, eine Musterung ist nur grob angedeutet (besonders dunkel sind Jungtiere bis zur ersten Häutung).

Bei *M. spilota variegata* und *M. s. harrisoni* sind die Schlüpflinge stark rötlich und weisen nur wenig oder gar keine schwarze Musterung auf. Deutlich dunkler bzw. anders gefärbt sind Rautenpython-Jungtiere im ersten Lebenshalbjahr bis -jahr, wodurch sie sich äußerlich häufig stark von ihren Eltern unterscheiden. Je nach Unterart sind die Schlüpflinge 30–50 cm lang und 20–45 g schwer.

Beispiel-Protokolle von der Paarung bis zur Aufzucht bei *Morelia spilota mcdowelli*, 1996/1997

Beobachtete Paarungen:
von ca. 8.00–12.30 Uhr (Datum nicht notiert)
von ca. 8.30–11.00 Uhr (Datum nicht notiert)
16.02.1997 von ca. 9.00–13.00 Uhr
17.02.1997 von ca. 9.00–12.00 Uhr
18.02.1997 von ca. 11.00–14.15 Uhr
23.02.1997 von ? bis 10.00 Uhr (nur Trennung beobachtet)
28.02.1997 von ca. 14.00–21.00 Uhr
06.03.1997 von ca. 7.30–11.00 Uhr
06.03.1997 von ca. 17.30 Uhr bis mind. 22.00 Uhr
11.03.1997 von ca. 7.45–10.20 Uhr
17.03.1997 von ca. 7.30–11.00 Uhr
Bei den Uhrzeiten handelt es sich um Circa-Werte, da ich oft dazukam, wenn die Tiere schon bei der Paarung waren, oder sie trennten sich in einem gewissen „Zeitfenster". Mit hoher Wahrscheinlichkeit paarten sich die Tiere noch weit öfter, es handelt sich nur um die beobachteten Kopulationen.
Ab Ende Februar verweigerte das Weibchen jegliche Futteraufnahme, die letzte Fütterung erfolgte am 15.02.1997.
letzte Häutung des Weibchens (pre-lay-shed) = 20 Tage vor Ablage
Eiablage von ca. 12.00–14.00 Uhr (27 Eier)
Naturbrut bei 31,5–32 °C
29.06.1997 Schlupf der ersten beiden Jungtiere (55. Tag)
30.06.1997 Schlupf weiterer sechs Jungtiere (56. Tag)
31.06.1997 Schlupf weiterer neun Jungtiere (57. Tag)
01.07.1997 Schlupf der letzten sieben Jungtiere (58. Tag)
Vier Eier waren während der Inkubation abgestorben.

Alle Jungtiere waren zwischen 42 und 48 cm lang. Die ersten Häutungen fanden 14 Tage nach dem Schlupf statt, danach nahmen ca. 50 % der Schlüpflinge zum ersten Mal Futter an. Drei Tiere häuteten sich zum ersten Mal nach 60 bzw. 63 Tagen, nahmen aber schon davor Futter an. Einige Jungtiere mussten mehrere Wochen lang zwangsernährt werden, es entwickelten sich aber alle prächtig. Zwei Tage, nachdem das brütende Weibchen vom Gelege entfernt worden war, nahm es zwei Futterratten an.

Dasselbe Pärchen 2002

Beobachtete Paarungen :
29.01.2002 von ca. 12.30–15.30 Uhr
30.01.2002 von ca. 10.30–13.00 Uhr
02.02.2002 von ca. 9.00–15.00 Uhr
06.02.2002 von ca. 8.00–10.30 Uhr
27.02.2002 von ca. 9.00–12.00 Uhr
28.02.2002 von ? bis ca. 9.00 Uhr (nur Trennung beobachtet)
05.03.2002 von ca. 8.30–10.00 Uhr
08.03.2002 von ca.10.00–11.15 Uhr

Ab Ende Februar verweigerte das Weibchen jegliche Futteraufnahme, letzte Fütterung am 26.02.2002.
05.04.2002 Häutung des Weibchens
27.04.2002 letzte Häutung des Weibchens (pre-lay-shed) = 21 Tage vor der Eiablage
18.05.2002 Eiablage in der Nacht bzw. in den frühen Morgenstunden; um ca. 8.00 Uhr waren alle 37 Eier abgelegt, 7 davon waren unbefruchtet.
Kunstbrut bei 30,5–31 °C
19.07.2002 Schlupf der ersten Jungtiere (62. Tag)
20.–21.07.2002 (63.–64. Tag) Schlupf der restlichen Jungtiere
Die Jungtiere waren zwischen 40 und 45 cm lang und häuteten sich zum ersten Mal 3–4 Wochen nach dem Schlupf.
Einige Jungtiere mussten mehrere Wochen lang zwangsgefüttert werden, sie entwickelten sich sonst aber normal.
Das Weibchen nahm fünf Tage, nachdem es vom Gelege entfernt worden war, das erste Mal wieder Futter an.

Zwillingsschlupf bei Bredls Python (*Morelia bredli*). Zwillinge sind generell eher selten, kommen aber schon mal vor.
Foto: P. Harris

Häufig schlüpfen viele Jungtiere eines Geleges gleichzeitig (hier schlüpfen gerade Dschungel-Teppichpythons *M. s. cheynei*). Es gibt aber meistens einige besonders schnelle Jungtiere und einige Nachzöglinge, wodurch sich der gesamte Schlupf über mehrere Tage hinziehen kann. Foto: M. Mense

Direkt nach dem Schlupf wiege und vermesse ich all meine Jungtiere, um die daraus gewonnenen Daten später auszuarbeiten.
Foto: M. Mense

Schlupf von *M. s. harrisoni*. Oft wird von schlüpfenden Rautenpythons erst mal ausgiebig gezüngelt, bevor sie das Ei gänzlich verlassen.
Foto: K. Bergmann

Aufzucht

Zur Aufzucht bringe ich die frisch geschlüpften Jungtiere zunächst einzeln in sehr hygienischen Kleinst-Terrarien mit den Maßen 20 × 20 × 20 cm bzw. 30 × 25 × 40 cm (L × T × H) unter. Wichtig ist, dass auch diese kleinen Aufzuchtterrarien über eine gute Durchlüftung, am besten über zwei gegenüber liegende Lüftungsgitter verfügen, denn stickige Stauluft wird von den Jungentieren schlecht vertragen. Die Einzelhaltung hat den Vorteil, dass man den genauen Überblick behält, welches Tier gefressen, gekotet oder sich gehäutet hat. Diese Aufzuchtbehälter sind mit 1–2 Kletterästen, Heizung, Licht und einer Wasserschale ausgestattet. Als Bodengrund dient Haushaltspapier, das sich zur Erhöhung der Luftfeuchtigkeit gut anfeuchten lässt, vor allem aber schnell zu wechseln ist, denn Sauberkeit hat bei der Aufzucht junger Rautenpythons höchste Priorität.

Auf einen Unterschlupf verzichte ich mittlerweile, da ich festgestellt habe, dass Jungtiere ein „sicheres" Versteck jedem anderen Aufenthaltsort vorziehen, selbst wenn dieses bezüglich Temperaturen und Feuchtigkeit nicht optimal ist. Wenn es beim Pfleger nicht gerade zugeht wie im Taubenschlag, gewöhnen sich die jungen Rautenpythons sehr schnell daran, ohne „echten" Unterschlupf auszukommen, und bleiben dann beim Betreten des Raumes oder beim Wasserwechseln im Aufzuchtterrarium ganz ruhig auf ihrem Liegeplatz. Außerdem haben sie die Möglichkeit – und einige der Jungtiere nutzen diese bei mir auch regelmäßig

Teil der Aufzuchtanlage des Autors. Es empfiehlt sich, kleine Rautenpythons einzeln zu pflegen. Die Terrarien sollten einfach, aber zweckmäßig ausgestattet sein
Foto: M. Mense

Ein Teil meiner Aufzuchtanlage für etwas herangewachsene Jungtiere. Ab etwa dem ersten Lebensjahr siedle ich die Jungen aus den Kleinstterrarien hierher um.
Foto: M. Mense

– sich unter dem Zeitungs- bzw. Haushaltspapier zu verstecken, was dann einem anderen „echten" Versteckplatz aus Korkrinde oder Ähnlichem gleichkommt. Nur hat es den Vorteil gegenüber den „normalen" Versteckplätzen, dass das Papier den gesamten Boden bedeckt, wodurch die Jungtiere dann innerhalb ihres Versteckes durch Positionswechsel ständig den für sie gerade optimalen Temperaturbereich aufsuchen können, ohne ihre Deckung aufgeben zu müssen.

Etwa 2–4 Wochen nach dem Schlupf häuten sich die kleinen Rautenpythons zum ersten Mal.

Ein Großteil der Jungtiere nimmt nach dieser ersten Häutung dann auch schon das erste Futter. Am besten bietet man leicht behaarte, vor allem aber recht agile Jungmäuse an. Nestjunge („nackte") Mäuse, die von der Größe her eigentlich passender erscheinen, werden wesentlich schlechter akzeptiert, vermutlich weil sie sich weniger bewegen und dadurch den Beutefangreiz beim Rautenpython nicht genügend ansprechen. Rattenbabys werden im ersten Lebensjahr fast ausnahmslos verweigert.

Wichtig sind auch in den Aufzuchtterrarien Kletteräste, da Rautenpythons im Allgemeinen und Jungtiere im Speziellen am liebsten in einer S-Position von einem Ast herunter in Richtung Boden blickend auf der Lauer liegen und so auch am besten zur ersten Futteraufnahme zu bewegen sind. Fehlt diese Lauermöglichkeit, und werden die Jungen dann auch noch von einer aufdringlichen Maus behelligt, fressen sie die ersten Male fast nie freiwillig.

Für einige Jungtiere ist es bei den ersten Fütterungen wichtig, dass sich während des Fressens keine Menschen im Raum befinden, weshalb ich immer sofort nach dem Verteilen des Futters den Raum wieder verlasse und erst einige Zeit später zum Kontrollieren zurückkomme. Betritt man zu früh überraschend den Raum, kann es passieren, dass das Jungtier die frisch getötete Maus fallen lässt und in Abwehrstellung geht. Dabei kommt mir die Einzelhaltung der Jungtiere wieder zugute, da ich keine Angst vor eventuell auftretendem Futterneid haben und deshalb auch nicht alle fünf Minuten kontrollieren muss, ob sich zwei Jungtiere gegenseitig umschlingen.

Leider fressen nicht alle Jungtiere von Anfang an selbstständig, was einen dann zur Zwangsfütterung zwingt. Bevor wir das betreffende Jungtier jedoch „stopfen" (zwangsernähren), sollte Verschiedenes ausprobiert werden, die Tiere doch zur freiwilligen Nahrungsaufnahme zu bewegen:

- verschiedene Größen an Jungmäusen anbieten
- lebendige und tote Jungmäuse anbieten
- verschiedene Arten Jungmäuse anbieten (weiße Labormäuse, Farbmäuse, Vielzitzenmäuse usw.)
- Man kann junge Rautenpythons manchmal durch Ärgern mit einer toten Jungmaus zum Zuschnappen bewegen, wonach – wenn man etwas Glück hat – hin und wieder der Beutefangreflex einsetzt und die Jungschlange die Maus umschlingt und anschließend mit dem Fressakt beginnt.
- Hin und wieder ist es auch hilfreich, wenn die Futtermaus über Nacht im Aufzuchtterrarium bleibt, nur darf dann die Maus noch keine Zähne und am besten auch noch nicht die Augen geöffnet haben, da sie sonst durch Annagen Beschädigungen im Terrarium verursachen kann und zur Gefahr für die Schlange wird.
- Besondere Tricks, wie ein Vogelnest mit echten Federn nachzubilden und ein Mäusebaby hineinzulegen oder Jungmäuse einige Zeit bei einer Echse unterzubringen oder mit Häutungsresten einer Echse zu bedecken, damit sie deren Geruch annehmen, funktionieren bei Rautenpythons nur in den seltensten Fällen. Vor einer Zwangsfütterung sollte man das aber auf jeden Fall auch versuchen. Eine weitere Möglichkeit, die Zwangsfütterung zu vermeiden, ist das Anbieten noch nestjunger Ziervögel, wie etwa Zebrafinken. Diese sind aber meistens nicht oder nur schwierig zu bekommen. Vom Verfüttern von Echsen und Fröschen rate ich ab, da gerade preiswerte Echsen und Frösche meist Wildfänge sind, was zum einen ein nicht unerhebliches Gesundheitsrisiko für die Jungtiere darstellt (Übertragung von Parasiten, Krankheiten etc.), und zum anderen finde ich es auch ethisch nicht vertetbar, solche Tiere zu verfüttern – dann sollte man meiner Meinung nach lieber stopfen.

Vor einer „echten“ Zwangsfütterung kann man auch noch eine sanftere Alternative ausprobieren. Dazu öffnet man der Jungschlange das Maul, steckt den Kopf eines toten Mäusebabys hinein und schließt dann mit leichtem Druck das Maul der Schlange, sodass sich ihre Zähne im Futtertier verhaken. Dann legt man die Schlange zurück ins Terrarium und lässt das Maul schnell los. Mit etwas Glück setzt jetzt der Schluckreflex ein, und die Jungschlange frisst die Maus freiwillig. Man sollte diese Methode ruhig mehrfach vor einem eigentlichen „Stopfen“ versuchen, da sie in manchen Fällen zu dem gewünschten Resultat führt. Die Mäusebabys, die man dazu verwendet, sollte man nicht selber töten (Tierschutzgesetz), sondern lieber abgetötet und eingefroren kaufen und zum Verfüttern dann noch lediglich auftauen lassen.

Haben alle Bemühungen keinen Erfolg erbracht, bleibt einem irgendwann nur die Zwangsernährung, um das Jungtier am Leben zu erhalten. Man kann ein Tier auf zwei verschiedene Arten zwangsernähren: durch eine Magensonde mit flüssiger Nahrung oder durch das so genannte „Stopfen“ mit einer ganzen Maus.

Entschließt man sich für das „Stopfen“, nimmt man ein aufgetautes Mäusebaby der entsprechenden Größe, feuchtet dieses entweder mit Wasser oder mit Eiweiß an, damit

Leider verschmähen die meisten juvenilen Rautenpythons ihrer Körpergröße angemessene Futtertiere und ziehen größere, und vor allem sehr mobile Futtertiere kleineren vor.

Foto: M. Mense

es besser hinunter gleitet, und stopft es mittels einer stumpfen Pinzette der Schlange in den Schlund. Hat man die Pinzette nun wieder herausgezogen, massiert man die Futtermaus vorsichtig ein gutes Stück den Hals hinunter, damit sie von der Schlange nicht sofort wieder ausgewürgt wird. Anschließend setzt man die Schlange wieder zurück ins Terrarium, wobei ich sie dann immer direkt etwas „scheuche", da durch die Vorwärtsbewegungen die „gestopfte" Babymaus weitertransportiert wird.

Das ganze Stopfen muss natürlich äußerst vorsichtig geschehen, da es sonst zu schweren Verletzungen an der Wirbelsäule, im Rachenraum oder an der Speiseröhre kommen kann.

Generell sollte das „Stopfen" dem erfahrenen Terrarianer bzw. einem Tierarzt vorbehalten bleiben.

Häufig reicht es aus, ein Jungtier 3–4 Mal zu stopfen, bis es freiwillig frisst. Allerdings habe ich auch schon einige Male 6–7 Monate gebraucht, um ein Jungtier davon zu „überzeugen", dass es besser freiwillig Nahrung aufnimmt.

Zur Zwangsernährung durch eine Magensonde rührt man sich flüssiges Fertigfutter an (so genanntes Emergency Food – man sollte sich nach den Dosierungsangaben des jeweiligen Herstellers richten), oder man püriert tote Mäuse (am besten nimmt man hier wieder tiefgekühlte, die man kurz vorher auftaut) in einem Mixer zu einem Futterbrei und zieht das Ganze in einer Spritze auf. Die Menge muss dabei natürlich immer der Größe des Tieres angepasst sein (bei einem Schlüpfling sind das etwa 1–2 ml). Nun setzt man die Magensonde auf die Spritze und füllt sie vor der Behandlung schon mal mit Nahrung, damit sich nicht unnötig viel Luft in der Sonde befindet. Anschließend fixiert man mit drei Fingern den Kopf der Schlange, öffnet vorsichtig das Maul und führt die leicht mit Wasser angefeuchtete Magensonde ein. Dabei muss man darauf achten, dass man sie nicht aus Versehen in die Luftröhre einführt, was schwere Probleme, wenn nicht gar den Tod des Jungtieres zur Folge hätte. Spritzt man Nahrung in die Luftröhre, stirbt das Tier mit ziemlicher Sicherheit.

Ist die Magensonde nun im Schlund der Schlange, spritzt man vorsichtig und vor allem langsam den Nahrungsbrei hinein. Dadurch, dass dieser Nahrungsbrei fast flüssig ist, hat man nicht das Problem, dass die Schlange nicht herunterschlucken will. Hat man den Brei jedoch zu schnell hineingespritzt, kann es sein, dass er wieder herausquillt.

Eine weitere, relativ schonende Art einer Zwangsernährung stellt das Füttern mit einer so genannten Pinky-Pump dar. Das ist ein Gerät, in das man tote, ganze Mäusebabys steckt (natürlich am besten wiederum frisch aufgetaute). Die stumpfe Kanüle am Vorderende steckt man der Schlange in den Schlund. Durch Druck auf das bewegliche Hinterende der Pinky-Pump kommt dann die Nahrung vor als „Brei" heraus. Diese Geräte sie sind im Fachhandel erhältlich, sehr gut zur Zwangsernährung geeignet, aber nicht ganz billig.

Einige Zeit nach jeder Zwangsfütterung sollte man Futter wieder auf natürliche Weise anbieten, um den Jungtieren immer die Chance zu geben, von selbst mit dem Fressen zu beginnen. Dadurch ergibt sich dann ein Zwangsernährungsrhythmus von etwa zwei Wochen.

Unabhängig für welche Art von Zwangsernährung man sich entscheidet, muss sie sehr vorsichtig und mit viel Gefühl ausgeführt werden, da sie selbst unter optimalen Bedingungen für das Tier massiven Stress bedeutet. Vorteilhaft ist es in jedem Fall, wenn man die Zwangsfütterung zu zweit durchführt, da man bei solch einer Arbeit gar nicht genug Hände frei haben kann.

Gerade ein wenig abgelenkte Jungtiere lassen ihr Futtertier manchmal fallen und „vergessen" es dann. In solch einem Fall kann man es ihnen einfach nochmals anbieten, danach sollte man den Raum verlassen, damit sie ungestört sind

Foto: M. Mense

Fressen Rautenpythons aber erst einmal selbstständig, entwickeln die meisten Tiere eine regelrechte Gier und nehmen Futter quasi immer, zu jeder Tages- und Nachtzeit.

Jungtieren biete ich im ersten Lebensjahr alle 5–7 Tage eine Maus an. Meinen Erfahrungen nach ist das in den meisten Fällen genau der richtige Futterrhythmus (bzw. Futtermenge), da ich weder etwas von einem „Hochpowern" noch von einem „Großhungern" halte, wie es von einigen Züchtern praktiziert wird. Ich empfinde beide Varianten unnatürlich und schädlich.

Jungtiere werden bei denselben Temperaturen wie die Erwachsenen gehalten, nur dass im ersten Lebensjahr die nächtlichen Tiefsttemperaturen im Allgemeinen nicht unter 22/23 °C, besser sogar nicht unter 24 °C fallen sollten, je nach Unterart und Herkunft.

Danach kann man dann die nächtlichen Tiefsttemperaturen langsam auf das Niveau der Elterntiere bringen. Die Umstellung muss aber unbedingt schrittweise über einen längeren Zeitraum geschehen, damit sie für die Jungtiere nicht so groß ist und sie dadurch nicht krank werden.

Die Luftfeuchtigkeit wird ebenfalls etwas über den Durchschnittswerten der adulten Tiere (siehe Artenteil) gehalten, da Jungtiere schneller dehydrieren und insgesamt etwas empfindlicher sind als erwachsene Rautenpythons. Allgemein sollte die Feuchtigkeit tagsüber bei 70–80 % relativer Luftfeuchtigkeit und nachts bei 90–100 % liegen. Staunässe muss aber vermieden werden, und einige trockene Stellen müssen immer als Ruheplätze zur Verfügung stehen.

Alle jungen Rautenpythons sind zunächst recht schlicht, meist relativ dunkel gefärbt und relativ kontrastlos gemustert, wie schon erwähnt. Innerhalb der ersten Lebensjahre färben sie sich aber nach und nach um und sehen dann meistens nach 1,5–3 Jahren genau oder zumindest sehr ähnlich wie die Elterntiere aus. Nach 3–4 Jahren erreichen sie ihre Geschlechtsreife und können sich dann selbst vermehren.

Generell bereitet die Aufzucht keine größeren Schwierigkeiten und ist auch einem weniger erfahrenen Halter zuzutrauen. Von der anfänglichen Bissigkeit der Jungtiere darf man sich nicht irritieren lassen – sie verliert sich weitestgehend durch regelmäßigen Umgang, meist vor oder kurz nach dem Erreichen der Geschlechtsreife.

Farbmutationen und Mischlinge

Gerade das Thema „Mischlinge“ wird bei Rautenpythons in letzter Zeit immer mehr mit Interesse verfolgt, da es langsam einen Trend zu reinrassigen Tieren gibt, der „Markt“ aber mit Mischlingen der verschiedensten Formen übersät ist.

Es existieren besonders viele ungewollte Mischlinge. Das sind Bastarde der verschiedenen Unterarten, die zum größten Teil aus Unwissenheit oder Gleichgültigkeit verpaart wurden, was teilweise immer noch der Fall ist. Das beste Beispiel hierfür sind die Tiere, die allgemein als „normale Teppichpythons“ oder „Darwin-Teppichpythons“ (*M. spilota variegata*) bezeichnet werden. Dabei handelt es sich so gut wie nie um „echte“ *M. spilota variegata*, sondern zum größten Teil um Mischlinge, die sich nur noch grob oder gar nicht mehr einer

Das ist der erste und bisher einzige „albinotische“ (amelanistische) Rautenpython, den man je in freier Natur gefunden hat. Hierbei handelt es sich um einen Darwin-Teppichpython (*M. s. variegata*).
Foto: S. Stone

Ein so genannter „Crossing", ein Hybrid zwischen *M. s. cheynei* x *M. s. spilota*, in diesem Fall mit allen phänotypischen Merkmalen nur von *M. s. cheynei*.
Foto: M. Mense

Bei diesem Tier handelt es sich auch um einen „Crossing", nur diesmal mit fast ausschließlich allen Merkmalen des Diamantpythons (*Morelia spilota spilota*).
Foto: M. Mense

Unterart zuordnen lassen. Häufig fließt eine große Portion Blut von *M. spilota mcdowelli* durch ihre Adern, das dann wohl auch für die oft beträchtliche Endgröße von bis zu 300 cm verantwortlich ist. Von diesen Tieren gibt es mittlerweile so viele, dass man sie quasi als „Terrarien-Form" des Rautenpythons behandeln muss. Auch bei angebotenen *M. spilota cheynei* finden sich kaum noch oder zumindest nur noch selten reinrassige Exemplare. Gerade für Anfänger bieten sich aber solche Mischlinge an, da sie fast überall zu relativ niedrigen Preisen zu erstehen sind und sie sich auch noch etwas einfacher halten und zur Nachzucht bewegen lassen als reinrassige Rautenpythons. Potenzielle Käufer müssen aber darüber aufgeklärt werden, dass es sich bei solchen Tieren um Terrarien-Mischlinge handelt, damit durch diese Tiere nicht wieder eine unwissentliche Vermischung mit noch reinrassigen Rautenpythons stattfindet.

Kennt man die Vorgeschichte seiner Tiere nicht oder ist man sich nicht sicher, ob die erworbenen Tiere auch wirklich reinrassig sind, kann man nur anhand des Bestimmungsschlüssels in diesem Buch eine nachträgliche, aber nicht hundertprozentig sichere Bestimmung vornehmen. Die Unsicherheit rührt daher, dass es sich hierbei nur um eine

Die dritte Variante eines „Crossing", *M. s. cheynei* x *M. s. spilota*. Hier jedoch mit mit vielen phänotypischen Merkmalen beider Unterarten.
Foto M. Mense

Bestimmung nach äußerlichen Merkmalen handelt, es bei Mischlingen aber vorkommt, dass sie die körperlichen Eigenschaften nur einer Unterart zeigen, wodurch sie dann reinrassig erscheinen. Genetisch können sie jedoch eine Mischung von zwei Unterarten darstellen – bei Nachzuchten sorgen sie dann oft für eine Überraschung.

Man hüte sich auch bei Aussagen von Verkäufern wie: „Die hab ich von einem älteren Mann, der hat die Elterntiere damals noch selber aus Australien mitgebracht.", oder: „Die habe ich von einem Opa, der hat die Elterntiere damals noch selbst vom Baum geholt.". Derlei Behauptungen erwiesen sich in aller Regel als nicht glaubhaft und gehören wohl in den Bereich der modernen Terrarianermythen.

Es gibt aber neben Mischlingen, die aus Unwissenheit oder aus mangelndem Interesse entstanden sind, auch ganz gewollte Hybridisierungen verschiedener Unterarten. Die wohl bekanntesten sind die so genannten „Crossings“. Dabei handelt es sich um Mischlinge zwischen *M. spilota cheynei* und *M. spilota spilota*. Häufig sind solche „Crossings“ sehr kontrastreich gemustert und intensiv gefärbt, und durch die „Cheynei-Gene“ sind sie von der Endgröße her meistens relativ klein bleibend. Außerdem weisen sie oft große Ähnlichkeit mit dem Diamantpython (*M. spilota spilota*) auf, sind aber wesentlich einfacher zu halten und zur Nachzucht zu bringen, was diese Tiere dann gerade für Terrarianer äußerst attraktiv macht. Leider sind solche Mischlinge oft nur noch schwer zu erkennen. Besitzen sie dann auch noch die Beschuppungsmerkmale der jeweiligen Unterart, läuft man schnell Gefahr, sie fälschlich anhand eines Bestimmungsschlüssels einer Unterart zuzuordnen. Leider wird diese Tatsache von unseriösen Züchtern oder Händlern auch ganz bewusst ausgenutzt, um sich z. B. mit einem ganz besonders gelben „Cheynei“ brüsten zu können oder die Jungen aus ihrer Zucht besser zu verkaufen.

Es gibt aber manchmal auch bei solchen Tieren noch einige Hinweise, dass es sich doch um einen „Crossing“ handeln könnte: „Crossings“ weisen

Dieser zweiköpfige McDowells Teppichpython (*M. s. mcdowelli*) schlüpfte bei Dale Gibbons (Bendigo, Victoria), verstarb dann aber kurze Zeit später.
Foto: R. Hoser

besonders häufig einzelne, im Kern hell gefärbte Schuppen insbesondere im oberen Drittel der Körperseiten und auf dem Rücken auf. Sehr oft besitzen solche Tiere, ebenso wie *M. spilota spilota*, ein so genanntes Blümchenmuster sowie häufig eine filigranere Kopfmusterung als reinrassige *M. spilota cheynei*; man findet auch oft eine dunkle bis schwarze Linie vor dem Stirnbein zwischen den Augen und häufig eine helle Linie oder zwei helle längliche Flecken vor den Augen quer über der Schnauze in Richtung Kopfmitte verlaufend. Das Problem an der Sache ist aber,

Bei diesem Tier handelt es sich um einen Hybriden zwischen einem Dschungel-Teppichpython (*Morelia spilota cheynei*) und einem Amethystpython (*Morelia amethistina*). Hier fällt besonders das Fehlen des Rostrale auf, das die Schlange vom Schlupf an nicht besaß.
Foto: R. Hoser

Dies ist ein Mischling zweier Rautenpythons, und zwar *Morelia spilota spilota* x *Morelia spilota metcalfei*. Besonders gut kann man die typische Kopfmusterung von *M. s. metcalfei* erkennen.
Foto: R. Hoser

dass es sich hierbei nur um Hinweise handelt, die auch in die Irre führen können, da Rautenpythons sehr variabel in Musterung und Farbe sind. Trotz aller Indizien könnte es sich dann doch um eine echte *M. spilota cheynei* handeln.

Zusätzlich kann man auch noch einige Schuppen zählen: Viele Schuppenwerte von *M. s. spilota* und *M. s. cheynei* überlappen sich zwar, manchmal kann man aber einen vermeintlich reinrassigen „Cheynei" dadurch doch als „Crossing" enttarnen, vor allem, wenn man schon durch bloßes Ansehen einen Verdacht hegte.

Dieses Exemplar wurde in der nördlichen Umgebung von Dubbo (NSW) gefunden. In dieser Region wurden bisher nur sehr selten Rautenpythons nachgewiesen, weshalb hier keine präzise Angabe zu Art bzw. Unterart erfolgen kann. Außerdem liegt hier vielleicht ein Überlappungsgebiet zweier oder sogar mehrerer Unterarten vor. Bekannt ist, dass sich Verbreitungsgebiete von *M. s. mcdowelli* und *M. s. metcalfei* jeweils in der Nähe befinden. Aufgrund der Kopf-, vor allem aber der Rückenmusterung würde ich diesem Tier, sollte es sich um einen Mischling handeln, in jedem Fall einen großen Anteil *M. s. mcdowelli* zusprechen.

Foto: D. G. Barker

Die dritte Variante von „Crossings" sind solche Mischlinge, die auffällig körperliche Merkmale beider Unterarten zeigen.

In der Terraristik gibt es aber auch Kreuzungen zwischen dem Grünen Baumpython (*M. viridis*) und dem Teppichpython, meistens mit *M. spilota cheynei*, die sogenannten Chapondros. Es existiert sogar schon eine Mutations-Mischlingszucht, die Jagpondros, Mischlinge zwischen *Morelia viridis* und der Jaguar-Morphe des Teppichpython. Außerdem sind Kreuzungen zwischen Königspython (*Python regius*) und dem Dschungel-Teppichpython (*M. s. cheynei*) aus den USA bekannt geworden.

Ein sogenannter Bredls-Jaguar (*Morelia bredli* x *Morelia spilota mcdowelli*, Jaguar-Mutation). Diese Hybridisierung gelang O. Zauner aus Österreich 2005 zum ersten Mal.

Foto: M. Mense

Hybrid aus zwei *Morelia*- Arten: *Morelia viridis* x *Morelia spilota,* in diesem Fall in vierter Generation. Bei der *M. spilota* handelte es sich um einen „Jaguar".
Foto: M. Mense, A. Schilling & D. Fuhrmann

Dieser fast musterlose „Jaguar" stammt aus der Zucht des Autors. Bleibt zu wünschen, dass sich dieses Erscheinungsbild vererbt.
Foto: M. Mense

Neben dieser „experimentellen“ Terrarienzucht, die recht umstritten ist, kommt es aber manchmal in Zoologischen Gärten und ähnlichen Einrichtungen zur Vermischung verschiedener Schlangenarten, die z. B. in ein und demselben Gehege untergebracht sind, wie etwa im Royal Melbourne Zoo zwischen *M. spilota mcdowelli* (aus Süd-Queensland) und *Liasis fuscus* (aus dem Northern Territory) und zwischen *M. spilota cheynei* (aus dem Atherton Tableland) und *M. amethistina* (aus Queensland) Banks & Schwaner (1984). Im Buxton Zoo (New South Wales) kam es zur Vermischung zwischen *M. spilota spilota* und *M. s. metcalfei*. Hoser (1999) dokumentiert zudem noch folgende Kreuzungen, die allesamt lebensfähige Jungtiere hervorbrachten (über deren Fertilität mir allerdings nichts bekannt ist): *Morelia spilota cheynei* (Männchen) und *Liasis fuscus* (Weibchen); *M. spilota cheynei* (Männchen) und *M. amethistina* (Weibchen); *M. spilota spilota* und *M. spilota mcdowelli*; *M. spilota spilota* und *M. spilota metcalfei*; *M. bredli* (Männchen) und *M. spilota metcalfei* (Weibchen).

Gerade die letzte Konstellation sorgt für Diskussionsstoff unter Taxonomen und Herpetologen, da einige Wissenschaftler der Meinung sind, dass *M. bredli* lediglich eine Unterart von *M. spilota* sei, andere aber meinen, es handle sich dabei um eine eigenständige Art. Vorausgesetzt, die aus der oben beschriebenen Vermischung von *M. bredli* mit *M. spilota* her-

Ebenfalls eine neue Mutation ist der sogenannte Green Tiger (*M. s. harrisoni*)
Foto: K. Pastern

Diese Granit- Mutation ist das erste Mal bei *M. s. harrisoni* aufgetreten. Inzwischen gibt es auch hier viele „Weiterentwicklungen“, wie Granit-Jaguare
Foto: M. Mense

Längs gestreifter Bredls Python (*M. bredli*) aus der Zucht von Casey Lazik. Bei *M. bredli* fällt eine Längsstreifung besonders auf, da diese Pythons eigentlich eine gebänderte Musterung haben.
Foto: C. Lazik

Dieses auffallend längs gestreifte und etwas sonderbar gefärbte Tier befindet sich im Besitz des Verfassers, hierbei handelt es sich um einen Papua-Teppichpython (*M. s. harrisoni*).

Foto: M. Mense

vorgegangenen, lebensfähigen Jungen wären auch fertil, dann könnte es sich im „klassischen" Sinne eigentlich nicht um zwei unterschiedliche Arten, sondern nur um zwei Unterarten handeln. Allerdings wird dieses althergebrachte Konzept von manchen Wissenschaftlern nicht mehr ausschließlich akzeptiert. Das ganze Problem ist also eine Definitionssache: Wann ist eine Art eine Art und wann nicht – und wann ist es eine Unterart und wann nicht?

Auch in freier Wildbahn kommt es natürlich zu Vermischungen, jedoch beschränken sich diese auf überlappende Verbreitungsgebiete. So würde sich z. B. *M. spilota spilota* niemals mit *M. s. cheynei* mischen können, wohl aber mit *M. s. mcdowelli* oder evtl. auch mit *M. s. metcalfei*. Das wiederum würde aber kein Züchter, dem es ja gerade auf die Farbe und die Endgröße bei den „Crossings" ankommt, absichtlich zulassen, da die Mischlinge zwischen *M. s. spilota* und *M. s. mcdowelli* meistens relativ schlicht gefärbt sind und zudem auch noch relativ groß werden. Gleiches gilt für *M. s. cheynei*, die sich in freier Natur ebenfalls höchstens mit *M. s. mcdowelli* mischen könnte, da die beiden Verbreitungsgebiete sich in einigen Bereichen überschneiden. Auch das würde kein Züchter wollen, dem es auf eine geringe Endgröße und spektakuläre Färbung ankommt.

Farb- und Zeichnungsvarianten bei Rautenpythons

Wer sich mit Rautenpythons beschäftigt, kommt um das Thema Farbmutationen mittlerweile kaum noch herum. Selbst wenn man sich eine reine Wildform zulegen will, muss man sich zwangsläufig mit dem großen Feld der Farb- und Zeichnungsvarianten auseinandersetzen, da „Verkaufsgespräche" oft so ablaufen:

Kunde: „Ich würde mir gerne *Morelia spilota mcdowelli* zulegen."

Züchter: „Kein Problem, ich habe noch einige Regular-Jaguar-Siblinge abzugeben."

Hier ist dann oft schon der Punkt gekommen, an dem der Käufer nur noch Bahnhof versteht. Was für die meisten Züchter mittlerweile völlig normal erscheint, führt gerade bei Einsteigern in dieses sehr komplexe Thema regelmäßig zu mittleren bis großen Verwirrungszuständen. Das ist auch vollkommen klar, wenn man sich zunächst mit der unübersichtlichen Lage bei den Arten und Unterarten des *M.-spilota*-Komplexes beschäftigt, dann noch regionale Varianten mit einfließen lässt und sich schließlich auch noch mit Mutationen, Hybriden und den dazu passenden Namen einschließlich des allseits beliebten „Terrarianer-Slangs" befassen muss.

Im Folgenden werde ich mich mit den einzelnen Mutationen, aber auch mit den vielen Hybriden und deren Bezeichnungen beschäftigen.

Jaguare und Siblinge

Fangen wir am besten mit den oben im „Verkaufsgespräch" bereits erwähnten „Jaguaren" und „Siblingen" an, da diese wohl die bekanntesten und verbreitetsten Mutationen von Rautenpythons in der Terraristik sind. Jaguare zeichnen sich durch eine stark reduzierte Musterung und eine auffallend gelbe Grundfarbe aus. Der erste sogenannte Jaguar schlüpfte in Norwegen bei Jan Eric Engell aus einem sonst ganz normalen Gelege von *M. s. mcdowelli*. Die genetische Ausstattung dieser Mutation stellte sich bei der weiteren Zucht als co-dominanter Erbgang heraus. Das heißt, dass die Jaguar-Mutation sich bei einer weiteren Zucht sofort und sichtbar vererbt, im Durchschnitt etwa in einem 50/50-Verhältnis (im Mittel haben 50 % der Schlüpflinge diese Mutation, 50 % nicht). Alle Jungtiere, die diese Jaguar-Mutation nicht besitzen, aber aus einem Jaguargelege stammen, nennt man Siblinge (abgeleitet vom englischen Wort sibling = Geschwister). Diese Siblinge vererben aber nicht das Jaguar-Gen, sondern sind nur für eine weitere Zucht mit einem Jaguar interessant, weil man festgestellt hat, dass das Zuchtergebnis zwischen Jaguar und Sibling etwas besser ist als zwischen Jaguar und „irgendeinem" Teppichpython.

Wie bei eigentlich allen co-dominanten Erbgängen gibt es auch bei der Jaguarmutation eine Superform, in diesem Fall ist es immer ein leuzistisches Tier. Leider war bisher keiner der Superjaguare (Leuzisten) lebensfähig. Eine Superform ist die dominante Variante eines co-dominanten Erbganges, die man erhält, wenn man zwei co-dominante Tiere miteinander verpaart. Das bedeutet, die Superform (dominanter Erbgang) vererbt sofort in erster Generation zu 100 % die Mutation. In diesem Fall schlüpfen dann ausschließlich Jaguare und keine Siblinge. Verpaart man eine Superform mit der jeweiligen Mutation – um beim Beispiel zu bleiben, wieder mit einem Jaguar –, schlüpfen zu etwa 50 % Jaguare und zu 50 % die Superform. Kurz erwähnen möchte ich, dass die üblichen (und auch hier gebrauchten) Ausdrücke „co-dominant" etc. hier nicht ganz korrekt angewendet werden, sich aber so eingebürgert haben, sodass es nur noch mehr Verwirrung stiften würde, wenn ich jetzt davon abweichen würde. Alle Jaguare, die nach wie vor reinras-

Dieses zehn Monate alte Jungtier wurde direkt aus der in Deutschland erstmals aufgetauchten „Zebramorphe" von Paul Harris in England gezüchtet.
Foto: P. Harris

Die ersten von Dr. S. Stone gezüchteten „Albino-Teppichpythons" (*M. s. variegata*). Auf diesem Bild sieht man den Schlupf „albinotischer" (amelanistischer) und heterozygoter Jungtiere.

Foto: S. Stone

sig sind, also unvermischte *M. s. mcdowelli*, nennt man Regular Jaguar (normaler Jaguar), bei allen Designer-Jaguaren nennt man die eingekreuzte Art/Form mit im Namen. Hier einige Beispiele: Dschungel-Jaguar = Regular Jaguar × *M. s. cheynei* (Dschungel-Teppichpython); Papua-Jaguar = Regular Jaguar × *M. s. harrisoni* (Papua-Teppichpython); Bredli-Jaguar = Regular Jaguar × *M. bredli* (Bredls Python) usw. Siblinge werden nach demselben Muster benannt: Dschungel-Jaguar-Sibling, Papua-Jaguar-Sibling, Bredli-Jaguar-Sibling etc. Außerdem sind noch die sogenannten „Ozelot-Jaguare" aufgetreten, die ein etwas anderes Muster haben. Wie es hier mit der Genetik steht, ist noch unklar. Auch gibt es bereits Jaguar-Albinos und axanthische Jaguare.

Erstzüchter dieser Mutation war Jan Eric Engell aus Schweden. Bei dieser Morphe tritt bei einigen Exemplaren das sogenannte „Wobbling" (siehe unten) auf. Das ist bisher im *M.-spilota*-Komplex ausschliesslich bei den Jaguaren beobachtet worden. Aber in der Terraristik generell handelt es sich dabei nicht um ein reines „Jaguarphänomen", denn man kennt es ebenfalls von *Python regius,* hier bei der „Spider-Morphe". Bei ihr ist übrigens noch eine Paralelle in der Vermehrung zum Jaguar zu finden, und zwar ist wie beim Jaguar die Superform (beim Jaguar sind das Leuzisten) nicht lebensfähig.

Das sogenannte „Wobbling" ist eine Art Koordinations- bzw. Gleichgewichtsstörung, die Tiere verdrehen ihren Hals und manchmal auch ihren Vorderkörper sehr unkontroliert. Besonders kann man dies in Stresssituationen beobachten. Nicht jeder Jaguar bekommt das Wobbling, und es gibt anscheinend auch keinen sicheren Zeitpunkt bzw. ein bestimmtes Alter, wann ein Jaguar eventuell daran „erkrankt". Je nach Ausprägung muss man sich natürlich überlegen, ob man solche Tiere weiterzüchtet – die Lebenserwartung verringert das Phänomen normalerweise nicht.

Das Ergebnis von Rückkreuzungen

Oft sieht man Prozentzahlen oder Generationsangaben neben der „Jaguarbezeichnung", wie z. B. „75%ige Papua-Jaguare" oder „Papua-Jaguar 2. Generation". In beiden Fällen wird das Gleiche ausgesagt, nämlich dass es sich hier um eine weitere „Rückkreuzung" der aufgeführten Form handelt (in diesem Fall Papua-Jaguar × *M. s. harrisoni*). Diese „Rückzüchtungen" werden in naher Zukunft noch häufiger auftreten, dann heißt es z. B. „88 % Papua-Jaguar" – da ist dann ein „75%iger Papua-Jaguar" wiederum mit einem *M. s. harrisoni* verpaart worden. Diese „Hochzucht" verfolgt nur einen Sinn, nämlich die „Qualitätsverbesserung" von Farbe und Muster. Neben den Regular Jaguars und den verschiedensten Designer-Jaguaren sind aber auch noch High-Contrast-Hypo- und Red-Hypo-Jaguare geschlüpft. Diese drei Varianten sind ebenfalls bei J. E. Engell das erste Mal aufgetreten, und zwar bei der Weiterzucht von Regular Jaguars. High-Contrast-Jaguare unterscheiden sich am wenigsten von Regular Jaguars, sie sind einfach etwas deutlicher gezeichnet und haben etwas leuchtendere Farben; Hypo-Jaguare sind viel klarer und „sauberer" gezeichnet und haben deutlich kräftigere Farben. Red-Hypo-Jaguare sind die auffallendsten dieser drei Mutationen, da sie mit rötlichen Musterelementen schlüpfen, später als Adulti extrem sauber gezeichnet sind und wirklich brillante Farben zeigen. Diese drei Jaguar-Formen lassen sich heute ganz gezielt reproduzieren, indem man einen Red-Hypo-Jaguar mit einem Red-Hypo-Sibling verpaart. Heraus kommen dann alle drei Varianten zu etwa gleichen Teilen. Das ist auch ein schönes Beispiel für den Sinn von Siblingen bei der Jaguar-Zucht: Verpaart man nämlich einen Red-Hypo-Jaguar mit einem beliebigen Teppichpython, bekommt man „nur" Hypo-Jaguare und High-Contrast-Jaguare, aber keinerlei Red-Hypo-Jaguare.

Granit-Teppichpythons

Eine weitere sehr spektakuläre Zeichnungsmutation ist vor Jahren bei Piet Nuyten in den Niederlanden bei der Zucht des Papua-Teppichpythons (*M. s. harrisoni*) aufgetreten: der sogenannte Granit-Teppichpython. Das Körpermuster dieser Tiere besteht nur noch aus einer feinen Sprenkelung.

Die Mutation vererbt sich rezessiv. Diese Art der Vererbung dürfte wohl den meisten geläufig sein, vom Albino-Königspython und vom Albino-Tigerpython beispielsweise. Bei einem rezessiven Erbgang gibt es homozygote Tiere (das sind in diesem Fall dann die Granit-Teppichpythons, die diese Mutation sowohl im Phänotyp, dem äußeren Erscheinungsbild, als auch im Genotyp aufweisen), die ihre Mutation zu 100 % weitergeben. Außerdem existieren heterozygote Tiere (diese sehen wildfarben aus, vererben aber die Mutation nur genotypisch, nicht jedoch phänotypisch). Diese heterozygoten Tiere werden im Terrarianer-Slang nur kurz „hets" genannt. Verpaart man nun einen Granit (also ein homozygotes Tier) mit einem wildfarbenen (nicht heterozygoten) *M. s. harrisoni*, bekommt man zu 100 % heterozygote Tiere, also wildfarbene Pythons mit der genetischen Ausstattung für die Granitmutation. Verpaart man einen Granit mit einem für Granit heterozygoten Exemplar, bekommt man 50 % homozygote (Granit-Teppichpythons) und 50 % heterozygote (wildfarbene, aber Granitmutation vererbende) Schlüpflinge.

Etwas komplizierter wird es nun, wenn man ausschließlich „hets" (heterozygote) miteinander verpaart. Dann bekommt man in

Aus der Zucht von Jan E. Engell stammt dieser so genannte „Red Hypo Jaguar". Dieses Bild zeigt ein noch juveniles Exemplar – sind diese „Hypo-Jaguare" erst einmal adult, sehen sie noch spektakulärer aus

Foto: A. Hogner

einem Gelege im statistischen Mittel 25% homozygote, 50% heterozygote und 25% Jungtiere, die ausschließlich die Merkmale der Wildform vererben (mit denen man also keine Granit-Teppichpythons züchten kann). Die heterozygoten Tiere aus solch einem Gelege kann man ja leider nicht von den wildfarbenen Exemplaren unterscheiden, die die Mutation nicht vererben. Deshalb nenn man diese heterozygoten Tiere „66%ige hets", einfach weil eine Chance von etwa zwei Dritteln besteht, ein heterozygotes Exemplar aus all diesen wildfarbenen zu erwischen (die Tiere, die heterozygot sind, sind es natürlich zu 100 %!). Verpaart man nun einen „het" mit einem nicht für die Granitmutation heterozygoten Teppichpython, bekommt man sogenannte „50%ige hets", d. h. 50 % der Schlüpflinge sind „hets" (und es gibt keine homozygoten Schlüpflinge!). Mittlerweile existiert auch schon eine Kreuzung mit der Jaguar-Mutation, die sogenannten Granit-Jaguare.

Außerdem wurden diese Morphe mit der Zebra-Mutation, Caramel-Morphe und natürlich Albinos gekreuzt.

Zebras und Caramels

Eine weitere co-dominante Mutation ist hier in Deutschland beim Dschungel-Teppichpython (*M. s. cheynei*) aufgetreten, die sogenannte Zebra-Mutation. Dies ist eine Zeichnungsmutation, die den Tieren eine eng gestreifte und etwas „zackelige" Musterung beschert. Die Superform ist elfenbeinfarben ohne ausgeprägte Zeichnungselemente. Natürlich wurden auch diese Exemplare bereits mit der Jaguarmutation gekreuzt und haben Zebra-Jaguare hervorgebracht, außerdem gibt es auch schon Zebra-Albinos.

Ebenfalls co-dominant ist die Caramel-Mutation, entstanden bei der Zucht von *M. s. mcdowelli*. Diese sind Tiere sind vermutlich hypomelanistisch. Auch diese Tiere wurden schon mit Jaguaren verpaart, und heraus kamen sehr schöne Caramel-Jaguare. Wenn man Caramel × Caramel verpaart bekommt man Supercaramels.

Insgesamt ist über die Caramel-Variante aber noch nicht alles bekannt.

Amelanistische und axanthische Pythons

Es existieren aber auch noch einige weitere wirklich spektakuläre rezessive Morphen, wie etwa amelanistische (allgemein als „Albinos" bekannte) Teppichpythons. Amelanistisch bedeutet „ohne Schwarz" oder „kein Schwarz".

Anfang der 1990er-Jahre fand man auf einem Campingplatz in der Nähe der Stadt Darwin (Northern Territory) einen albinotischen Rautenpython – um eine Gardine gewickelt hing er über einer Spüle. Er ist weiblich und aufgrund des Fundortes *M. s. variegata* zuzurechnen. Dieses Tier, Blondy genannt, ist im Besitz von Dr. Simon Stone (Adelaide) und hat sich mehrfach vermehrt. Simon Stone hat jetzt zum ersten Mal Tiere der F_1-Generation miteinander verpaart und dadurch 25 % Albinos und 75 % wildfarbende Jungtiere bekommen. Die Jungtiere sind zunächst stark rötlich gefärbt, hellen dann aber nach den ersten Häutungen noch etwas auf.

Hier in Europa wurden sie das erste Mal bei einem Pythonzüchter in Schweden vermehrt. Amelanistische Rautenpythons sind nicht nur extrem hübsch, sie bieten auch züchterisch ein enorm großes und interessantes neues Aufgabenfeld. So wird es wohl in naher Zukunft neben den normalen Albinos auch alle anderen Mutationen als albinotische Exemplare geben und sogenannte Snow-Tiere geben (die biologisch echten Albinos, denen alle Farbpigmente in Haut und Iris fehlen). Snow bekommt man, wenn man amelanistische Tiere mit axanthischen Tieren (siehe auch weiter unten) verpaart. Die Mutation Snow ist schon bei verschiedenen anderen Schlangenarten bekannt, es sind mehr oder weniger komplett weiße Exemplare mit roten Augen; manchmal haben sie noch einen kleinen Rest an Musterung.

Ebenfalls rezessiv und derzeit sehr begehrt sind axanthische Teppichpythons. Axanthisch bedeutet übersetzt „ohne Gelb" oder „kein Gelb". Diese schwarz-grauen bzw. schwarz-weißen Tiere sind nicht nur besonders attraktiv, sie sind auch besonders begehrt, da viele Züchter gerne schwarz-weiße Jaguare und auch die weiter oben bereits erwähnten Snow-Teppichpythons züchten würden. Sehr interessant bei axanthischen Teppichpythons ist die Tatsache, dass heterozygote Tiere etwas zur Streifenmusterung neigen.

Ebenfalls eine „Doppel-Mutation: Albino-Jaguar

Foto: D. Büter Wildisen

Aus den USA sind außerdem Tiger-Teppichpythons der Unterart *M. s. mcdowelli* bekannt geworden. Hier herrschen aber verschiedene Meinungen, wie sich diese Mutation nun tatsächlich vererbt. Tiger-Teppichpythons sind relativ hell und kontrastreich gefärbt und bestechen durch ihr oft extrem gestreiftes Muster.

Mutationen bei Bredls Python

Vor einigen Jahren sind in den USA die ersten hypomelanistischen Bredls Pythons (*M. bredli*) gezüchtet worden. Hypomelanistisch bedeutet „wenig Schwarz". Durch diese Mutation sind die betreffenden Bredls Pythons extrem kräftig rot gefärbt.

In Australien existieren auch einige wirklich ausgefallene Exemplare wie z. B. eine hypomelanistische *M. bredli* sowie ein schwarz-weißer Bredls Python, die beide in freier Wildbahn gefunden wurden. Aber auch bei australischen Züchtern gibt es einiges Interessantes, wie diverse hypomelanistische Varianten sowie Tiere, die fast ohne jegliches Muster sind.

Ungeklärte Erbgänge

Was man bei Rautenpythons im Allgemeinen sehr oft findet, sind Exemplare mit einer Streifenmusterung. Diese vererbt sich aber wohl nur in Ausnahmefällen (siehe z. B. heterozygot für axanthisch).

Neben Mutationen, deren Erbgänge mittlerweile gut bekannt sind, gibt es auch einige spektakuläre Exemplare, die das Potenzial für eine tolle neue Morphe besitzen, deren Vererbung aber noch unklar oder gänzlich unbekannt ist. Hierzu zählen z. B. der Labyrinth-Teppichpython (von *M. s. mcdowelli*), High-Red-Bredls Pythons (aus solchen Tieren entstehen in nächster Generation oft hypomelanistische Tiere) und die Grünen Papua-Teppichpythons (*M. s. harrisoni*).

Drei verschiedene Morphen aus einem Gelege: Super Ghost, Super Ghost Jaguar und Caramel (Super?) aus der Zucht von Wayne Larks

Foto: W. Larcombe

Die Morphenzucht wird immer beliebter, nicht nur, weil die Nachfrage nach solchen Tieren steigt, sondern einfach auch, weil die verschiedensten Kombinationen immer wieder neue Varianten ergeben. Bedenkt man die Entwicklung der letzten fünf Jahre bei Kornnatter und Königspython, dann kann man auch bei den Rautenpythons spekulieren, dass wir gerade erst ganz am Anfang der Mutationszucht stehen.

Insgesamt wird man beim Thema Farbmutationen, Musterungsvarianten, Albinos usw. in den nächsten Jahren sicher noch einige Überraschungen erleben, denn der Trend geht allgemein – nicht nur bei Rautenpythons, sondern auch bei Königspythons und Boas – in die Richtung, immer mehr solcher ausgefallenen Tiere gezielt zu züchten. Dafür bietet sich der Rautenpython geradezu an, da er sehr variabel ist und dadurch zufällig immer neue Varianten entstehen. Solch eine Farb- und Musterzucht ist natürlich sehr spannend, z. T. lukrativ und eine Art züchterisches Lotteriespiel, wodurch sie für manche Schlangenhalter zur Obsession wird.

Das gesamte Thema, sowohl die Vermischung der Unterarten/Arten als auch die Farbzucht, wird aber auch immer wieder und teils sogar sehr hitzig diskutiert. Viele Terrarianer lehnen jede gezielte Zucht ab und fordern, die natürlichen Farbvarianten und Unterarten möglichst natürlich zu erhalten.

Meine Meinung zu diesem Thema ist Folgende: Allgemein sind Rautenpythons sehr leicht zu vermischen, und es schlüpfen auch immer wieder ausgefallen gefärbte Tiere, die oft beträchtliche Preise unter Liebhabern erzielen. Eine Weiterzucht mit solchen Schlangen ist natürlich sehr lukrativ und dadurch verführerisch. Allerdings sollte dies nicht unbedingt immer und auch nicht um jeden Preis geschehen, da dann häufig die positiven Eigenschaften einer Tierart verloren gehen. Meine ganz persönliche Toleranzgrenze bei dieser „Kunstzucht" ist bei allem sofort erreicht, was unter natürlichen Bedingungen nicht mehr möglich wäre, bzw. bei der Vermischung verschiedener Arten.

Da sich aber die gewollte Kreuzung einiger Unterarten, wie z. B. die „Crossingzucht" und die gezielte Farbzucht, weder einschränken noch verhindern lässt, meine ich, dass sie zu tolerieren ist, wenn all diese Tiere einwandfrei deklariert werden und der potenzielle Käufer darüber aufgeklärt wird, was er da gerade erwirbt. Bei dieser Thematik sollte aber die Arterhaltung der Wildform in den verschiedenen Unterarten nicht vergessen bzw. vernachlässigt werden.

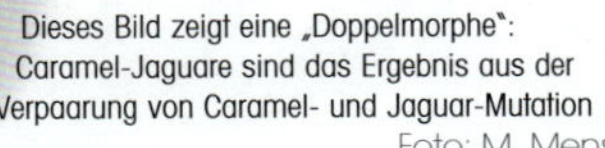

Dieses Bild zeigt eine „Doppelmorphe": Caramel-Jaguare sind das Ergebnis aus der Verpaarung von Caramel- und Jaguar-Mutation
Foto: M. Mense

Teil 3: Die Arten und Unterarten

Bestimmungsschlüssel und Kurzbeschreibung aller Rautenpythons

Bestimmungsschlüssel dienen in erster Linie dazu, Tiere einer bestimmten Art bzw. Unterart zuzuordnen. Um es aber gleich vorwegzunehmen: Eine nachträgliche Bestimmung von Terrarientieren ist nur noch z. T. möglich, niemals aber hundertprozentig sicher. Man kann anhand von Bestimmungsschlüsseln dann nur sagen, dass das untersuchte Tier vermutlich zur Unterart xy gehört, was aber nichts über seine Reinrassigkeit aussagt. Züchtet man diese „bestimmte" Unterart über mehrere Generationen und schlüpfen dabei immer nur Tiere, die man ausschließlich dieser Unterart zuordnen kann, ist die Wahrscheinlichkeit sehr hoch, dass es sich tatsächlich um reinrassige Tiere handelt. Das heißt dann aber immer noch nicht, dass nicht irgendwann mal eine andere Art, Unterart oder Variante mit

Diese beiden Tiere stammen aus dem Besitz des Autors. Da sich die beiden Schlangen derzeit noch nicht vermehrt haben, lässt sich leider auch nichts über deren Vererbung sagen. Foto: M. Mense

eingekreuzt gewesen sein könnte. Also gibt es einfach keine hundertprozentige Garantie bei Terrarientieren, wenn nicht der genaue Fundort der Ursprungsexemplare und deren weitere Geschichte genauestens bekannt sind. Dennoch sind solche Bestimmungsschlüssel oft hilfreich, denn in manchen Fällen kann man durch sie zwar nicht mehr die „originale" Variante bzw. Unterart bestimmen, aber durchaus eine Vermutung weiter eingrenzen oder sogar eine Reinrassigkeit nahezu ausschließen, wenn sich zwei oder mehrere signifikante Eigenschaften zweier oder mehr Unterarten nachweisen lassen.

In freier Wildbahn ist eine Bestimmung anhand solch eines Schlüssels etwas einfacher, wenn man sich nicht gerade im Überlappungsgebiet der Vorkommen zweier Unterarten oder in einer Region mit noch nicht bestimmten Unterarten befindet. Aber auch in so einem Fall ist ein Bestimmungsschlüssel hilfreich, da man durch ihn gegebenenfalls weiter eingrenzen bzw. beweisen kann, ob es sich um Hybriden oder eine neue Unterart handelt. Bei Hybriden besteht allerdings immer die Gefahr, in die Irre geführt zu werden, da sie durchaus alle äußerlichen Eigenschaften nur einer Art/ Unterart aufweisen können. In meinem Besitz befindet sich genau solch ein Tier, *M. spilota spilota* × *M. spilota cheynei*, das in Färbung, Musterung und Beschuppungsmerkmalen *M. s. spilota* entspricht. Es ist aber deutlich kleiner als ein reinrassiger Diamantpython; würde man das Alter dieses Tieres nicht kennen, könnte man es nicht als Hybrid identifizieren.

Ich habe versucht, nach Literaturangaben, Mitteilungen von Freunden und eigenen Daten einen Bestimmungsschlüssel zu erstellen, der die sichersten bzw. prägnantesten Merkmale berücksichtigt und hervorhebt. Die Erstellung solch eines Bestimmungsschlüssels ist aber bei einer variablen Art wie dem Rautenpython sehr schwierig, zumal viele Eigenschaften und Merkmale von Unterart zu Unterart überlappend und oder fließend sind. Zudem ist die Systematik innerhalb des *Morelia-spilota*-Komplexes immer noch umstritten, und sie wird es wohl auch noch eine Weile bleiben. Dennoch hoffe ich, dass der Bestimmungsschlüssel hilfreich ist, selbst wenn sich herausstellen sollte, dass die ein oder andere „Unterart" in Wirklichkeit gar keine ist – dann kann man damit doch immer noch die geographischen Varianten auseinanderhalten.

Die Beschuppungsmerkmale stellt man unter Terrarienbedingungen am einfachsten anhand einer Häutung fest, da man darauf die relevanten Schuppen farblich markieren und in Ruhe zählen und auswerten kann, ohne die Schlange selbst zu behelligen. Bei überlappenden Merkmalen versucht man herauszufinden, welche davon bei der einen oder anderen Art/ Unterart prägnanter oder öfter zu finden sind oder welche Merkmale die eine oder andere zu untersuchende Art/Unterart sonst noch aufweist (hier ist dann auch wiederum manchmal die Kurzbeschreibung hilfreich).

Die Kurzbeschreibungen sollen in erster Linie zum Nachschlagen dienen. Die für eine Art bzw. Unterart typischen Merkmale (und ihr Vorkommen) sind in der Kurzbeschreibung fett gedruckt. Die arttypischen Beschuppungsmerkmale kann ich in den Tabellen nicht gesondert hervorheben, da ich sie sonst vergleichend darstellen müsste. Bei einigen Unterarten bzw. Arten gehe ich aber im anschließenden Text auf einige Beschuppungscharakteristika ein und stelle zum Teil auch Vergleiche an. Deshalb empfehle ich die Beschuppung usw. generell immer mit der Unterart zu vergleichen, die untersucht werden soll. Andere Merkmale bzw. Eigenschaften werden so gut es geht erklärt.

Kurzbeschreibung

Morelia spilota spilota – Diamantpython

49 Schuppen um die Körpermitte
261–280 Ventralia
71–85 Subcaudalia
11–14 Supralabialia (2–3 Supralabialschilde berühren das Auge, normalerweise das 6. und 7. oder das 7. und 8. oder das 6., 7. und 8.)
17–20 Infralabialia (eine Reihe von 7–8 Infralabialia mit Grübchen fängt vor dem Auge an, normalerweise bei dem 8. Infralabialschild)
14–19 Lorealia
3–4 Praeocularia
5–6 Postocularia
3–4 Supraocularia
7–9 Schuppen zwischen den Supraocularschuppen

Der Diamantpython ist in der Regel sehr leicht zu erkennen, da sein Gesamterscheinungsbild im Gegensatz zu den meisten anderen Rautenpythons das eines stark gesprenkelten bzw. sehr fein gemusterten Pythons ist. Er ist in der Regel klar, sauber und kontrastreich gemustert, inkl. der Kopfmusterung. Der Diamantpython gehört mit bis zu 300 cm Körperlänge zu den größeren Rautenpythons, durchschnittlich wird er gute 200 cm lang und ist kräftig gebaut. Beim Diamantpython werden die Weibchen größer und massiger als die Männchen. Von den Männchen ist keinerlei agonistisches Verhalten bekannt (weder Komment- noch Beschädigungskämpfe). *Morelia spilota spilota* besitzt oft relativ wenig Subcaudalschuppen.

Das Vorkommen erstreckt vom Norden New South Wales', wo es zur Vermischung mit Morelia spilota mcdowelli kommt, die Küste entlang bis zur Ostspitze Victorias. Der Diamantpython ist der am südlichsten vorkommende Vertreter des Morelia-spilota-Komplexes (und der am südlichsten vorkommende Python überhaupt).

Eine noch relativ junge *Morelia s. spilota* aus der Nähe von Sydney (NSW) Foto: V. Franz

Morelia spilota cheynei – Regenwald-Teppichpython Dschungel-Teppichpython

43–49 Schuppen um die Körpermitte
256–271 Ventralia (durchschnittlich 261)
80–88 Subcaudalia (durchschnittlich 83)
12–14 Supralabialia (das 6. und 7. oder das 7. und 8. berühren das Auge)
18–20 Infralabialia (7–8 mit Grübchen, ab dem 7. oder 8. Infralabialschild)
13–21 Lorealia (bei den von mir durchgeführten Zählungen der Beschuppung schwarzweißer M. s. cheynei kam ich jedoch nie auf mehr als 15 Lorealia, meistens waren es 13 oder 14)
3–4 Praeocularia
4–5 Postocularia
3–4 Supraocularia
3–5 Schuppen zwischen den Supraocularschuppen (meistens sind es nur drei Schuppen, die rechte und die linke Schuppe sind dann nicht oder nur leicht vergrößert, und die

mittlere Schuppe (Frontale) ist fast immer stark vergrößert (fast immer ungeteilt). Das findet man zwar manchmal auch bei anderen Rautenpythons, es ist aber ganz typisch für *M. s. cheynei*.)

Das Gesamterscheinungsbild von *M. s. cheynei* ist das eines kleinen bis mittelgroßen, meistens sehr kontrastreich gemusterten und oft intensiv und klar gefärbten Teppichpythons. Die Farbe und Musterung bestehen bei *M. s. cheynei* immer aus Schwarz mit einer gelblichen bis gelben Musterung oder aus Schwarz mit einer gräulich weißen bis weißen Musterung. Die Kopfmusterung ist klar, kontrastreich und recht markant (oft der von *M. s. harrisoni* recht ähnlich). Eine kräftige dunkle Linie führt immer vom Auge zur Nasalschuppe, oft sogar bis auf sie hinauf. Eine weitere dunkle Linie zieht sich durch die Grübchen der Infralabialschuppen unter dem Auge entlang. Diese beiden dunklen Linien findet man zwar auch bei einigen anderen Teppichpythons, aber man kennt m. W. keine *M. s. cheynei* ohne sie. Außerdem sind diese Linien bei *M. s. cheynei* meistens besonders intensiv ausgeprägt. Infralabialia und Supralabialia oft mit dunklen bis schwarzen, länglichen, senkrecht verlaufenden Flecken.

Durchschnittlich wird dieser Python nicht größer als 170–190 cm (nie deutlich über 200 cm) und ist eher schlank und muskulös als kräftig untersetzt. Barker & Barker (1994) geben an, dass die Körpergröße kein gutes Unterscheidungskriterium sei, weil es durchaus auch größere Exemplare von *M. s. cheynei* gebe und von der im angrenzenden Gebiet lebenden *M. s. mcdowelli* auch manchmal kleine Vertreter. Meiner Meinung nach sollte man die Körpergröße aber durchaus zur Unterscheidung hinzuziehen, da es normalerweise um ein durchschnittliches Tier geht und nicht um einige Ausnahmeexemplare. Außerdem könnte eine starke Vermischung zwischen *M. s. cheynei* und *M. s. mcdowelli* in Australien für diese Ausnahmegrößen verantwortlich sein. Die Körpergröße sollte als ein Kriterium von mehreren und natürlich nicht alleinig ausschlaggebend bewertet werden. Wenn also ein Exemplar alle Eigenschaften von *M. s. cheynei* aufweist, aber 220 cm lang und schlank ist, ist in diesem Fall die Körpergröße nicht relevant, da sie für die Unterart durchaus erreichbar ist. Findet man jedoch ein Tier mit einer Körperlänge von 240 cm und einem Gewicht von 4.000–5.000 g, wäre ich persönlich aber sehr skeptisch (unabhängig vom restlichen Habitus).

Sehr schön gefärbter, schwarzgelber Dschungel-Teppichpython aus der englischen Zucht von Paul Harris
Foto: P. Harris

Vergleichend kann man dann aber auch noch die Ventralia zählen, *M. s. cheynei* besitzt normalerweise maximal 271 Ventralia (256–271), *Morelia s. mcdowelli* besitzt hingegen in der Regel 270–300 Ventralia.

Männchen werden bei dieser Unterart größer und wuchtiger als die Weibchen und weisen im Körperverhältnis oft einen deutlich längeren Kopf auf. Von den Männchen sind untereinander Komment- und Beschädigungskämpfe sind bekannt. Lebensraum ist der primäre Regenwald (als einziger Vertreter aus dem Morelia-spilota-Komplex), dort vor allem entlang den Ufern von Flüssen und anderen Gewässern. *Morelia s. cheynei* ist wohl der am stärksten arboricol lebende Rautenpython. Sein Verbreitungsgebiet ist auf einen schmalen Gürtel in Nordost-Queensland begrenzt, es erstreckt sich etwa vom Cape Tribulation National Park südlich die Küste entlang bis etwa zu den Orten Ingham/Bambaroo.

Morelia spilota harrisoni (ehemals als *Morelia s. variegata* geführt) – Papua-Teppichpython

44–51 Schuppen um die Körpermitte
239–273 Ventralia (durchschnittlich 263)
71–81 Subcaudalia (durchschnittlich 76)
11–14 Supralabialia (6. und 7. oder 7. und 8. berühren das Auge)
17–20 Infralabialia (7–8 mit Grübchen ab dem 7. oder 8. Infralabialschild)
11–16 Lorealia
2–3 Praeocularia
3–5 Postocularia
3–4 Supraocularia
4–6 Schuppen zwischen den Supraocularia-schuppen (wovon die mittlere Schuppe (Frontale) manchmal etwas vergrößert ist – meistens nur, wenn sie ungeteilt ist

Das Gesamterscheinungsbild ist mit einer Körpergröße von 140–200 cm das eines kleinen bis mittelgroßen, schlanken, muskulösen, oft röt-

Viele Papua-Teppichpythons (*M. s. harrisoni*) sind herrlich rot-orange gefärbt. Manche Exemplare besitzen einen hellen Dorsalstreifen, alle haben aber auf jeden Fall eine ausgeprägte Kopfmusterung. Foto: M. Mense

lichen, meist quer gebänderten Rautenpythons. Über den Rücken verläuft oft eine helle Längslinie. Supralabialia und Infralabialia sind meistens stark mit länglichen, senkrecht verlaufenden Flecken markiert. Die Kopfmusterung ist recht markant, oft an eine dreizackige Krone erinnernd und bis ins hohe Alter stark ausgeprägt (insgesamt der Kopfmusterung von *M. s. cheynei* recht ähnlich).

Männchen werden bei dieser Unterart etwas größer und wuchtiger als die Weibchen. Durchschnittlich ist dies wohl der kleinste aller Rautenpythons (neben *M. s. cheynei).*

Von den Männchen sind untereinander Komment- und Beschädigungskämpfe bekannt.

Lebensraum sind hauptsächlich relativ trockene küstennahe Eukalyptussavannen, wo dieser Python zum größten Teil bodenbewohnend ist. *Morelia s. harrisoni* ist von allen Rautenpythons der am wenigsten arboricol lebende.

Das Verbreitungsgebiet erstreckt sich nach heutigem Wissensstand hauptsächlich entlang der Südküste Papua-Neuguineas bis in den indonesischen Teil West-Papuas (ehemals Irian Jaya) (mit teilweise sehr großen Verbreitungslücken dazwischen), dort etwa bis zum Ort Merauke.

Morelia s. harrisoni besitzt manchmal relativ wenig Ventralia (ab 239 Stück), besonders häufig aber relativ wenige Subcaudalia (ab 71 Stück).

Morelia spilota imbricata – Westaustralischer Teppichpython

41–49 Schuppen um die Körpermitte herum

239–276 Ventralia (nach Smith [1981] durchschnittlich 260,6)

63–82 Subcaudalia (nach Smith [1981] durchschnittlich 75,3)

11–15 Supralabialia (1–4 Supralabialschilde (normalerweise 2–3) berühren das Auge, meistens das 6. und 7., das 6.–8., manchmal auch das 7. und 8. oder das 7.–9.);

Ein adulter Westaustralischer Teppichpython *M. s. imbricata* aus der Nähe von Perth (WA) Foto: V. Franz

16–20 Infralabialia (6–8 Infralabialschilde, meistens 7, besitzen Grübchen, meistens ab dem 8. oder 9. Infralabialschild)

17–23 Lorealia

3–5 Praeocularia

4–5 Postocularia

3–4 Supraocularia

Das Gesamterscheinungsbild ist meistens das eines schwarzbräunlichen oder schwarzgrünlichen und mittelgroßen, aber kräftig gebauten Rautenpythons. *Morelia s. imbricata* besitzt häufig auf der Unterseite drei dunkle bis schwarze Längsstreifen, vor allem im hinteren Drittel des Bauches. Männchen erreichen etwa 120–180 cm, Weibchen ca. 220–270 cm, wobei die Weibchen deutlich massiger sind und bis zu 10 Mal schwerer. Auf der Inselgruppe St. Francis (vor Südaustralien) sind die Tiere insgesamt kleiner und wirken eher rötlich braun. Von den Männchen ist untereinander keinerlei agonistisches Verhalten bekannt.

Besonders auffallend ist die z. T. sehr geringe Anzahl von Subcaudalschuppen: *Morelia s. imbricata* besitzt teilweise nur 63 Subcaudalschuppen. Ebenfalls auffallend ist die teils sehr geringe Anzahl von Ventralschuppen (ab 239 Ventralia!). Vordere Dorsalbeschuppung stark überlappend und oft lanzettförmig. Nasalschuppe in der Regel sehr rundlich geformt und ohne typische Falte bzw. Naht im hinteren Bereich.

Das Verbreitungsgebiet liegt im Südwesten Westaustraliens und ist bis auf eine Inselgruppe (St. Francis) vor Südaustralien von den anderen Rautenpythons völlig isoliert.

Morelia spilota mcdowelli – McDowells Rautenpython

40–60 Schuppen um die Körpermitte
270–300 Ventralia
80–90 Subcaudalia
11–14 Supralabialia (das 6. und 7. berühren meist das Auge)
18–21 Infralabialia (eine Reihe von 7–8 Infralabialschilden mit Grübchen, normalerweise beginnend mit dem 9. oder 10. Infralabialschild)
16–20 Lorealia (Die von BARKER & BARKER [1994] durchgeführte Schuppenzählung der fünf Exemplare aus Bundaberg bis Port Douglas wurde hier nicht berücksichtigt, da schon weit vor Port Douglas das Verbreitungsgebiet von *M. s. cheynei* beginnt und ich leider nicht weiß, wie viele dieser fünf Tiere aus dem eigentlichen Verbreitungsgebiet von *M. s. cheynei* stammten.)
3–4 Praeocularia
4–6 Postocularia
3 Supraocularia
3–8 Schuppen zwischen den Supraoculariaschuppen (meistens sind es 5–6 Schuppen, gelegentlich sind eine oder mehrere davon vergrößert)

Der Habitus ist der eines bräunlichen oder rötlich braunen, meistens nicht sehr kontrastreich gemusterten, großen Teppichpythons. Besonders die Kopfmusterung ist oft nur schwach ausgeprägt, wenn sie aber vorhanden ist, wirkt sie oft etwas quadratisch und meistens nicht besonders kompakt, sondern eher offen.

Morelia s. mcdowelli bringt mit bis zu 400 cm Länge und über 7 kg Körpergewicht die schwersten und größten Tiere innerhalb des *Morelia-spilota*-Komplexes hervor. Die Männchen sind größer und schwerer als die Weibchen. Männchen bestreiten untereinander Kommentkämpfe, die auch in Beschädigungskämpfe umschlagen können. Das Vorkommen erstreckt sich (vermutlich) vom Norden von Cape York in einem breiten Gürtel durch Queensland bis in den Norden von New South Wales, wo es zur Vermischung mit *M. s. spilota* kommt. *Morelia s. mcdowelli* findet man sehr oft in suburbanen und teilweise sogar in urbanisierten Gegenden, wie Farmen, Plantagen, Vorgärten usw. (und sogar in deren Gebäuden). Generell kann man diese Unterart wohl als opportunistisch bezeichnen, da sie in den verschiedensten Habitaten vorkommt (außer im Regenwald) und sich an veränderte Lebensräume sehr gut anpassen kann.

Porträtaufnahme eines McDowells Teppichpythons (Bundaberg QLD)

Foto: R. Hoser

Semiadulte Tiere, so wie dieses, haben oft schon die sehr schöne Färbung adulter Inland-Teppichpythons (*M. s. metcalfei*). Foto W. Kok

Morelia spilota metcalfei – **Grauer Inland-Teppichpython; Inland-Teppichpython; Metcalfes Teppichpython**

40–46 Schuppen um die Körpermitte (durchschnittlich 43,5)
268–289 Ventralia (durchschnittlich 278)
78–87 Subcaudalia (durchschnittlich 83,3)
12–14 Supralabialia (das 6. und 7. berühren das Auge)
16–22 Infralabialia (6 oder 7 Infralabialschilder mit Grübchen ab dem 9. oder 10. Schild)
13(5)–21 Lorealia (WELLS & WELLINGTON [1985] geben beim Holotypus 5 Lorealia an)
3–4 Praeocularia
4–5 Postocularia
3 Supraocularia
4 Schuppen zwischen den Supraoculariaschuppen

Das Gesamterscheinungsbild ist das eines mittelgroßen, muskulösen, meistens grauschwarz gefärbten bzw. gemusterten Rautenpythons. Manche Exemplare sind hellgrau und haben schwarze und rötlich braune Musterungselemente, selten findet man aber auch insgesamt bräunlich grauschwarz gefärbte Individuen. Der Habitus kann von wenig kontrastreich, dunkel „schmutzig" bis sehr kontrastreich klar gezeichnet und hell gefärbt reichen. Die Kopfmusterung besteht bei *M. s. metcalfei*, für diese Unterart ganz typisch, aus einer stilisierten Pfeilspitze oder einem spitz zulaufenden Trapez aus meistens nur dünnen Linien.

Der obere Rand des Nasenloches berührt in der Regel die Internasalschuppe, wenn ausnahmsweise nicht, dann besitzt das Nasenloch nur einen sehr schmalen Rand. Nasalschuppe manchmal ohne oder oft nur mit einer angedeuteten Falte bzw. Naht im hinteren Bereich. Die Körpergröße beträgt durchschnittlich 170–190 cm, dabei können die Tiere aber recht kräftig wirken. Komment- und Beschädigungskämpfe sind bekannt.

Das Vorkommen liegt in Nord-Victoria, New South Wales, in South Australia und im südlichen Queensland.

Lebensraum sind oft sehr aride Gegenden, dort werden dann aber ausschließlich die (fruchtbaren) bewachsenen Ufer von Flussläufen bewohnt. Oft findet man diese Tiere in Baumhöhlen, insgesamt ist *M. s. metcalfei* relativ stark arboricol.

Morelia spilota variegata – Darwin-Teppichpython

46–49 Schuppen um die Körpermitte
259–294 Ventralia (nach Barker & Barker [1994] durchschnittlich 286; nach Smith [1981] bei Tieren in Western Australia durchschnittlich 285,2)
81–91 Subcaudalia (nach Barker & Barker durchschnittlich 87,2; im Kimberley District (Nordwest-Australien) von Smith [1981] untersuchte Exemplare mit durchschnittlich 83,2)
11–14 Supralabialia
16–20 Infralabialia
11–15 Lorealia
2–3 Praeocularia
4–5 Postocularia
1–4 Supraocularia
3–6 Schuppen zwischen den Supraoculariaschuppen

Der Habitus dieses Pythons ist der eines mittelgroßen, manchmal recht massigen, oft rötlich braunen, meist quer gebänderten Rautenpythons. Die Kopfmusterung neigt bei vielen älteren Exemplaren dazu, verwaschen und einfarbig zu werden oder manchmal sogar ganz zu verschwinden. Die Körpergröße beträgt durchschnittlich 160–190 cm, einige Exemplare werden aber auch etwas über 200 cm lang.

Dieser Darwin-Teppichpython (*M. s. variegata*) trägt nicht nur den Namen der Stadt im Norden des Northern Territory, sondern dieses Exemplar wurde auch in der Nähe von Darwin gefunden und fotografiert. Foto R. Hoser

Männchen werden bei dieser Unterart größer und wuchtiger als Weibchen. Von den Männchen sind untereinander Komment- und Beschädigungskämpfe bekannt.

Es werden verschiedene Lebensräume besiedelt, wie felsige Gegenden mit Busch- oder Baumbewuchs, offene Wälder, Eukalyptussavannen und Monsunwälder, in denen diese Tiere überwiegend baumbewohnend sind.

Das Verbreitungsgebiet erstreckt sich vom Nordosten in Western Australia (Kimberley District) über den Norden des Northern Territory inkl. einiger Inseln (Bathurst Is., Melville Is., Groote Is.,) bis in den Nordwesten von Queensland (Gulf of Carpentaria, Anfang der Cape-York-Halbinsel) hinein – wie weit, ist noch nicht sicher geklärt.

Morelia bredli - Bredls Python

Morelia bredli wird hier ganz allgemein mit dem *Morelia-spilota*-Komplex verglichen. Besonderheiten, vor allem die Unterschiede der Schuppenanzahl, werden im Vergleich zu allen Unterarten des *Morelia-spilota*-Komplexes fett gedruckt dargestellt.

52–54 Schuppen um die Körpermitte
280–310 Ventralia
80–120 Subcaudalia
13–15 Supralabialia
19–21 Infralabialia (7–8 Infralabialschilde besitzen Grübchen, vorm Auge beginnend, meistens vom 10.–16., manchmal vom 9.–16. oder auch vom 11.–17.)
29–40 Lorealia
3–5 Praeocularia
5–7 Postocularia
3–5 Supraocularia

Die Gesamterscheinung ist die eines rötlichen, manchmal aber auch bräunlichen,

Porträtaufnahme von *M. bredli*. Auf diesem Bild sieht man sehr gut die für Bredls Pythons ganz typische, sehr feine Kopfbeschuppung.
Foto: W. Kok

überwiegend quer gebänderten, oft recht kräftig gebauten und mit durchschnittlich 160–200 cm Körperlänge mittelgroßen Pythons (Gesamtlängen von 260 cm kommen aber auch vor). Komment- und Beschädigungskämpfe sind bekannt. Höchstwerte einiger Schuppen, die oben hervorgehoben werden, sind bei keinem Vertreter des *Morelia-spilota*-Komplexes zu finden. Bei der Anzahl der Lorealia gibt es überhaupt keine Überlappung, denn selbst die Zahl von 29, geschweige denn 40, wird von keiner *Morelia spilota* erreicht. *Morelia bredli* wird in der Anzahl der Lorealia hier – außerhalb der *Morelia-spilota*-Unterarten – lediglich noch von *M. carinata* übertroffen (55 oder mehr).

Das Vorkommen beschränkt sich auf Zentralaustralien, relativ isoliert vom Vorkommen des *Morelia-spilota*-Komplexes, denn die nächstgelegenen Fundorte befinden sich vermutlich ca. 500 km voneinander entfernt. Hauptverbreitung ist wohl die Macdonnell-Range. Die Art ist überwiegend arboricol, Lebensraum sind mit Büschen und oder Bäumen bewachsene felsige Gegenden, oft aber auch Gewässerufer mit Busch- oder Baumbewuchs.

Morelia carinata - Rauschuppenpython

45 Schuppen um die Körpermitte
292–298 Ventralia
83–89 Subcaudalia
14–15 Supralabialia (7. und 8. berühren das Auge)
16–17 Infralabialia (5–6 mit Grübchen, vom 9.–14. oder vom 10.–14.)
55 Lorealia (BARKER & BARKER [1994] geben 55 oder mehr an)
4 Praeocularia
6–7 Postocularia
3–4 Supraocularia
3–5 Schuppen zwischen den Supraoculariaschuppen
–Frontalia deutlich bis extrem vergrößert

(Die Zahlenangaben der Praeocularia, Postocularia, Supraocularia und der Schuppen zwischen den Supraocularia basieren auf eigenen Auszählungen weniger Exemplaren anhand von Fotos.)

Das Gesamterscheinungsbild ist das eines rötlich braunen, schlanken und mit etwas mehr als 200 cm Länge mittelgroßen Pythons, dessen Kopf sich besonders deutlich vom Hals absetzt. Die Kopfmusterung ist nicht stark ausgeprägt und nicht besonders markant. *Morelia carinata* besitzt besonders große Fangzähne. Bei der Pholidose bietet *M. carinata* einige Besonderheiten: Sie besitzt meistens ein extrem, immer jedoch sehr stark vergrößertes Frontale und ist der weltweit einzige Python, der auch gekielte Schuppen hat. Sie zeigt außerdem eine besonders hohe Anzahl an Lorealia (55 oder mehr). *Morelia carinata* lebt höchst wahrscheinlich endemisch in den Kimberleys in Western Australia, dort findet man sie in Schluchten der noch vorhandenen Reststücke der Monsunwälder. Sie ist vermutlich überwiegend arboricol. *Morelia carinata* und ihr Lebensraum sind strengstens geschützt.

Auf diesem Bild sieht man besonders gut das vergrößerte Frontale.

Foto: D. G. Barker, mit freundlicher Unterstützung des Australia Reptile Park

Bestimmungsschlüssel für ***Morelia bredli***, ***Morelia carinata*** und die Unterarten von ***Morelia spilota***

[1] Dorsale und obere laterale Schuppenreihen gekielt; Frontalschild extrem vergrößert . . . . ***Morelia carinata***

— Ohne gekielte Schuppen; Frontalschild nicht auffällig vergrößert . . . . [2]

[2] 29 oder mehr Lorealia; bis zu 310 Ventralia und bis zu 120 Subcaudalia . . . . ***Morelia bredli***

— weniger als 29 Lorealia . . . . [3]

[3] Habitus immer der eines dunklen und gesprenkelten Pythons; sehr dunkle bis schwarze Grundfarbe mit meistens kleinen weißlichen bis weißen oder gelblichen bis gelben Flecken; sonstige Musterung aus einer sehr feinen Sprenkelung bestehend, bei dieser sind die hell gefärbten Schuppen überwiegend nur im Kern hell mit schwarzem Rand; Musterung einiger Tiere nur aus dieser Sprenkelung bestehend (ohne Fleckung) . . . . ***Morelia spilota spilota***

— Habitus deutlich anders . . . . [4]

[4] Oberer Rand des Nasenloches berührt in der Regel die Internasalschuppe; überwiegend grau gefärbt mit dunkelgrauer bis schwarzer Musterung, diese manchmal im Kern braun bis rötlich braun; ausgeprägte markante Kopfmusterung, meistens aus schmalen Linien, in Form einer Pfeilspitze oder eines spitz zulaufenden Trapezes. . . . . ***Morelia spilota metcalfei***

— Oberer Rand des Nasenloches berührt die Internasalschuppe normalerweise nicht . . . .[5]

[5] Nasalschuppe meist ohne typische Falte bzw. Naht zwischen Nasenöffnung und Hinterrand; Vordere Dorsalbeschuppung stark überlappend, manchmal lanzettförmig; Habitus der eines grünlich braun bis schwarzbraun gefärbten und meist wenig kontrastreich gemusterten Pythons; Kopfmusterung oft nur schwach ausgeprägt, wenig markant; oft wenig Subcaudalia (63–82); deutlicher Geschlechtsdimorphismus: Weibchen bis doppelt so lang und bis zu 10 Mal schwerer als Männchen . . . . ***Morelia spilota imbricata***

— Nasalschuppe in der Regel mit Spalte bzw. Naht zwischen Nasenöffnung und Hinterrand . . . .[6]

[6] Dunkel bis schwarz gefärbt, mit kontrastreicher weißlicher bis weißer oder gelblicher bis gelber großflächiger Musterung; oft geringelt wirkend; Kopfmusterung ausgeprägt und markant; immer mit einem dunklen Streifen vom Auge bis zur oder auf die Nasalschuppe; dunkle Linie unterm Auge durch die Grübchen der Infralabialia verlaufend; schlank und klein bleibend, nie deutlich über 200 cm; 256–271 Ventralia . . . . ***Morelia spilota cheynei***

— Heller, bräunlich und wenig kontrastreich gefärbt; dunkel eingefasste paarige oder als längliche Musterung verschmolzene und oft schräg über den Rücken verlaufende Flecken; Kopfzeichnung unregelmäßig und meistens nicht sehr markant; 270–300 Ventralia; größte und schwerste Unterart, oft deutlich über 300 cm . . . . ***Morelia spilota mcdowelli***

— Rötlich, rotbraun, seltener oliv-bräunlich gefärbte und dunkel bis schwarz umrandete Fleckung; oft geringelt wirkend; manchmal mit einem hellen dorsalen Längsstreifen; Kopfmusterung oft nur schwach ausgeprägt, wenig markant und mit zunehmendem Alter deutlich verblassend; 259–294 Ventralia; 81–91 Subcaudalia; Schlüpflinge auffallend rot gefärbt . . . . ***Morelia spilota variegata***

— Färbung, Fleckung und Schlüpflinge wie oben; Kopfmusterung markant, oft an eine dreizackige Krone erinnernd und bis ins hohe Alter stark ausgeprägt; 239–273 Ventralia; nur 71–81 Subcaudalia . . . . . . ***Morelia spilota harrisoni***

Morelia bredli (Gow, 1981)

Deutscher Name

Bredls Python (Terrarianer-Slang: Bredli)

Englische Namen

Centralian Python oder Bredl´s Python

Beschreibung

Insgesamt handelt es sich bei *Morelia bredli* – wenn man es mit einem rötlichen oder gar rot gefärbten Vertreter dieser Art zu tun hat – mit Sicherheit um einen der schönsten Rautenpythons und einen der schönsten Pythons überhaupt.

Morelia bredli wurde früher als Unterart von *Morelia spilota* bewertet (*M. s. bredli*), bis Gow sie 1981 zur eigenständigen Art erhob. Bis heute ist der Artstatus nicht von allen Herpetologen und Taxonomen anerkannt. In schließe mich der vorherrschenden Auffassung an, da sich *M. bredli* durch eine besonders hohe Anzahl einiger Schuppen (besonders sei dabei auf die Lorealia, Subcaudalia und die Schuppen um die Körpermitte hingewiesen) vom *Morelia-spilota*-Komplex doch erheblich unterscheidet.

Bredls Pythons sind vom Gesamterscheinungsbild häufig sehr kräftig gebaute, seitlich leicht abgeflachte, fein beschuppte, rötliche oder rötlich braune, sehr attraktive Rautenpythons.

Morelia bredli wird durchschnittlich 160–200 cm lang, wobei Exemplare von 230 cm aber auch keine große Seltenheit sind. Fyfe (1990) berichtet, dass zehn aus einer Stichprobe von etwa 100 Tieren eine Länge von 240 cm überschritten hatten. Gow (1981) gibt als größte Körperlänge 265 cm an.

Aus der australischen Zucht von Dr. S. Stone stammt dieses besonders schöne Exemplar von *M. bredli*. Durch in vier Generationen betriebene Selektion entstanden Tiere mit besonders hohen Rot- und geringen Schwarzanteilen in der Musterung. Foto: S. Stone

Porträt von *Morelia bredli* Foto: D. G. Barker, mit freundlicher Unterstützung von K. Walker

Große Exemplare von mehr als 2 m erreichen häufig auch einen beträchtlichen Körperumfang. Eines meiner Tiere ist so kräftig gebaut, dass es ohne Mühe ein mittleres bis großes Meerschweinchen bzw. ein mittleres Zwergkaninchen zu jeder Fütterung vertilgt.

Der Schwanz ist wie bei allen Rautenpythons relativ lang und als Greiforgan ausgebildet, der selbst von großen Exemplaren noch genutzt wird, da auch recht stattliche Bredls Pythons immer noch gern klettern.

Der sehr kräftige Kopf setzt sich deutlich vom Hals ab, noch etwas deutlicher als bei den meisten der anderen Rautenpythonarten.

Die Iris ist mit einer gelblichen, silbergrauen, hellgrauen oder mittel- bis dunkelgrauen dichten Netzmusterung durchzogen, sodass das Auge gesprenkelt und oft auch relativ hell wirkt. Die Zunge ist leuchtend blau gefärbt.

Die Grundfarbe des Körpers kann leicht rötlich, hellrot, mittelrot bis wunderschön ziegelrot, aber auch leicht bräunlich bis sogar fast dunkelbraun sein. Bei *M. bredli* wird die Färbung im Körperverlauf nach hinten hin immer intensiver, sodass diese Tiere dann im vorderen Teil wesentlich heller wirken als im hinteren. Bei rötlichen Exemplaren erscheint das erste Körperdrittel oft hellrot bis orange, das hintere Körperdrittel eher ziegelrot. Das hängt damit zusammen, dass die Tiere im hinteren Bereich ganz allgemein mehr schwarzes Pigment besitzen. Man sieht das auch sehr schön an den hellen Musterungselementen, die am Kopf und im ersten vorderen Drittel des Körpers meistens überhaupt nicht oder nur ganz leicht dunkel

Kontrollierte Aufenthalte im Freien sind bei sommerlichen Temperaturen durchaus möglich. Wichtig ist, dass man eine etwaige Überhitzung oder Unterkühlung vermeidet. Foto: E. v. d. Poel

eingefasst sind. Dies wird dann nach hinten hin aber immer intensiver, sodass im hinteren Bereich des Körpers die helle Musterung oft dunkel, meistens sogar schwarz eingerahmt ist.

In freier Wildbahn sind Bredls Pythons meistens heller und rötlicher gefärbt als im Terrarium gehaltene Tiere, bei einigen frisch gefangenen Tieren verliert sich unter Terrarienbedingungen nach 3–4 Monaten oft auch ein Großteil der rötlichen Färbung. Fyfe (1990) vermutet, dass dies mit der Lichtintensität oder mit UV-Licht in Zusammenhang steht. Da ich bei all meinen Rautenpythons bei regelmäßiger UV-Bestrahlung tendenziell intensivere und kontrastreichere Färbungen feststellen konnte, halte ich es sogar für höchstwahrscheinlich, dass dieser Rotverlust durch UV-Mangel entsteht. Allerdings darf man von UV-Licht auch keine Wunder erwarten. So wurde mir von einem Freund ein Pärchen *M. bredli* gebracht, das überwiegend bräunlich gefärbt war. Eine Umfärbung trat jedoch auch mit UV-Bestrahlung nicht ein. Die Farben wurden bei den Tieren lediglich etwas intensiver, aber nicht rot oder rötlich. Eine weitere Erklärung wäre, dass der Verlust der rötlichen Körperfarbe nicht nur durch mangelnde UV- Bestrahlung, sondern in erster Linie durch ein Unwohlsein der Tiere hervorgerufen wird. Das würde dann auch erklären,

Etwa 40 km südlich von Alice Springs (NT) fand man dieses adulte, vermutlich hypomelanistische Exemplar von *Morelia bredli*.
Foto: D. G. Barker, mit freundlicher Unterstützung von Gavin Bedford

warum der Nachwuchs in der Wildnis gefangener Tiere – die die unter Terrarienbedingungen ihre rötliche Färbung verloren haben – wieder eine rötliche Grundfarbe aufweisen. Denkbar auch, dass die intensivere Rotfärbung wild lebender *M. bredli* mit der Nahrung in Zusammenhang steht. Das ist aber meiner Meinung nach eher nicht sehr wahrscheinlich, da sie sich vermutlich zum größten Teil aus verschiedenen Säugetierarten zusammensetzt. All diese Erlärungsansätze sind rein spekulativ und zum jetzigen Zeitpunkt noch nicht einmal teilweise geklärt.

Die Musterung ist wie bei allen Rautenpythons recht variabel, wobei *M. bredli* immer leicht geringelt bzw. quer gebändert wirkt. Die Farbe des hellen Musters variiert zwischen Gelb, Gelblich, Hellgelb, einem schmutzigen Gelb oder Gelbbraun.

Die Oberseite des Kopfes ist rötlich mit hellen Schläfenstreifen, zwei hellen Flecken im hinteren Bereich des Kopfes – zwischen den Schläfenstreifen – und einem runden Fleck in der Region des Stirnbeins. Außerdem findet man zwei helle Linien, die an den Mundwinkeln beginnen, an der Kopfseite aufsteigen, um dann an der Schädelbasis aufeinander zuzulaufen. Einige Tiere haben noch eine weitere Linie, die vor den Augen quer über die Schnauze zieht.

Im Nacken und Halsbereich zeigen sich häufig mehrere paarig angeordnete Flecken, die dann im Verlauf zur Körpermitte hin immer mehr zu Querbändern verschmelzen.

Der Schwanz ist oft komplett geringelt.

Die Unterseite von *M. bredli* ist gelb, gelblich, cremefarben, elfenbeinweiß oder weiß. Kinn und Hals sind meistens ungefleckt. Im ersten Drittel des Bauches finden sich meist keine oder nur wenige dunkle bis schwarze Flecken, die dann nach hinten aber deutlich mehr und meistens auch deutlich größer werden. Diese dunkle Fleckung erstreckt sich vor allem über den äußeren Rand der Ventralschuppen, etwa in der Mitte findet man oft eine längliche, leicht dunkle oder rötliche Färbung.

Gow (1981) macht zur Beschuppung folgende Angaben:

Der Holotyp aus dem Pitchie Ritchie Park, Alice Springs, Northern Territory, ist durch folgende Merkmale charakterisiert: 293 Ventralia; 90 Subcaudalia; Analschild ungeteilt; 54 Schuppen um die Körpermitte; 14 Supralabialia; 20 Infralabialia; 15 Schuppen berühren das Auge; 11 Schuppen in einer Linie zwischen den Augen über den Kopf führend.

Allgemein zu *Morelia bredli* gibt er Folgendes an: 52–54 Schuppen um die Körpermitte; 13–15 Supralabialia; 19–21 Infralabialia; 13–17 Schuppen berühren das Auge.

Zur Beschuppung des Kopfes erwähnen Barker & Barker (1994): ein Paar Internasalia, die zur Mitte hin entweder teilweise zusammenstoßen oder durch kleine, granuläre Schuppen getrennt sind; gewöhnlich ein Paar vergrößerter Praefrontalia, die mit den Internasalia in Verbindung stehen, jedoch nicht mittig; der Rest der Schuppen auf der Oberseite des Kopfes ist klein, z. T. auch granulär; 3–5 Praeocularia;

Bewachsene Flussufer – hier ein saisonal Wasser führender Fluss in der Trephinal George – sind eines der bevorzugten Habitate von Bredls Python (*M. bredli*).

Foto: V. Franz

Ein weiteres Habitat von *M. bredli*, felsige Landschaften mit losem Baumbewuchs, vielen Versteckmöglichkeiten und sicheren Wasserstellen – dieses Bild stammt ebenfalls aus der Trephinal George. Foto: V. Franz

3–5 Supraocularia; 5–7 Postocularia; 29–40 Lorealia auf jeder Seite des Kopfes; Schnauze mit tiefen Gruben, wie auch die vorderen 2 oder 3 Supralabialia; 13–15 Supralabialia; 19–21 Infralabialia, 7–8 davon mit Grübchen.

Laut Cogger (1992) gilt: Anale ungeteilt; 280–310 Ventralia; 80–120 Subcaudalia; 52–54 Schuppen um die Körpermitte.

Lebensraum, Verbreitung und Freilandbiologie

Das Hauptverbreitungsgebiet ist die Mcdonnell Range, ein Bergmassiv im Süden des Northern Territory. Weiterhin findet man *M. bredli* in einigen kleineren Bergketten der näheren Umgebung (Barker & Barker 1994). Der nördlichste Fundort ist „The Granites“ in der Tanami-Wüste, der südlichste „Henbury Station“ am Finke River (Fyfe 1990). In ihrem Verbreitungsgebiet leben Bredls Pythons meistens in felsigem Gelände, wo sie sich während der heißesten Tagesstunden – denn gerade in den Sommermonaten wird es in diesem Lebensraum oft unerträglich heiß – in kühlere Höhlen, Geröllansammlungen oder nach Fyfe (1990) auch in Kaninchenbaue zurückziehen. Viele Exemplare wurden in Bäumen und der Ufervegetation entlang dem Todd River und dem Charles River gefunden (Barker & Barker 1994). Nach Ehmann (1992) werden besonders gern dicht stehende Annsammlungen des „River Red Gum“-Baumes mit *Acacia* oder anderem dichten Unterwuchs als Unterschlupf genutzt.

Wie alle Rautenpythons sind auch Bredls Pythons hervorragende Kletterer, weshalb man sie in freier Wildbahn häufig auf Bäumen und Büschen antrifft. *Morelia bredli* hält sich besonders oft in der Nähe von Wasseransammlungen auf. Wie mir ein Australier aus Alice Springs berichtete, nutzen dort einige dieser Pythons (aber auch andere Schlangen) die Nähe der Ortschaften, weil es hier reichlich Wasser zu finden gibt, da die Gärten ständig bewässert werden und es außerdem kleine Teiche und Swimmingpools gibt. Außerdem locken dieser Wasserreichtum und so mancher Zivilisationsmüll einige Säugetiere wie z. B. Ratten an, was den Pythons ebenfalls nicht ungelegen kommt.

Grundsätzlich ist *M. bredli* überwiegend nachtaktiv, man trifft sie aber auch in den frühen Morgen- und Abendstunden häufig beim Sonnenbaden an.

In ihrem natürlichen Lebensraum fressen Bredls Pythons hauptsächlich Säugetiere. Fyfe (1990) berichtet, dass sehr häufig Kaninchen, hin und wieder Fels-Wallabys (*Petrogale lateralis,* eine kleine Känguru-Art) bis zu einem Gewicht von 3 kg und in einem Fall auch eine fast ausgewachsene Hauskatze erbeutet wurden. Es gibt also anscheinend keinerlei Spezialisierung auf ein bestimmtes Futtertier, lediglich die Größe der Beute muss zur Körpergröße des Pythons passen.

Im Winter sind die Temperaturen im Verbreitungsgebiet oft so niedrig, dass diese Pythons dann – außer gelegentlichem Sonnenbaden – kaum noch Aktivitäten zeigen.

Verbreitungsgebiet von *Morelia bredli*

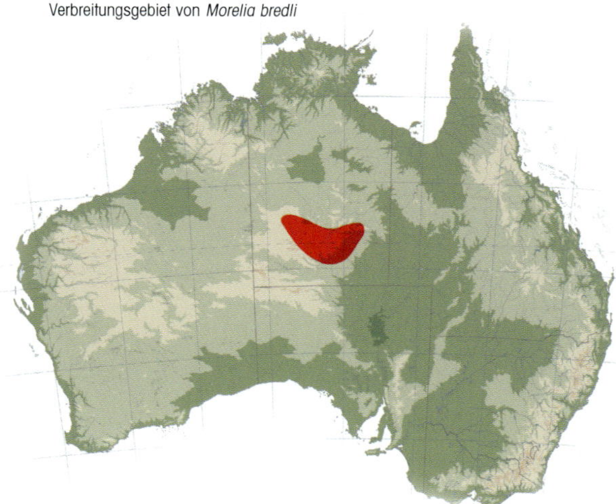

Laut Fyfe (1990) finden Paarungen im australischen Frühling zwischen August und September statt, während dieser Zeit kann man dann oft Pärchen beim gemeinsamen Sonnenbad beobachten. Zur Eiablage kommt es gewöhnlich zwischen Oktober und Dezember, frisch geschlüpfte Jungtiere werden meistens zwischen Januar und Februar gefunden. Interessanterweise berichtet Fyfe in diesem Zusammenhang von einem Weibchen, das in der Nähe einer Baumhöhle beim Sonnen angetroffen wurde. Bei näherer Untersuchung wurden dort annähernd Schalen von 70 älteren Pythoneiern gefunden. Die Menge an Eiern lässt vermuten, dass diese Aushöhlung von mehreren Pythonweibchen oder von einem Pythonweibchen mehrfach als Inkubationsstätte ausgewählt wurde.

Haltungsbedingungen

Wie alle Rautenpythons ist auch *M. bredli* sehr bewegungsfreudig, weshalb man zur artgerechten Pflege ein großes Terrarium benötigt.

Bei mir ist jeweils ein Pärchen in einem Terrarium untergebracht. Tiere mit einer Länge von ca. 180–190 cm halte ich in Terrarien mit den Maßen 200 × 100 × 160 cm (L × T × H), heranwachsende mit einer Körperlänge von ca. 120 cm in Terrarien mit den Maßen 140 × 60 × 120.

Ausgestattet ist das Terrarium in der für Rautenpythons üblichen Art und Weise mit einer Felsrück- und Seitenwandverkleidung, reichlich Kletterästen, einer großen Wasserschale, die auch zum Baden genutzt werden kann, und einigen Versteckplätzen.

Beleuchtet wird das Terrarium mit einer oder mehreren Neonröhren (am besten mit UV-Anteil) und einem (oder je nach Terrariengröße mehreren) Strahler, dessen Lichtkegel auch gerne zum Sonnenbaden aufgesucht werden. Die Strahler dienen gleichzeitig auch als Heizung, da sich durch sie das gesamte Terrarium erwärmt. Vorteilhaft ist aber trotzdem noch eine zusätzliche milde Bodenheizungen für die Wasserschale und eventuell für eine Schlupfkiste.

Frisch geschlüpfte Bredls Pythons sind zunächst bräunlich bis gräulich braun, mit heller Musterung, aber noch nicht rötlich gefärbt. Foto: M. Mense

Die allgemeine Lufttemperatur sollte tagsüber bei 26–28 °C liegen, lokal – z. B. unter einem Strahler – dürfen die Temperaturen 35–45 °C betragen oder sogar leicht darüber. Wichtig ist, verschiedene Temperaturzonen innerhalb des Terrariums zu schaffen, damit die Pythons jederzeit eine Ausweichmöglichkeit haben. Nachts dürfen die Temperaturen auf Zimmertemperatur abfallen (ca. 19–20 °C), da es im natürlichen Lebensraum nachts auch recht kalt werden kann. Diese Angaben beziehen sich nur auf semiadulte und adulte Tiere, für juvenile gilten andere (siehe dazu das Kapitel Aufzucht).

Häufig sind Bredls Pythons sehr sauber und kontrastreich gefärbt, so wie auch dieses Exemplar, was sie bei Pythonhaltern sehr beliebt macht. Foto: P. Harris

Die allgemeine Luftfeuchtigkeit sollte tagsüber bei 55–70 % und nachts bei 65–80 % liegen, generell sind Bredls Pythons hierbei nicht besonders anspruchsvoll. Hält man sie jedoch dauerhaft viel zu feucht oder zu trocken, bekommen auch diese Tiere Probleme mit der Haut und eventuell sogar mit den Atemwegen.

Gefüttert werden sie wie oben im allgemeinen Teil erwähnt, nur sind einige Tiere so kräftig gebaut, dass sie kein Problem haben, sehr große Ratten, mittlere Meerschweinchen oder auch kleine Kaninchen zu bewältigen.

Vermehrung

Um *M. bredli* zur Vermehrung zu bewegen, muss man einen ausgeprägten jahreszeitlichen klimatischen Rhythmus bieten. Dazu nutzt man die Temperaturen im Terrarium und die Lichtlänge. Bei mir hat sich seit Jahren folgender Zyklus bewährt:

Von etwa März/April bis September/Oktober halte ich diesen Python bei durchschnittlichen Tagestemperaturen von 27–30 °C, lokal bei ca. 35–45 °C oder leicht darüber (Strahler/Sonnenplatz), nächtlichen Tiefsttemperaturen von ca. 20–23 °C und einer Beleuchtung von 12–13 Stunden.

Von September/Oktober bis November/Dezember verkürze ich die Beleuchtungsdauer langsam auf ca. neun Stunden, belasse die Tagestemperaturen wie gehabt, senke aber die nächtlichen Tiefsttemperaturen allmählich auf ca. 18–20 °C ab. In dieser Zeit beginnen die Männchen dann schon oft, das Futter zu verweigern und besonders kühle Stellen im Terrarium aufzusuchen. In den Wintermonaten, etwa von November/Dezember bis Januar, verkürze ich die Beleuchtungsdauer nochmals um ca. eine Stunde auf acht Stunden täglich. Die durchschnittlichen Tagestemperaturen dürfen jetzt auch langsam auf ca. 22–25 °C sinken, und die nächtlichen Tiefsttemperaturen fallen auf ca. 18–20 °C. Lokal muss aber gerade in dieser Zeit eine Möglichkeit zum Aufheizen geboten werden, damit die Tiere ihren Energiebedarf decken können. Der Sonnenplatz mit rund 35–45 °C muss also nach wie vor für ca. 6–8 Stunden täglich zur Verfügung stehen. In dieser Phase des Jahreszyklus kann man gewöhnlich die meisten Paarungen registrieren. Zwischen Januar und Februar setze ich dann Temperaturen und

Morelia bredli produziert oft sehr große Gelege von manchmal 30 Eiern und mehr. Foto: P. Harris

Lichtlänge wieder auf den normalen Wert für den Sommer herauf.

Das muss ebenfalls wieder Schritt für Schritt und ganz langsam geschehen, damit sich die Tiere darauf einstellen können. Zwischen Februar und April sind die meisten Weibchen dann schon trächtig, weshalb ich ihnen in dieser noch frühen Phase der Trächtigkeit schon eine Schlupfkiste/Eiablagebox mit einer milden Heizung – vor allem für die Nacht – zur Verfügung stelle, damit sie nicht all zu sehr herunterkühlen.

Dieses Exemplar wurde im Orange Creek in den Mcdonnell Ranges entdeckt.
Foto: V. Franz

Die letzte Häutung während der Trächtigkeit findet ca. 3–4 Wochen (21–30 Tage) vor der Eiablage statt, nach Barker & Barker (1994) beträgt diese Zeitspanne 25–32 Tage.

Das Gelege wird bei dem oben angegebenen Jahreszyklus meistens zwischen März und Mai abgesetzt und besteht durchschnittlich aus 15–25 Eiern. Gow (1981) dokumentierte zwei Gelege mit 13 respektive 47 Eiern.

Bei Paul Harris (schriftl. Mittlg.) bestand ein Gelege 2002 aus 34 Eiern und war 1.820 g schwer, ein weiteres, aus dem Jahr 2003, umfasste 31 Eier (ohne Gewichtsangabe). Es gab je zwei unbefruchtete Eier und jeweils eine Zwillingsgeburt.

Bei mir setzte ein recht großes Weibchen beim Erstgelege bereits 34 Eier ab, im darauffolgenen Jahr sogar 38 Eier.

Inkubiert werden die Eier bei 31–32 °C und einer Luftfeuchtigkeit von über 90 %. Bis zum Schlupf der Jungtiere vergehen dann ca. 50–70 Tage, je nach Bruttemperatur. Die Schlüpflinge sind ca. 40 cm lang und gänzlich anders gefärbt als die Elterntiere, nämlich relativ trist, hell- bis dunkelbraun mit einer hellbeigen bis gelblichen Musterung.

Die Aufzucht bereitet normalerweise keinerlei Schwierigkeiten und geschieht in der für Rautenpythons üblichen Art und Weise. Nach 15–18 Monaten haben dann die Jungtiere meist schon eine Größe von 120–140 cm sowie ein Gewicht von 700–800 g erreicht und lassen schon erahnen, wie sie später einmal aussehen werden, da sie in diesem Alter schon ansatzweise ihre rötliche Färbung zeigen. Eine komplette Umfärbung findet dann innerhalb der ersten drei Lebensjahre statt, wobei auch dieser Python seinen „optischen Höhepunkt" etwa zwischen dem dritten und siebenten Lebensjahr erreicht. Die Geschlechtsreife erlangen die Männchen nach 2,5–3,5 Jahren, die Weibchen nach ca. 3–4 Jahren.

Wie fast alle Rautenpythons ist *M. bredli* ein sehr gut zu haltender und dankbarer Pflegling, der sich bei artgerechter Haltung gut zur Fortpflanzung bewegen lässt. Auch sind gerade „Bredlis" besonders gut zu handhaben, da sie, außer als sehr junge Tiere, die friedlichsten aller Rautenpythons sind. Über diese „Beißfaulheit" wird sogar von wild lebenden Exemplaren berichtet.

Vom zurzeit recht hohen Anschaffungspreis einmal abgesehen, ist dieser Python durch die einfachen Haltungsbedingungen und durch sein freundliches, neugieriges Wesen ein geradezu idealer Terrarienpflegling, den ich jedem interessierten Terrarianer nur empfehlen kann.

Morelia carinata (Smith, 1981)

Deutscher Name

Rauschuppenpython

Englischer Name

Rough Scaled Python

Vorabbemerkung

Einige Leser werden sich wundern, dass ich als Privatperson *Morelia carinata* pflege, die seltenste Pythonart der Welt. Deshalb will ich hier kurz beschreiben, wie ich an diesen höchst interessanten Python gekommen bin.

Im Herbst 2011 wurde ein australischer Tierschmuggler an einem der größten deutschen Flughäfen vom Zoll mit einem Beutel voller Schlangen erwischt. Neben einigen anderen Arten waren sehr viele Teppichpythons, Diamantpythons und fast ein Dutzend Rauschuppenpythons dabei. Diese waren alle recht unterschiedlich groß, weshalb wir davon ausgehen, dass sie aus verschiedenen Gelegen (Jahren) stammen.

Mir wurden vom Bundesamt für Naturschutz (Bonn) neben verschiedenen Teppichpythons auch fünf Rauschuppenpythons überlassen. Die anderen vier Exemplare kamen in zwei deutsche Zoos. Nach Angabe von Dr. Fritz (Auffangstation München) hatten alle Rauschuppenpythons bis dahin hartnäckig seit Wochen jegliche Futteraufnahme verweigert. Nachdem ich die Tiere von der Reptilien-

Die Färbung besteht bei Rauschuppenpythons hauptsächlich aus rötlich braunen und beigen Farbtönen. Man hat noch nie ein Exemplar mit schwarzem Pigment in der Musterung gefunden. Foto: D. G. Barker, mit freundlicher Unterstützung des Australia Reptile Park

Auffangstation in München abgeholt hatte, wurden alle *M. carinata* einzeln in kleinen Glasterrarien untergebracht. Nach etwa einer Woche bot ich zum ersten Mal Futter an, das von allen Exemplaren verweigert wurde. Da mir bewusst ist, wie und wo der Rauschuppenpython lebt – und er nach heutigem Wissen näher mit *M. viridis* als mit *M. spilota* verwandt ist –, brachte ich in jedem Terrarium Plastikpflanzen und zusätzliche Kletteräste an. Etwa drei Tage später bot ich wieder Futter, und vier von fünf Tieren fraßen gierig. Das fünfte Exemplar nahm etwa eine Woche später auch Futter an, und bis heute sind alle fünf problemlose Fresser geblieben.

Morelia carinata im Terrarium des Verfassers. Die meisten Exemplare sind sehr aufmerksame und auch oft tagsüber aktive Tiere. Foto: M. Mense

Zur rechtlichen Situation noch ein paar Worte. Die beschlagnahmten und mir überlassenen Pythons sind und bleiben Eigentum der Bundesrepublik Deutschland und dürfen von mir nicht verkauft, abgegeben oder verliehen werden. Alle bei mir geschlüpften Nachzuchten gehen aber automatisch in mein Eigentum über, sodass ich auch frei über sie bestimmen darf (Verkauf, Tausch). Derzeit (2012) bin ich europaweit der einzige private Züchter, der legale Rauschuppenpythons im Bestand hat. Deshalb ist mir eine zukünftige Kooperation mit den wenigen Zoos in Europa und den USA, die ebenfalls *M. carinata* pflegen, sehr wichtig, um die Bestände immer mit möglichst „neuem Genmaterial" zu versorgen. Terrarianer, die sich in Zukunft solch einen prachtvollen Python zulegen möchten, seien noch darauf hingewiesen, die Herkunft der zu erwerbenen Tiere geauestens zu prüfen. Wie oben bereits erwähnt, haben nur eine Handvoll Zoos und ich legale Rauschuppenpythons. Stammen die Schlangen nicht nachweislich aus einer dieser Quellen, ist Vorsicht geboten. Bei solch einer extrem geringen Stückzahl an Tieren in Europa ist der Nachweis über die Legalität bzw. Illegalität eines Tieres sehr einfach zu erbringen.

Seit Ende der 1990er-Jahre besitze ich die meisten Rautenpythonarten. Der Rauschuppenpython ist und bleibt aber etwas ganz Besonderes – ob es an seinem besonderen Verhalten liegt, an der Tatsache, dass er fast ausgestorben ist oder an seinem außergewöhnlichen Aussehen – ich kann es selber nicht genau sagen. Nur eines ist gewiss: Jeder „*Morelia*-Freund" wird diese Tiere lieben.

Beschreibung

Morelia carinata ist ein schlanker und mit etwas mehr als 200 cm Länge mittelgroßer Python, dessen Kopf sich besonders deutlich vom sehr langen Hals absetzt. Der Schwanz ist lang und als Greiforgan ausgebildet.

Ein subadultes Tier im Terrarium des Autors. Deutlich sichtbar die stark vergrößerte Schuppe zwischen den Augen (Praefrontalia).

Foto: M. Mense

Die dunklen Musterelemente sind hellbräunlich, mittelbraun oder rötlich braun bis kastanienbraun. Interessanterweise gibt es offenbar keinerlei schwarze Farbelemente. Die hellen Musterelemente sind weißlich beige, beige über gelblich bis schmutzig gelbbraun. Die dunkle Musterung ist im vorderen Körperbereich sehr großflächig, wird dann aber im weiteren Körperverlauf nach hinten hin deutlich feiner. Die helle Musterung ist immer etwas länglich und auf dem Rücken meistens etwas versetzt anzufinden. An den Seiten – vor allem im hinteren Körperbereich – verläuft die helle Musterung im oberen Teil manchmal im Zickzack, im unteren oft senkrecht zum Bauch hin. Alle Musterelemente werden an den Seiten zum Bauch hin etwas heller. Der Bauch ist weißlich bis cremefarben, mit verstreuten länglichen dunkleren Flecken.

Der Kopf ist bei den meisten adulten Exemplaren nicht besonders intensiv und auch nicht sonderlich markant gezeichnet. Meistens findet man auf jeder Seite des Kopfes eine helle Linie vom seitlichen hinteren Bereich zum hinteren Rand des Auges und dann weiter vom Vorderrand des Auges in Richtung Nasale oder zur Kopfoberseite verlaufend. Außerdem finden sich einige hellere Flecken auf der Kopfoberseite. Der Kopf adulter Rauschuppenpythons wirkt aber insgesamt meistens wenig kontrastreich und überwiegend rotbraun gefärbt. Supralabialia und Infralabialia weisen oft dunkle, längliche und senkrecht verlaufende Flecken auf.

Morelia carinata verfügt über ein gewisses Farbwechselvermögen, wodurch sie nachts häufig weniger kontrastreich und etwas gräulich wirkt (BARKER & BARKER 1994). Bei meinen Tieren habe ich diesen Farbwechsel schon häufig beobachten können, am ausgeprägtestens an den ohnehin hellen Seitenpatien der Tiere.

Die Zunge ist blau. Die Augenfarbe kann zwischen recht hell silbrig Grau über Mittelgraublau bis zu recht dunkel Stahlgrau variieren und ist meistens mit Sprenkeln durchzogen. Meine fünf Tiere haben allesamt weißliche bis hell gräuliche/ hell bläuliche Augen.

Morelia carinata besitzt außerdem auffallend große Zähne – nur die einiger Giftschlangenarten dürften größer sein.

Bei der Pholidose gibt es einige Besonderheiten. Wenn man zum ersten Mal einen Rauschuppenpython sieht, fällt einem gleich das meistens extrem, immer jedoch sehr stark vergrößerte Frontale auf. Ebenfalls auffällig ist die bei manchen Exemplaren vorhandene wulstartig verdickte Schuppenreihe zwischen Nase und Auge auf der Kopfoberseite. Etwas ganz Besonderes ist aber, dass *M. carinata* auch gekielte Schuppen besitzt, die sich in erster Linie im oberen Körperbereich befinden. Das ist unter Pythons absolut einmalig und namensgebend für diese Art (auch im wissenschaftlichen Namen: lat. carinata = gekielt).

Zur Beschuppung gibt SMITH (1981) für den Holotypus an: Lorealia klein und zahlreich; 14–15 Supralabialia, von denen das 7. und 8. das Auge berühren; 16–17 Infralabialia, von denen das 9.–14. oder das 10.–14. mit Grübchen versehen sind; 298 Ventralia; Anale ungeteilt; 83 Subcaudalia, geteilt und ungeteilt; 45 Schuppen um die Körpermitte; mittlere Dorsalia am stärksten gekielt.

BARKER & BARKER (1994) geben die Anzahl der Lorealia mit 55 oder mehr an.

STORR et. al. (2002) machen zur Beschuppung folgende Angaben: Lorealia klein und zahlreich; 14–15 Supralabialia, von denen das 7. und 8. das Auge berühren; 16–17 Infralabialia, 5–6 mit Grübchen (9.–14.); 298 und 292 Ventralia; Anale ungeteilt; 83 und 89 Subcaudalia.

Die nun folgenden Zahlen basieren auf eigenen Auszählungen einiger weniger Exemplare anhand von Fotos und meiner fünf Exemplare:

4 Praeocularia; 6–7 Postocularia; 3–4 Supraocularia; 3–5 Schuppen zwischen den Supraocularia; Frontalia deutlich bis extrem vergrößert.

Lebensraum, Verbreitung und Freilandbiologie

Der Lebensraum von *M. carinata* liegt in einem so unzugänglichen Gebiet Australiens, dass man es nur per Helikopter oder von der Küste aus per Boot erreicht. Das ist vermutlich auch der Grund dafür, dass man diesen Python erst in den 1970er-Jahren entdeckte und er bis heute einer der am wenigsten erforschten Schlangen Australiens ist.

Das erste Exemplar wurde am 14. Januar 1973 an den Mitchell River Falls in Western Australia von Smith und Kollegen gefunden (SMITH 1981). Dieses Tier wurde aber versehentlich für einen Teppichpython gehalten,

Morelia carinata lebt vermutlich endemisch in den Schluchten der Kimberleys (WA). Das typische Habitat besteht aus den Restbeständen von Monsunwäldern.
Foto: M. O'Shea

genauso wie das zweite Individuum, das Smith & Johnstone 1987 in einem kleinen Reststück Monsunwald etwa 80 km westlich des Fundortes des ersten Tiers entdeckten. Beide Exemplare kamen in eine Museumssammlung (Kend 1997).

Der Lebensraum des Rauschuppenpythons (*M. carinata*) ist überwiegend von steil ansteigenden, rauen Felsmassiven gesäumt.
Foto: M. O'Shea

Das erste Tier war 197,5 cm lang (Smith 1981), das zweite etwas über 200 cm (Barker & Barker 1994). Ein drittes Exemplar schließlich wurde von J. Weigel und T. Russel im Juni 1993 an der Quelle des Hunter River in den Kimberleys beobachtet (Weigel 1993). Insgesamt wird bis heute über 15 Exemplare von *M. carinata* aus freier Natur berichtet. Der Rauschuppenpython ist vermutlich eine der seltensten Schlangen überhaupt. Fünf der bisher gefundenen Tiere befinden sich im Australian Reptile Park in New South Wales und wurden bereits erfolgreich zur Nachzucht gebracht (O´Shea, schriftl. Mittlg.).

Alle Tiere wurden in Schluchten in Reststücken von Monsunwald gefunden.

Barker & Barker (1994) vermuten, dass der Rauschuppenpython überwiegend baumbewohnend sei. Weigel (in Barker & Barker 1994) berichtet von einem interessanten Abwehrverhalten, das so von noch keiner anderen Art der Gattung *Morelia* beschrieben wurde. Bei einer Konfrontation – z. B. mit dem Fotografen – öffnet *M. carinata* das Maul, dehnt die beiden Unterkieferhälften weit auseinan-

Verbreitungsgebiet von *Morelia carinata*

Im Besitz des Australia Reptile Park, unter der Obhut von John Weigel, befindet sich dieses männliche Exemplar.
Foto: D. G. Barker, mit freundlicher Unterstützung des Australia Reptile Park

der, sodass die besonders großen Fangzähne gut zu sehen sind, und stößt langsam nach vorn. So ausgestreckt schwenkt der Python dann das weit geöffnete Maul ein wenig für etwa 5 Sekunden von Seite zu Seite. Danach schließt er das Maul und zieht den Kopf wieder zurück.

WEIGEL (2004) berichtet, dass in freier Natur vor allem Kimberley-Felsratten (*Zyzomys woodwardi*) erbeutet werden. Dass *Morelia carinata* besonders große Zähne besitzt, könnte seiner Meinung nach eine Anpassung an dieses bevorzugte Beutetier sein, denn Felsratten können bei einem Angriff größere Flächen Fell abwerfen, sodass ein Angreifer ohne besonders lange Zähne oder Klauen sie nicht ohne weiteres festhalten kann.

Haltung und Vermehrung

Mein Eindruck von den Tieren im Terrarium ist nach nunmehr über vier Jahren, dass sie in mehrfacher Hinsicht einerseits dem Teppichpython, andererseits dem Grünen Baumpython vergleichbar sind, sowohl beim Verhalten als auch bei Haltung und Vermehrung. Insgesamt

Auf diesem Bild sind die sehr großen Fangzähne von *M. carinata* zu sehen
Foto: M. Mense

sind die Tiere aber doch ganz anders als alle Pythonarten, die ich bisher gehalten habe.

Zur Vermehrung kann ich leider nur wenige Angaben machen, da sich meine Exemplare zum jetzigen Zeitpunkt (2015) erst einmal fortgepflanzt haben. Anfang 2015 kam es spontan zu Paarungen nach einem Heizungsausfall (Nachttemperatur ca. 15 °C!). Die Eiablage des ersten Weibchens erfolgte am 15.5.2015 mit insgesamt 14 Eiern. Am 23.05.2015 setzte ein weiteres Weibchen ein Gelege ab, diesmal sogar mit 19 Eiern. Nach einer Inkubationszeit von 59 bzw. 62 Tagen bei einer Temperatur von 31,5 °C schlüpfte ein Großteil der Jungtiere problemlos.

Alle Jungtiere wurden einzeln in kleinen Terrarien untergebracht und durch ein „Tarnnetz" vor zu vielen äußeren Eindrücken geschützt. Beim ersten Fütterungsversuch nahmen etwa 70 % aller Jungtiere Nahrung an, beim dritten schon 90 %.

WEIGEL (2004) berichtet, dass es bei seinen Tieren meistens Anfang August zu Paarungen und Ende Oktober zur Eiablage kommt. Ein Gelege besteht aus 10–12 Eiern, diese haben jeweils eine ungefähre Größe von 33 × 50 mm und sind etwa 30 g. schwer. Inkubiert wurden sie bei etwa 31 °C und 80 % Luftfeuchte. Jungtiere schlüpfen unter diesen Bedingungen meistens Anfang Januar. Frisch geschlüpfte Junge von *Morelia carinata* sind etwa 43 cm lang und 17 g schwer. Als erstes Futter werden besonders Frösche allen anderen Beutetieren vorgezogen.

Mittlerweile vermehrt John Weigel diese Tiere regelmäßig und sogar in größeren Stückzahlen.

Paarungen wurden bisher nur sehr selten beobachtet, genauso wenig Kommentkäpfe zwischen den Männchen.

Nachdem John Weigel erfahren hatte, dass ich solche Tiere besitze, hatten wir sehr konstruktiven Kontakt. Hierbei teilte er mir auch viele Details zur Haltung mit, mit der Schlussfolgerung, dass diese Art eigentlich genauso zu halten ist wie ein Dschungel-Teppichpython (*Morelia spilota cheynei*). Meine fünf Exemplare pflege ich seither in Vollglasterrarien mit vielen Kletterästen und einigen Plastikpflanzen. Zur Haltung und Pflege siehe das Kapitel über den Dschungel-Teppichpython.

Hier zu sehen: die für Pythonarten einzigartigen gekielten Schuppen von *M. carinata*.
Foto: M. Mense

Morelia spilota spilota (LACÉPÈDE, 1804)

Deutscher Name

Diamantpython

Englische Namen

Diamond Python; Diamond Snake

Beschreibung

Der Diamantpython ist sicher eine der schönsten Schlangen überhaupt, da er eine intensive und kontrastreiche Färbung besitzt und vom Körperbau her sehr „sportlich“ wirkt.

Seine dunkle Grundfarbe ist meistens ein tiefes Schwarz, auf dem sich eine Vielzahl heller Flecken befindet. Die hellen Musterungselemente können strahlend weiß, weißlich, creme, gelblich oder gelb bis goldgelb getönt sein und je nach Herkunft und Tier sehr unterschiedlich ausfallen. So gibt es Diamantpythons, die sehr viele und teilweise zusammenhängende helle Flecken besitzen, wodurch ihr Gesamterscheinungsbild eher hell ist, und es gibt solche mit wenig oder weniger hellen Flecken – solche Exemplare wirken dann natürlich recht dunkel. Diese hellen Flecken sind über den gesamten Körper verstreut, einmal als einzelne im Kern hell gefärbte Schuppen mit einem schwarzen bzw. dunklen Rand und als größere rundliche, manchmal auch längliche Flecken, die man besonders oft auf dem Rücken und den Seiten findet. Auch hier gibt es wiederum große Unterschiede im Gesamterscheinungsbild der einzelnen Diamantpythons. So existieren Tiere, die durch wenig zusammenhängende bzw. wenig größere helle Flecken fast komplett gesprenkelt wirken, und es gibt Individuen, die ein offensichtliches Muster tragen, ähnlich wie von anderen Rautenpythons bekannt, nur feiner. Oft findet man auch eine Art „Blümchenmuster“, wenn eine kräftig helle Schuppe in der Mitte von 5–6 weiteren hellen Schuppen umrahmt wird. Über die Schnauze verläuft vor den Augen

Erwachsener Diamantpython (*M. s. spilota*) im Terrarium des Autors

Foto: M. Mense

Ein noch relativ junger, aber schon umgefärbter Diamantpython (*M. s. spilota*) aus der Nähe von Sydney (NSW) Foto: V. Franz

oft ein helles Querband, manchmal besteht dieses aber auch nur aus zwei hellen länglichen Flecken rechts und links vor dem Auge in Richtung Kopfmitte. Manche Tiere besitzen aber auch nichts dergleichen.

Insgesamt handelt es sich bei *M. s. spilota* um eine recht dunkle Schlange, neben *M. s. cheynei* ist sie wohl einer der dunkelsten Rautenpythons überhaupt, aber gerade das satte Schwarz macht diese beiden Vertreter ihrer Art ja so attraktiv.

Die Zunge ist wie bei allen Rautenpythons blau gefärbt. Das Auge ist meistens mittelgrau und zeigt eine dunkle, netzartige Musterung.

Die Unterseite von *M. s. spilota* ist weiß, weißlich, cremefarben oder leicht gelblich mit unregelmäßig verstreuten schwarzen Flecken, deren Anzahl je nach Tier sehr unterschiedlich sein kann. Besonders häufig sind am Bauch die Schuppenränder dunkel gefärbt. Hals und Kinn sind meistens ungefleckt.

Der Schwanz ist wie bei allen Rautenpythons relativ lang und als Greiforgan ausgebildet, wodurch selbst recht stattliche Vertreter dieser Art immer noch hervorragende Kletterer sind.

Die Körpergröße variiert zwischen 170 und 300 cm. Durchschnittlich wird ein Diamantpython um die 200 cm lang, wobei die Weibchen gewöhnlich etwas größer werden als die Männchen. Krefft (1869) berichtet von einem Tier mit einer Körperlänge von über 300 cm (10 feed 3 inches), das in der Nähe von Sydney gefunden wurde. Außerdem erwähnt er, dass er Tiere mit einer Körperlänge von mehr als 330 cm für selten, aber für sehr wahrscheinlich hält.

Zur Beschuppung geben Barker & Barker (1994) an: Die Dorsalia des Kopfes sind stark fragmentiert. Zwei Paar fast quadratischer Praefrontalia, die in der Mitte zusammenstoßen, sowie ein Paar Internasalia sind die einzigen schildartigen Schuppen auf dem Kopf. Die hintere Praefrontal-, die Frontal- und die Parietalregion werden von kleinen Schuppen bedeckt. Der Diamantpython zeigt 3–4 Supraocularia und eine Reihe von 7–9 Schuppen, die den Kopf zwischen den Supraocularia überspannt. Bei sechs untersuch-

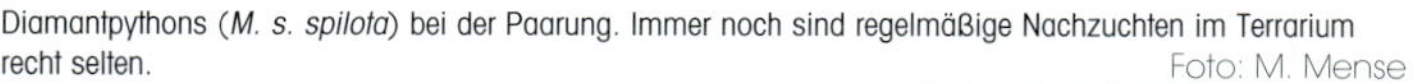

Diamantpythons (*M. s. spilota*) bei der Paarung. Immer noch sind regelmäßige Nachzuchten im Terrarium recht selten. Foto: M. Mense

ten Tieren aus der Nähe von Gosford und einem von den Barrington Tops, New South Wales (NSW), fanden sich 3–4 Präocularia, 5–6 Postocularia und 14–19 Lorealia auf jeder Seite des Kopfes.

Die Anzahl der Supralabialia schwankt zwischen elf und 14; zwei oder auch drei stehen mit dem Auge in Kontakt, normalerweise das 6. und 7. oder das 7. und 8.

Der Schnauzenbereich ist mit tiefen schrägen Grübchen übersät, die 1. und 2. vordere Supralabialschuppe weisen eine tiefe Grube auf, die 3. hat nur eine flache Einbuchtung. 17–20 Infralabialia; eine Serie von 7–8 Infralabialia mit Grübchen fängt vor dem Auge an, normalerweise bei der 8. Infralabialschuppe.

Worrel (1963) zählte die Schuppen an einem Tier aus Wyong, NSW: 49 Schuppenreihen um die Körpermitte; 269 Ventralia; 78 Subcaudalia.

Weigel (in Barker & Barker 1994) fand die folgende Beschuppungen bei vier Tieren aus der Gegend um Gosford, NSW: zwei Weibchen hatten 268 und 273 Ventralia sowie 71 und 75 Subcaudalia; zwei Männchen besaßen 276 und 280 Ventralia sowie 82 und 83 Subcaudalia.

Das Anale ist typischerweise ungeteilt, aber Worrel (1951) berichtet, dass es in seltenen Fällen auch geteilt sein könne.

Boulenger (1893) gibt für drei Diamantpythons aus NSW an: ein Weibchen mit 49 Schuppenreihen um die Körpermitte, 274 Ventralia, 72 Subcaudalia; ein Männchen mit 49 Schuppenreihen um die Körpermitte, 269 Ventralia, 84 Subcaudalia; ein Jungtier unbestimmten Geschlechts mit 49 Schuppenreihen um die Körpermitte 261 Ventralia und 85 Subcaudalia.

Lebensraum, Verbreitung und Freilandbiologie

Morelia spilota spilota besiedelt ein Gebiet im Norden von NSW, wo es zur Vermischung mit *M. s. mcdowelli* kommt (Worrel 1963; Wilson & Knowles 1988; Gow 1989), die Ostküste entlang bis in den Süden von NSW. Barker & Barker (1994) geben sogar eine Verbreitung bis in die Ostspitze Victorias südlich des 37. Breitengrades an, womit dieser Python dann

Mark O'Shea mit einem Team im Morton Nationalpark (NSW). Bei dieser Expedition fanden sie das Tier, das auf S. 139 gezeigt wird.

Foto: M. O'Shea

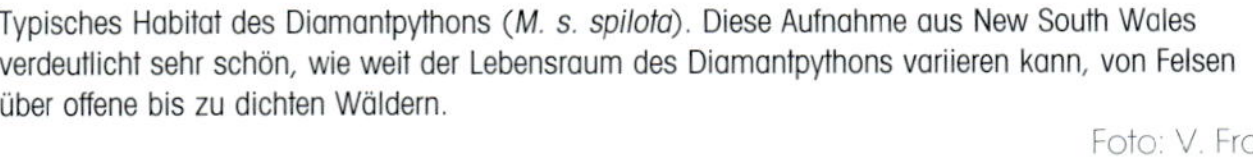

Typisches Habitat des Diamantpythons (*M. s. spilota*). Diese Aufnahme aus New South Wales verdeutlicht sehr schön, wie weit der Lebensraum des Diamantpythons variieren kann, von Felsen über offene bis zu dichten Wäldern.

Foto: V. Franz

Die Blue Mountains in New South Wales sind eines der Verbreitungsgebiete des Diamantpythons (*M. s. spilota*). Foto: V. Franz

der am südlichsten vorkommende Python überhaupt wäre.

Diamantpythons besiedeln verschiedenste Lebensräume, von felsigem Gelände über offenes Grasland (seltener), bewaldete Gebiete, Farmen und Plantagen bis hin zu Vorgärten, und sie leben dort sogar auf Dachböden, in Geräteschuppen und in Getreideschobern.

Morelia s. spilota bewohnt für Pythonverhältnisse ein recht kühles Verbreitungsgebiet, weshalb sie je nach Jahreszeit in die von ihnen bevorzugten klimatisch idealeren Gegenden abwandert. Das durchschnittliche Klima im Verbreitungsgebiet ist eher mediterran bis subtropisch als tropisch. So gibt es zwar einen langen warmen Sommer, aber die Winter können recht lang und kühl sein. Es wurden Temperaturen um die 0 °C und leicht darunter gemessen; das ist zwar selten, Wintertemperaturen um 10 °C sind aber nicht ungewöhnlich, vor allem im Süden des Verbreitungsgebietes.

Durch die relativ niedrigen Durchschnittstemperaturen im Lebensraum trifft man diesen Python besonders häufig tagsüber beim Sonnenbaden an. Selbst brütende Weibchen verlassen oft mehrmals täglich ihr Gelege, um sich aufzuwärmen. Vermutlich erwärmen sie anschließend auf diese Weise ihr Gelege, indem sie sich aufgeheizt wieder um die Eier herumlegen, ohne permanent anstrengende Muskelkontraktionen ausüben zu müssen. Außerdem „bauen" trächtige Diamantpythons zur Eiablage eine Art Nest, in dem das Gelege vor Witterungseinflüssen geschützt ist. COOK (1994) untersuchte mehrere solcher Nester in Wollongong an der Südküste von NSW und stellte dabei fest, dass sie meistens aus einer 8–10 cm tiefen Mulde im Boden mit einem Durchmesser von ca. 20 cm mit darüber liegendem Ast- und Laubwerk bestehen. Seiner Einschätzung nach schützen diese muldenartigen Nester vor allem gegen eine Austrocknung der Gelege, da sie in einer Vertiefung im Boden liegen, wo das Erdreich vermutlicht etwas feuchter ist als auf der Oberfläche. Außerdem ist das Gelege dort vor Wind geschützt.

Verbreitungsgebiet von *Morelia spilota spilota*

Warson (1998) beschreibt, wie er drei Diamantpythons, die alle aus der Nähe seines Wohnortes Dapto an der Südost-Küste von NSW stammten, in einer Freilandanlage hielt und zur Nachzucht brachte. Die Tiere, ein Männchen (Kopf-Rumpf-Länge (KRL) 140 cm) und zwei Weibchen (160 bzw. 180 cm) lebten in einer Art Voliere mit den Maßen 500 × 200 × 200 cm. Diese Freilandanlage wurde an den Seiten zum großen Teil mit grünem Stoff abgehängt, um für Schatten zu sorgen. Das Dach wurde überwiegend mit galvanisierten Blechen bedeckt, da diese sich durch die Sonneneinstrahlung schnell aufheizen und dann durch darunter angebrachte Kletteräste von den Schlangen als Wärmequelle genutzt werden konnten. Eine Stelle im Dach wurde durch eine große durchsichtige Plexiglasplatte abgedeckt, unter der sich die Schlangen ins direkte Sonnenlicht legen konnten. Ausgestattet war die Anlange mit reichlich Kletterästen, Wurzeln, Laub und Schlupfkisten, von denen einige aus Styropor gefertigt wurden, um den Pythons ein Versteck zu bieten, das sie vor den extremsten Temperaturen schützte. An heißen Tagen wurden bis zu 40 °C gemessen, in kalten Winternächten 9 °C. Am 29. August wurde die erste Paarung mit dem größeren der zwei Weibchen beobachtet, eine weitere am 30. September. Am 23. Oktober beobachtete Warson eine Schwellung im mittleren Körperbereich des verpaarten Weibchens, die er als Ovulation interpretierte. Die letzte Häutung vor der Eiablage findet nach Barker & Barker (1994) ca. 21–25 Tage vor der Eiablage statt, bei Warson (1998) waren es 31 Tage.

Am 22. Dezember legte das Weibchen 24 Eier in eine der Schlupfboxen ab, die im Schatten an einer der kühlsten Stellen der Freianlage stand. An kühlen bewölkten Tagen wurde es beobachtet, wie es fast ständig durch Muskelkontraktion das Gelege erwärmte. An warmen Tagen mit Temperaturen von 20–25 °C konnten die Muskelkontraktionen nur am Abend beobachtet

Dieses Exemplar wurde von Mark O'Shea und seinem Team im Morton-Nationalpark (NSW) in der Nähe von Nowra gefunden. Foto: M. O'Shea

Porträt des Tieres aus dem Morton-Nationalpark. Foto: M. O'Shea

werden, an heißen Tagen mit 30 °C überhaupt nicht. Das Weibchen wärmte sich aber regelmäßig unter dem aufgeheizten Dach auf, vor allem morgens und abends, bis zu vier Mal täglich für durchschnittlich 20–30 Minuten. Danach kroch es zurück und legte sich um das Gelege herum, wobei es sich mit Wellenbewegungen in die richtige Position brachte. Dabei machte WARSON eine interessante Beobachtung: Jedes Mal drehte das Weibchen das gesamte Gelege ein Stückchen, sodass es sich nach jeweils einer Woche ganze 360° um die eigene Achse gewendet hatte. Diese Rotation wurde bis zum Schlupf der Jungtiere beobachtet.

Am 2. Februar wurde dem Weibchen, als es zum Aufwärmen das Gelege verlassen hatte, eine Maus angeboten, die es auch annahm. Im Laufe des Februars wurden deutlich weniger Muskelkontraktionen festgestellt, und das Weibchen legte sich jetzt in wesentlich lockeren Schlingen um das Gelege. Am 14. Februar schauten die ersten drei Jungtiere aus den Eiern, danach wurde das Gelege vom Weibchen entfernt und zum Schlupf in einem Terrarium untergebracht. Am 17. Februar war dann nach einer Inkubationszeit von 54–57 Tagen auch das letzte Jungtier geschlüpft. Zwei Eier entwickelten sich nicht, sodass insgesamt 22 Jungtiere schlüpften. Die Jungen waren zwischen 37,5 und 45,5 cm lang und wogen 14,2–18 g. Die erste Häutung fand zwischen dem 3. und 17. März statt. Als erstes Futter wurden nur lebende Skinke akzeptiert.

Dieser Bericht zeigt, wie kühl der Lebensraum des Diamantpythons in freier Natur sein kann und wie gut dieser prächtige Python damit fertig wird. Die Beobachtung der Rotation des Geleges könnte Zufall sein, gibt aber sicher auch Anlass für Spekulationen und weitere Beobachtungen in diese Richtung.

Haltungsbedingungen

Da der Diamantpython relativ groß wird und wie alle Rautenpythons sehr aktiv ist, muss das Terrarium dementsprechende Dimensionen aufweisen. Für eine adulte Dreiergruppe sollte man eine Terrariengröße von 200 × 100 × 150 cm (L × T × H) nicht unterschreiten, besser wäre ein noch größeres Terrarium.

Dieses Exemplar von *M. s. spilota* stammt aus einer US-Nachzucht. Foto: V. Franz

Eingerichtet wird es auf die herkömmliche Art und Weise mit reichlich Kletterästen, einigen Verstecken, eventuell mit Rück- und Seitenwandverkleidung sowie einer Wasserschale, die auch zum Baden genutzt werden kann.

Ganz besonders wichtig ist bei der Haltung von *M. s. spilota*, dass man im Terrarium ausgeprägte Temperaturzonen schafft, sodass sich die Tiere in ein kühles oder auch warmes Versteck zurückziehen können. Wichtig ist der Standort des Terrariums, denn man sollte sich hierfür einen auch im Sommer kühl bleibenden Raum aussuchen, weshalb die meisten Räume für eine Unterbringung von Diamantpythons ungeeignet sind – vor allem normale „Terrarienzimmer“, die in der Regel eine hohe Grundtemperatur aufweisen.

Die allgemeine mittlere Lufttemperatur sollte auch nicht zu hoch sein, sondern tagsüber bei 22–26 °C liegen und nachts auf 16–20 °C abfallen. Im Winter müssen dann aber deutlich niedrigere Temperaturen herrschen. Lokal, z. B. unter einem Strahler, sollte die Temperatur ca. 35–45 °C betragen, damit sich die Tiere dort sonnen können, um die benötigte Energie schnell aufzunehmen.

Die Luftfeuchtigkeit sollte tagsüber ca. 60–80 % betragen und nachts auf ca. 80–100 % ansteigen. Mehrmals in der Woche wird das gesamte Terrarium mit lauwarmem Wasser überbraust; zum einen erhöht man damit die Luftfeuchtigkeit im Terrarium, zum anderen sind regelmäßige „Niederschläge“ aber auch für das allgemeine Wohlbefinden dieser Schlangen wichtig.

Viele erfolgreiche Halter und Züchter dieser prachtvollen Pythons sind außerdem der Überzeugung, dass man zu ihrer langjährigen Gesunderhaltung Leuchtmittel mit einem UV- Anteil benötigt und diese Tiere möglichst abwechslungsreich und mit zusätzlichen Vitamin- Mineralstoff-Zugaben füttern muss.

Ernährt werden diese Pythons ihrer Größe entsprechend mit Futtertieren wie Mäusen, Wüstenrennmäusen, Hamstern, Zwerghamstern, Küken, Ratten, Meerschweinchen, Kaninchen, Hühnern und Tauben.

Eine langjährige Haltung und die Vermehrung von *M. s. spilota* bereiten immer noch einige Probleme, viele Exemplare sterben unter suboptimalen Terrarienbedingungen zwischen ihrem vierten und achten bzw. zehnten Lebensjahr. Außerdem ist die Anzahl unbefruchteter Eier, die unter Terrarienbedingungen abgelegt werden, überdurchschnittlich hoch (im Vergleich zu anderen Rautenpythons). Man spricht hierbei vom so genannten DPS (Diamond Python Syndrome). Anzeichen für DPS sind neben einer großen Anzahl unbefruchteter Eier auch eine chronische Erkrankung der Atemwege, das Erschlaffen der Muskulatur und Haut, Farbverlust und Koordinationsschwierigkeiten. Vermutlich liegt der Grund, der zum DPS führt, in falschen Haltungsbedingungen wie zu hohen durchschnittlichen Temperaturen, zu geringer nächtlicher Abkühlung, einer zu kurzen und zu warmen Winterphase, zu trockener Haltung, einem Mangel an UV-Bestrahlung und an zu geringen Vitamin- und Mineralstoffgaben. Diese Faktoren führen meist erst nach längerer Zeit zu Gesundheitsschädigungen, wie das auch von vielen Echsen- und einigen Schlangenarten (Atemwegserkrankungen durch zu warme oder zu kalte oder zu trockene Haltung) bekannt ist.

Und dass eine zu warme Haltung von Pythonmännchen zu unzufriedenstellenden Nachzuchtergebnissen führt, ist ebenfalls schon lange bekannt. Was aber zudem über längere Sicht zu schlecht bis gar nicht berfruchteten Gelegen führen könnte, ist die Tatsache, dass bei vielen Haltern zu wenige Männchen – meistens nur eins – vorhanden sind. Da der Diamantpython in freier Natur keinerlei agonistisches Verhalten zeigt und oft oder sogar meistens mehrere Männchen bei nur einem paarungsbereiten Weibchen zugegen sind, könnte dies nicht nur eine Zuchtstimulans darstellen, sondern auch ganz erheblich zum Hormonhaushalt der Weibchen beitragen. Durch den „Andrang“ und das „Werbeverhalten“ der Männchen sowie den Umstand, dass sich die Weibchen in freier Wildbahn das Männchen sozusagen aussuchen können, wäre es gut möglich, dass bei

Hier sieht man ein hochträchtiges Diamantpythonweibchen (*M. s. spilota*). Die stark gedehnte Zwischenhaut der Schuppen ist gut zu erkennen.

Foto: P. Harris

weiblichen *Morelia spilota spilota* ein für die Fortpflanzung wichtiges Hormon ausgeschüttet wird. Das ist aber bisher nur eine rein hypothetische Überlegung von mir.

Dr. Simon STONE berichtete mir davon, dass es einige der oben genannten Probleme (zu frühes Versterben, Muskelerschlaffung usw.) ebenfalls in Australien gibt, und zwar gewöhnlich nur dann, wenn der Diamantpython im Haus gehalten wird. Dr. Simon STONES Meinung nach handelt es sich dabei um eine Störung des Hormonhaushaltes, die durch ein unzureichendes Temperaturgefüge hervorgerufen wird (schriftl. Mittlg.).

Meiner Meinung nach sind Diamantpythons mittlerweile gut im Terrarium zu halten, wenn man ihre Ansprüche erfüllt.

Vermehrung

Die Vermehrung im eigentlichen Sinne (Paarung, Trächtigkeit und Eiablage) bereitet keine größeren Schwierigkeiten, wenn man die Tiere im Winter voneinander trennt und ihnen einen ausgeprägten Jahresrhythmus bietet. Im Herbst senkt man Schritt für Schritt die Tagestemperatur bis auf ca. 18 °C und die nächtlichen Tiefsttemperaturen auf rund 10–15 °C. Man muss den Schlangen aber auch zu dieser Zeit zumindest für 3–6 Stunden täglich einen lokalen Sonnenplatz zur Verfügung stellen, damit sie ihre benötigte Energie schnell und einfach aufnehmen können und nicht erkranken. Auch die Beleuchtungsdauer sollte man zu dieser Zeit reduzieren, von sonst durchschnittlich zwölf auf ca. 7–8 Stunden. Diese „Winterphase" sollte 8–12 Wochen dauern. Anschließend steigert man Temperaturen und Beleuchtungsdauer wieder Schritt für Schritt, bis man die „Normalwerte" erreicht hat. In der Schlussphase oder nach dieser Temperatursteigerung sollte man die Tiere wieder zusammensetzen. Kurz danach kommt es oft spontan zu Paarungen.

Ich habe für meine Gruppe ein seperates Winterterrarium in einem ganzjährig kühlen Raum eingerichtet. Hier liegt die durchschnittliche Tagestemperatur im Winter bei etwa 15–18 °C und die Nachttemperatur bei etwa 13–15 °C. In dem Terrarium befindet sich ein 60-W-Strahler, der lokal etwa 35 °C schafft und die allgemeine Lufttemperatur auf etwa 20 °C tagsüber steigert. Dieser Strahler ist etwa 8–10 Stunden in Betrieb,

In der Terraristik ist es immer noch etwas ganz Besonderes, von *Morelia spilota spilota* ein befruchtetes Gelege zu bekommen

Foto: J. Hölzel

nachts fällen die Werte dann auf Raumtemperatur.

Hier bleiben meine Tiere von etwa November bis Februar, wobei es auch immer schon zu Paarungen kommt. Ich überwintere meine ganze Gruppen zusammen (zwei Männchen mit zwei Weibchen) und habe jedes Jahr ein Gelege, was für diese Art der Überwinterung spricht.

Hilfreich bei der Vermehrung von *M. s. spilota* ist außerdem, wenn mehrere Männchen anwesend sind. Da keinerlei Komment- oder Beschädigungskämpfe von dieser Unterart bekannt sind, ist das auch recht ungefährlich. Die Ovulation zeigt sich oft für 10–20 Stunden durch eine starke Verdickung zwischen der Körpermitte und dem Anfang des hinteren Körperdrittels. Die letzte Häutung während der Trächtigkeit findet ca. 3–4 Wochen vor der Eiablage statt.

Die Gelege können recht groß sein, 54 Eier in einem Gelege ist die höchste Angabe (Harlow & Griff 1984), durchschnittlich sind es aber etwa 15–25. Leider werden immer noch aus nicht ganz geklärten Gründen recht viele unbefruchtete Eier bzw. teilweise gänzlich unbefruchtete Gelege abgesetzt (siehe hierzu auch Kapitel „Haltungsbedingungen").

Die Eier sind jeweils zwischen 34 und 59 g schwer, 46–61 mm lang und haben einen Durchmesser von 26,2–38 mm (Barker & Barker 1994). Inkubiert werden sie in der für Rautenpythons typischen Art und Weise bei 31–32 °C und einer Luftfeuchtigkeit von 90–100 %.

Unter diesen Bedingungen schlüpfen die Jungtiere nach ca. 50–60 Tagen, je nach Bruttemperatur. Die Jungen sind dann durch-

Schlüpfende Diamantpythons aus der Zucht des Autors Foto: M. Mense

schnittlich 35–45 cm lang und etwa 15–25 g schwer. Amundsen (2003) gibt 10–40 cm an – mir persönlich kommen aber 10 cm extrem kurz vor, wahrscheinlich handelt es sich hier um einen Druckfehler.

Wie bei fast allen Rautenpythons sind die Jungtiere zunächst einmal recht schlicht gefärbt und besitzen zu Anfang nur wenig Ähnlichkeit mit den Elterntieren. Das ändert sich aber innerhalb der ersten zwei Lebensjahre, denn dann färben sich die Jungen um. Die Aufzucht ist recht unproblematisch und erfolgt am besten einzeln in kleinen, sauberen Terrarien. Leider frisst nach meinen Erfahrungen gut ein Drittel der Schlüpflinge nicht freiwillig. Hier braucht man dann eine Menge Geduld, und als letzte Konsequenz muss man eventuell stopfen.

Die oben beschriebenen Probleme (DPS) treten meist erst mit oder nach Erreichen der Geschlechtsreife auf, was dann wohl bedeutet, dass man bis dahin den Diamantpython unter falschen oder suboptimalen Bedingungen gehalten hat. Es reicht also nicht, erst dann die Haltungsbedingungen zu überdenken, sondern man sollte diese Tiere von Anfang an so pflegen, dass es erst gar nicht zu diesen Symptomen kommt – denn sind diese erst einmal sichtbar, ist es in aller Regel zu spät.

Ich bin aber guter Zuversicht, dass sich die allgemeine Situation für den Diamantpython im Terrarium in den nächsten Jahren verbessern wird, wenn ein Umdenken stattfindet, sodass sich die Halter und zukünftigen Züchter mehr an der Echsenhaltung und -zucht orientieren, bei der Leuchtmittel mit UV-Anteil, zusätzliche Vitamin- und Mineralstoffgaben und speziellere Klimabedingungen selbstverständlich geworden sind. Das Wichtigste ist meiner Meinung nach – um es nochmals zu unterstreichen –, dass diese Tiere eine angemessene UV- Bestrahlung bekommen und dass die Angst vor der für Pythons unüblich kühlen Haltung und relativ langen und kalten Winterphase abgelegt wird. Geschieht dies alles, wird man in naher Zukunft deutlich bessere Ergebnisse erzielen, dessen bin ich mir sicher.

Jungtiere des Diamantpythons lassen zunächst ihr späteres Aussehen nur erahnen. Die Umfärbung schreitet aber von Häutung zu Häutung schnell voran. Hier Tiere von Jan E. Engell.

Fotos: A. Hogner

Morelia spilota cheynei (Wells & Wellington, 1984)

Deutsche Namen

Regenwald-Teppichpython, Dschungel-Teppichpython (Terrianer-Slang: Cheynei)

Englische Namen

Jungle Carpet Python; Cheyne´s Carpet Python

Beschreibung

Der Regenwald-Teppichpython bringt zusammen mit *M. s. spilota* und *M. s. variegata* oft die ansehnlichsten Tiere aus dem gesamten Rautenpython-Komplex hervor. Ihr besonders attraktives Aussehen verdankt diese Unterat den meist klaren Farben und der sehr kontrastreichen Musterung.

Die dunklen Zeichnungselemente können dunkelbraun, gräulich schwarz, schmutzig schwarz bis herrlich tiefschwarz sein. Besonders auf dem Rücken und der oberen Hälfte der Seiten sind sie besonders dunkel. Auf der unteren Hälfte der Seiten hellt sich die dunkle Musterung oft auf und bekommt dort einen länglichen hellen Kern, der meist aus mehreren helleren Schuppen mit einem dunklen (schwarzen) Rand besteht. Die hellen Musterelemente können gelblich, schmutzig gelb bis herrlich goldgelb oder aber auch cremefarben,

Morelia s. cheynei aus dem Hochland des Atherton Tableland

Foto: S. Stone

gräulich weiß, gelblich weiß bis wunderschön strahlend weiß sein. Die helle Musterung verläuft über den Rücken als Doppelflecken, die aber oft miteinander verschmelzen, sodass sie dann länglich wirken oder sogar teilweise im Zickzack über den Rücken ziehen. An den Seiten befindet sich im oberen Bereich eine Reihe länglicher heller Flecken, die entweder horizontal oder vertikal verläuft. Darunter erstreckt sich eine weitere (sublaterale) helle Fleckenreihe. Diese zweite Reihe ist ebenfalls länglich, jedoch meistens vertikal, da sich hier die helle Bauchmusterung fortsetzt und an den Seiten hinaufzieht. Auf den Flanken verläuft zudem häufig eine dünne schwarze Linie.

Die Musterung ist wie bei allen Rautenpythons recht variabel, jedoch findet man bei *Morelia spilota cheynei* besonders viele quer gebändert (geringelt) wirkende Tiere, da die hellen Musterelemente sehr oft vertikal miteinander verschmelzen. Es kommt aber auch vor, dass die Zeichnungselemente horizontal miteinander verschmelzen, wodurch solche Tiere dann einen oder mehrere Längsstreifen bekommen.

Der Kopf ist in der Regel sehr kontrastreich gefärbt. Im hinteren Bereich sieht man meistens einen hellen Doppelfleck und etwa in der Höhe des Stirnbeins einen weiteren, aber einzelnen hellen Fleck. An der Seite des Kopfes verläuft eine kräftig dunkle, meistens schwarze Linie,

Dieses adulte, männliche Exemplar wurde am Mission Beach (QLD) gefunden.

Foto: D. G. Barker, mit freundlicher Unterstützung von N. Charles

die im hinteren Kopfbereich beginnt, dort aber oft mit der restlichen dunklen Musterung verschmolzen ist und direkt über den Supralabialia bis zum hinteren Rand des Auges verläuft. Diese dunkle Linie setzt sich am vorderen Rand des Auges auf gleicher Höhe fort und zieht sich bis direkt an die Nasalschuppe heran, oft bis auf sie hinauf, sodass diese dadurch teilweise oder manchmal auch komplett dunkel gefärbt ist. Bei einigen Tieren erstrecken sich diese dunklen Linien durchgehend, ohne Unterbrechung, von einer Kopfhinterseite entlang dem gesamten Kopf bis zur anderen Kopfhinterseite. Eine weitere dunkle Line, manchmal nur aus einer Fleckenreihe bestehend, zieht sich etwa vom Mundwinkel auf den Infralabialia durch die Grübchen bis unter das Auge. Bei vielen Regenwald-Teppichpythons befinden sich auch dunkle Musterelemente auf den Supralabialia. Insgesamt hat die Kopfmusterung sehr viel Ähnlichkeit mit der von *M. s. harrisoni*.

Die Zunge ist blau, das Auge grau mit einer dunklen Netzmusterung, wodurch es insgesamt meistens recht dunkel erscheint.

Die Unterseite von *M. s. cheynei* ist gelb, gelblich, creme, elfenbeinweiß oder weiß. Kinn und Hals sind meistens ungefleckt. Im ersten Drittel des Bauches finden sich meist keine oder nur wenige dunkle bis schwarze Flecken, die dann nach hinten hin aber deutlich zahlreicher und meistens auch erheblich größer werden. Der Schwanz ist ebenfalls von unten stark gefleckt, manchmal verschmelzen hier die dunklen Flecken auch zu einer dunklen Linie.

Der Körper ist seitlich leicht abgeflacht, und der Schwanz wie bei allen Rautenpythons als Greiforgan zum Klettern ausgebildet.

Erwachsene *Morelia spilota cheynei* erreichen eine Gesamtlänge (GL) von 140–220 cm, durchschnittlich liegt sie aber bei ca. 180 cm. Die Männchen sind bei dieser Unterart meist etwas länger, vor allem aber schwerer. Zum Vergleich: Mein größtes Tier von *M. s. cheynei* ist ein schwarzweißes, achtjähriges Männchen, 186 cm lang und 2.490 g schwer; mein größtes Weibchen ist ebenfalls schwarzweiß und achtjährig, misst 172 cm, wiegt aber lediglich 1.930 g. Das Männchen ist also nur 8,1 % länger als das Weibchen, jedoch 29 % schwerer (beide Tiere sind ganz normalgewichtig). Aber auch die Kopfgröße bzw. das Kopfgrößenverhältnis sind bei einigen *M. s. cheynei* auffällig, da viele Männchen größere, vor allem aber längere Köpfe als die Weibchen bekommen. Bei dem schon oben erwähnten schwarzweißen achtjährigen Pärchen hat das Weibchen eine Kopfbreite von 3,7 cm und eine Kopflänge von 5 cm, das Männchen hat eine Kopfbreite von 4 cm und eine Kopflänge von 5,9 cm; die Kopflänge des Männchens übertrifft also die des Weibchens um 18 %, die Kopfbreite um 8 %. Männchen entwickeln diese signifikant größeren Köpfe und vor allem die deutlich größere Körpermasse aber meistens erst in einem Alter von 3–5, manchmal sogar erst nach sechs oder mehr Lebensjahren. Bei jüngeren Männchen, etwa ab einem Alter von 10–14 Monaten, kann man zwar oft auch schon eine Erhöhung dieser Werte feststellen, aber bei weitem noch nicht so auffallend wie bei älteren. Vor allem sind sie zu dieser Zeit noch nicht so massig.

Zur Beschuppung bei *M. s. cheynei* machen BARKER & BARKER (1994) folgende Angaben:

Das Rostrale weist tiefe Grübchen auf. Jede der ersten zwei Supralabialschilde hat ein deutlich ausgeprägtes Grübchen; der 3. Supralabialschild zeigt entweder eine kaum wahrnehmbare Vertiefung in der Mitte, die ein Grübchen andeutet, oder überhaupt gar kein Grübchen. Normalerweise finden sich 12–14 Supralabialia und 18–20 Infralabialia. In den meisten Fällen berühren das 6. und 7. Supralabiale das Auge,

Dieser Teppichpython wurde im Verbreitungsgebiet von *M. s. cheynei* zwischen den Ortschaften Kuranda und Cairns gefunden. Färbung und Musterung weisen jedoch einige Merkmale von *M. s. mcdowelli* auf, sodass die Vermutung nahe liegt, dass es sich bei diesem Exemplar um einen in freier Natur entstanden Hybriden handeln könnte.
Foto: E. van der Poel

manchmal sind es aber auch das 6.–8. Die Reihe von 7–8 Infralabialia mit Grübchen beginnt vor dem Auge mit dem 7. oder 8. Gewöhnlich sind das Paar Internasalia und das vordere Paar Praefrontalia gleich groß; die meisten Tiere haben ein zweites Paar Praefrontalia, das kleiner als das vordere ist. Es gibt 13–21 Lorealia.

Wie bei allen Teppichpythons werden die Frontal- und Parietalregionen des Kopfes von zahlreichen kleinen Schuppen bedeckt; viele Tiere haben eine vergrößerte Schuppe im Zentrum der Frontalregion.

WORREL (1963) berichtet, dass ein Exemplar des Dschungel-Teppichpythons aus Millaa Millaa, Queensland, 45 Schuppenreihen um die Körpermitte und 266 Ventralia aufwies.

WELLS & WELLINGTON (1984) beschreiben das Typusexemplar (in Formalin) von *M. s.*

Kopfporträt von *M. s. cheynei*. Diese kontrastreiche, ausgeprägte Kopfmusterung ist ganz typisch für die Unterart. Foto: D. G. Barker *cheynei* als schmutzig weißlich mit großen, unregelmäßigen, schwarzen Flecken. Etwa im ersten Körperviertel findet sich an den Seiten eine dünne schwarze Linie, die oft die seitlichen schwarzen Flecken berührt. Die Unterseite der Schlange ist cremefarben bis weißlich, mit einigen schwarzen Flecken. Der Kopf ist gleichmäßig gezeichnet, die Kopfmusterung hat etwa die Form eines Pfeils. Das Tier hat eine KRL von 103,7 cm und eine Schwanzlänge von 17 cm. 49 Schuppenreihen um die Körpermitte, 271 Ventralia, 82 Subcaudalia, 10 Supralabialia, von denen das 5.–7. das Auge berühren, 15 Infralabialia, von denen das 9.–13. mit Grübchen versehen sind, 7 Supraocularia, insgesamt neun Schuppen berührten das linke Auge und elf das rechte. Wie bei fast allen Teppichpythons ist der Analschild ungeteilt, und die Subcaudalia sind meist paarig. Als Lebensraum geben die genannten Autoren den subtropischen Regenwald des Atherton Tableland an, das Typusexemplar stammt aus Ravenshoe / Atherton Tableland.

Bei meinen schwarzweißen Tieren, die wohl als reinrassig anzusehen sind, bin ich bei der Auszählung von insgesamt 18 Exemplaren, die aus zwei Linien stammen, zu folgenden Ergebnissen gekommen: 43–47 Schuppenreihen um die Körpermitte; 13–15 Lorealia; 12–14 Supralabialia, von denen das 6. und 7. oder das 7. und 8. das Auge berühren; 18–20 Infralabialia; 3–4 Schuppen in einer Linie über dem Kopf zwischen den Supraocularia, fast immer sind es aber nur drei Schuppen, von denen die mittlere (Frontale) oft massiv vergrößert ist (falls nicht, sind meistens alle drei Schuppen etwas vergrößert); 3–4 Praeocularia, von denen manchmal eines vergrößert ist; 3–4 Supraocularia, von denen manchmal eines vergrößert ist; 4–5 Postocularia, von denen eines oder manchmal auch zwei deutlich kleiner als der Rest sind; 256–270 Ventralia (durchschnittlich 261); 80–88 Subcaudalia (durchschnittlich 83), überwiegend paarig, verstreut aber auch ungeteilt (zwei Tiere mit komplett paarigen Subcaudalia, der Rest sowohl geteilte als auch ungeteilte Subcaudalia. Das Tier mit den meisten ungeteilten Subcaudalia hatte insgesamt 14 ungeteilte und 67 geteilte); Anale ungeteilt.

Natürlich hat solch eine Auszählung nicht den gleichen Wert wie eine Schuppenzählung in freier Wildbahn mit nachgewiesenem Fundort, dennoch finde ich diese Ergebnisse interessant und wollte Sie Ihnen an dieser Stelle nicht vorenthalten.

Verbreitungsgebiet von *Morelia spilota cheynei*

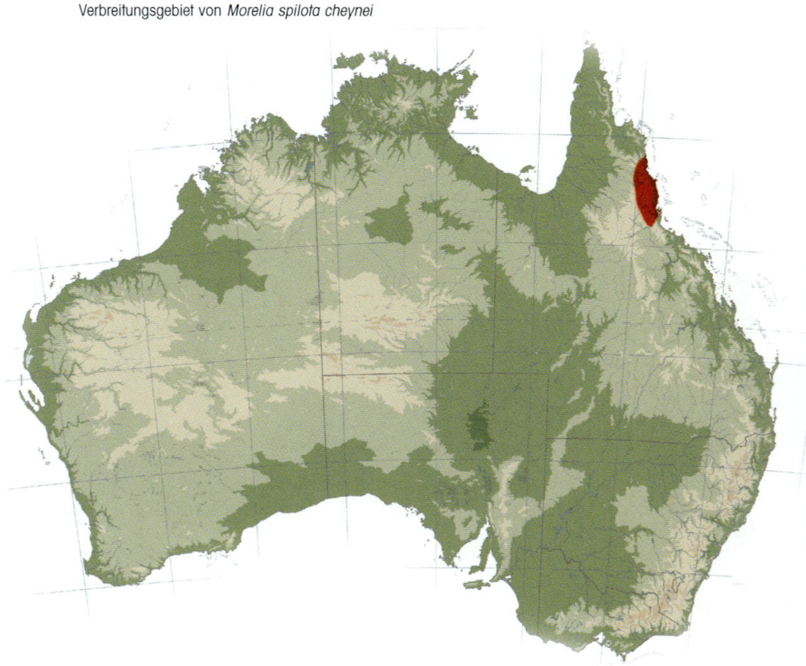

Eine einwandfreie Bestimmung der meisten im Terrarium gehaltenen und gezüchteten „Cheyneis" ist kaum noch möglich, da viele dieser Tiere in der Vergangenheit immer wieder vermischt wurden.

Eine Unterartzugehörigkeit allein am „groben" Erscheinungsbild eines Rautenpythons festzulegen, wie es in der Terraristik gerade bei *M. s. cheynei* leider oft geschieht, ist unsinnig, denn auch von *M. s. cheynei* gibt es eher „unattraktive" Vertreter, auch in der Natur. Das heißt aber im Gegenzug auf keinen Fall, dass jeder besonders hübsche und von den Farben brillante Rautenpython zwangsläufig ein „Cheynei" wäre. Man findet gerade bei den besonders gelben Tieren immer wieder Exemplare, die als reinrassige *M. s. cheynei* deklariert werden, die sich dann aber im späteren Verlauf der Zucht doch als „Crossings" oder andere Hybriden herausstellen. Denn gerade bei den schwarzgelben Regenwald-Teppichpythons wurden immer wieder Diamantpythons zur „Farbverbesserung" eingekreuzt.

Auch im Feld gibt es offenbar gewisse Schwierigkeiten, *M. s. cheynei* einwandfrei zu identifizieren. Das liegt vermutlich an einer Hybridisierung mit *M. s. mcdowelli*.

Wirklich reinrassige *M. s. cheynei* sind aber in der Regel relativ einfach zu identifizieren.

Lebensraum, Verbreitung und Freilandbiologie

Wie ihre deutschen Namen schon andeuten, handelt es sich bei *M. s. cheynei* um eine Bewohnerin des Regenwaldes, die den Nordosten von Queensland, etwa zwischen den Ortschaften Daintree, Mossman, Port Douglas bzw. dem Cape Tribulation und dem Daintree National Park im Norden und den Ortschaften

Nebel ist im Regenwald keine Seltenheit und sorgt zusätzlich für eine noch höhere Luftfeuchtigkeit. *M. s. cheynei* ist in freier Wildbahn überwiegend aboricol.
Foto: V. Franz

Der Palmerston-Nationalpark in Nordost-Queensland. Küstennahe, primäre Regenwälder sind der natürliche Lebensraum des Dschungel-Teppichpythons (*M. s. cheynei*). Foto: V. Franz

Ingham, Toobanna und Bambaroo im Süden besiedelt. Dazwischen liegt das Atherton Tableland, das ungefähr das Zentrum des Verbreitungsgebietes bildet. Die von mir in größerer Stückzahl gepflegten schwarzweißen Regenwald-Teppichpythons kommen innerhalb des Verbreitungsgebietes wiederum nur in einem sehr kleinen Areal im Norden vor. Ob – und wenn ja, wie weit – *M. s. cheynei* auf der Cape-York-Halbinsel vordringen konnte, ist zurzeit nicht sicher geklärt.

Das Verbreitungsgebiet war vermutlich von jeher nicht sehr groß, da sich Regenwälder in Australien seit sehr langer Zeit nur auf einige schmale Gebiete von Queensland beschränken. Leider wurden von diesen kleinen Flächen auch noch die meisten durch Rodungen zerstört. Dadurch sind nur noch ca. 25–30 % des ursprünglichen Lebensraumes erhalten geblieben. Diese Restregenwälder sind zudem leider nicht zusammenhängend, sondern inselartig verstreut. Man findet sie vor allem noch in Nationalparks und an steileren Berghängen (und auf Bergen), da sich diese landwirtschaftlich nicht so gut nutzen lassen. Am Cape Tribulation und im Daintree National Park sind die Regenwälder noch weitestgehend erhalten, aber etwa ab den Ortschaften Mossman und Port Douglas trifft man dann auf die ersten größeren Plantagen (oft mit Zuckerrohr). Im Atherton Tableland gibt es auch noch natürliche Wälder, aber man findet hier auch Farmen mit Weiden, auf denen Rinderzucht betrieben wird. Etwa ab der Ortschaft Innisfail (Sugar Town) stößt man auf riesige Plantagen, oft mit Zuckerrohr, Bananen und Ananas, fast die gesamte Küste entlang, bis nach Ingham und weiter. Die massive Biotopzerstörung ist höchst bedroh-

Sehr schön gefärbter, schwarzgelber Dschungel-Teppichpython aus der englischen Zucht von Paul Harris
Foto: P. Harris

Schwarzgelber Dschungel-Teppichpython (*M. s. cheynei*). Ausgeprägte, kontrastreiche Musterung und Farben sind ganz typisch für diese Unterart.
Foto: M. Mense

lich für eine Tierart wie den Regenwald-Teppichpython, weshalb man ihn insgesamt als stark bedroht ansehen muss. Wells & Wellington (1984) erachten *M. s. cheynei* sogar als von der Ausrottung bedroht.

Ein weiteres Problem der Biotopveränderung könnte sein, dass *M. s. mcdowelli* (dessen Verbreitungsgebiet umringt das von *M. s. cheynei* geradezu) in die gestörten Regenwaldgebiete einwandern könnte und sich mit den dort verbliebenen *M. s. cheynei* vermischt, wie es nachweislich – im überlappenden Verbreitungsgebiet – auch mit *M. s. spilota* geschieht. Das könnte dann auch die Erklärung dafür sein, dass im Verbreitungsgebiet von *M. s. cheynei* so viele nicht ganz eindeutig einzuordnende Tiere gefunden werden, man im Gegenzug aber Populationen kennt, die sicher zu *M. s. cheynei* zu stellen sind.

Da jedoch über die Naturgeschichte dieser Unterart so gut wie nichts bekannt ist und die Rodungen in diesem Gebiet oft schon vor mehreren Jahrzehnten stattfanden, es somit eventuell auch schon vor Jahrzehnten zur Einwanderung von *M. s.*

Ein *M.-s.-cheynei*-Weibchen hat seine Eier in eine Korkröhre anstatt in eine Schlupfbox gelegt.
Foto: M. Mense

mcdowelli und zur Vermischung mit *M. s. cheynei* kam, ist dies alles natürlich rein hypothetisch.

Leider also ist *M. s. cheynei* – wie die meisten Rautenpythons – noch wenig erforscht, und so weiß man nicht sehr viel über ihr natürliches Verhalten, außer dass sie die am stärksten arboricole (baumbewohnende) Unterart ist und besonders oft entlang von Flussläufen und den Rändern anderer Gewässer gefunden wird, wie Bäche, Tümpel und Seen. Auch über ihre Nahrungsgewohnheiten in freier Wildbahn ist nicht viel bekannt. Wenn man aber von ihrem Verhalten im Terrarium Rückschlüsse zieht, wird es wohl keine allzu großen Unterschiede zu den anderen Rautenpythons geben, da keinerlei Spezialisierung auf ein bestimmtes Futtertier festzustellen ist.

Haltungsbedingungen

Dass diese Unterart besonders gern und viel klettert, muss man bei der Terrariengröße und -einrichtung unbedingt berücksichtigen. Meine Tiere pflege ich je nach Körpergröße in unterschiedlich großen Terrarien: Jungtiere in Kleinstterrarien, Heranwachsende in Becken von etwa 100 × 50 × 80 cm (L × T × H) und erwachsene Pärchen in Terrarien mit den Maßen 120 × 120 × 130 cm, 150 × 70 × 160 cm oder 200 × 80 × 130 cm (L × T × H). Alle sind mit reichlich Kletterästen, strukturierten Seiten- und Rückwandverkleidungen, einigen Versteckplätzen und 1–2 großflächigen Wasserschalen ausgestattet. Beleuchtet werden meine Terrarien mit UV-Licht abstrahlenden Neonröhren sowie je nach Größe mit einem oder mehreren Strahlern.

Die mittlere Lufttemperatur sollte tagsüber bei 26–29 °C liegen und nachts

Zuchtpaar der schwarzweißen Variante von *M. s. cheynei* aus der Sammlung des Autors. Auf dem Rücken neigt die weiße Musterung oft etwas dazu, gräulich zu werden, vor allem mit zunehmendem Alter der Tiere. Foto: M. Mense

auf ca. 23–25 °C fallen. Lokal, z. B. unter einem Strahler, herrschen Temperaturen von etwa 35–45 °C. Solche Plätze, aber auch nur deren Nähe, werden von den Tieren oft zum direkten Sonnenbaden bzw. zum (allgemeinen) Erwärmen aufgesucht. Die Luftfeuchtigkeit sollte sich tagsüber bei ca. 70–80 % und nachts um die 90–100 % bewegen. Geringe Abweichungen über kurze Zeit schaden den Tieren nichts, nur dürfen sie nicht dauerhaft bei viel zu hohen oder viel zu niedrigen (Temperatur-/Luftfeuchtigkeit-) Werten gehalten werden, da es sonst zu Erkrankungen – besonders des Respirationstraktes – kommen kann. Für eine gute Durchlüftung muss ebenfalls gesorgt sein, da stickige Stauluft von *M. s. cheynei* schlecht vertragen wird.

Mehrmals pro Woche, im Sommer etwas öfter (fast täglich) als im Winter, überbrause ich die gesamte Terrarieneinrichtung mit lauwarmem Wasser, da dies die allgemeine Luftfeuchtigkeit erhöht und gerade für *M. s. cheynei* als Regenwaldbewohner regelmäßige „Niederschläge" fürs Wohlbefinden wichtig sind.

Gefüttert werden diese Pythons mit ihrer Körpergröße angepassten Futtertieren, wie Mäusen, Ratten, Wüstenrennmäusen, Hamstern usw. Da diese Unterart aber nicht besonders groß und auch nicht gerade wuchtig wird, kann man auch voll ausgewachsenen Regenwald-Teppichpythons keine sehr großen Futtertiere anbieten, wie etwa Meerschweinchen oder Kaninchen. Mein ältestes und größtes „Cheynei"-Männchen bewältigt gerade einmal fast ausgewachse-

Erwachsenes Pärchen Dschungel-Teppichpythons im Terrarium des Autors. Das rechte Tier befindet sich in der für alle Rautenpythons typischen Lauerstellung.
Foto: M. Mense

Das Weibchen von Seite 148 samt Gelege nach dem Entfernen der Korkröhre. Das Styropor wurde dem Weibchen vor der Eiablage untergeschoben und verhinderte ein Festkleben des Geleges am Terrarienboden. Foto: M. Mense

ne Ratten, davon dann aber auch nur eine pro Mahlzeit. Besonders ausgeprägte Vorlieben für bestimmte Futtertiere, wie es andere Halter dieser Unterart manchmal berichten, konnte ich nicht feststellen. Nur Futtertiere, die seltener angeboten werden, wie z. B. Wüstenrennmäuse, werden meistens besonders gerne genommen.

Meine *M. s. cheynei* sind gierige und gute Fresser, und auch sonst kann ich nur Positives über diese wirklich prachtvollen Tiere berichten. Sind sie allesamt recht unkompliziert und pflegeleicht, was Haltung und Vermehrbarkeit angeht. Auch dass diese Unterart besonders bissig sein soll, kann ich nicht bestätigen. In ihren ersten 2–3 Lebensjahren werden die Tiere – wie alle Rautenpythons – schnell nervös und schnappen schon mal, was sich aber, wenn man mit den Tieren regelmäßig hantiert, meistens mit dem dritten oder vierten Lebensjahr legt. Da die meisten Tiere recht verfressen sind, sollte man sie immer mit Handschuhen herausnehmen, da viele Exemplare erst mal gierig nach allem „Warmblütigen" schnappen, was ihnen über den Weg läuft. Befinden sich diese Tiere dann außerhalb ihres Terrariums, sind sie in der Regel sehr umgänglich. Mit meinen Tieren kann ich dann ausnahmslos ohne Handschuhe hantieren.

Etwas anders dürfte es wohl in freier Natur sein, wo man nervöseres und bissigeres Verhalten gerade von *M. s. cheynei* kennt.

Vermehrung

Die Vermehrung ist auch bei *M. s. cheynei* nicht besonders schwierig, es reicht meist ein schwacher Jahresrhythmus zur Stimulation aus. Hierzu senkt man im Spätherbst bzw. Winter die allgemeinen Temperaturen um einige Grad auf tagsüber etwa 24–27 °C und nachts auf etwa 21–23 °C. Lokal muss aber ein Sonnenplatz erhalten bleiben, auf dem tagsüber um die 40 °C herrschen sollten. Die Beleuchtungsdauer senkt man in dieser Zeit von sonst täglich 12–13 auf etwa 8–10 Stunden.

In meiner Terrarienanlage beginne ich mit der Reduzierung von Temperatur und Beleuchtungsdauer meistens Mitte bis Ende November. Viele Männchen hören sofort auf zu fressen, oder sie nehmen Nahrung nur noch sporadisch und beginnen dann meist im Dezember mit den ersten Paarungsversuchen. Sie halten sich während dieser „Winterzeit" auffallend oft in besonders kühlen Bereichen des Terrariums auf, vermutlich hat das mit der Vitalität der Spermien zu tun. Ende Januar oder Anfang Februar beginne ich damit, die Temperaturen und die Beleuchtungsdauer wieder langsam zu erhöhen.

Sind die Männchen nicht paarungsaktiv, kann man als Stimulans das Natternhemd eines anderen Männchens in das Terrarium des Tieres legen, das sich vermehren soll. Oft reicht das schon aus. Wenn nicht, setzt man ein zweites Männchen dazu, woraufhin die beiden männlichen Tiere meistens sofort mit einem Kommentkampf beginnen. Man muss bei solch einem Zusammensetzen aber unbedingt anwesend bleiben, da gerade männliche *M. s. cheynei* wilde Kämpfe austragen, die bei diesen Tieren häufig sehr schnell eskalieren, sodass der Pfleger die beiden Kontrahenten oft schon nach wenigen Minuten wieder trennen muss. Auf keinen Fall dürfen die Tiere in dieser Situation unbeobachtet oder gar über Nacht zusammen bleiben, da solch ein Kommentkampf schnell in einen Beschädigungskampf mit wilden Beißereien umschlagen kann, eventuell sogar mit Todesfolge für eines der Tiere. Außerhalb der Paarungszeit ignorieren sich die meisten Männchen.

Die Hauptpaarungsaktivitäten finden beim oben genannten Jahresrhythmus zwischen Januar und März statt. In dieser Phase, bei meinen Tieren oft Ende Februar, kommt es auch meistens zur Befruchtung der Weibchen.

Die Ovulation zeigt sich oft über 10–20 Stunden durch eine starke Verdickung zwischen der Körpermitte und dem Anfang des hinteren Körperdrittels. Barker & Barker (1994) geben an, dass die Eiablage 38–47 Tage nach der Ovulation stattfinde.

Zwischen Mitte Januar und Mitte Februar setze ich dann, wie erwähnt, allmählich die Temperaturen und die Beleuchtungsdauer wieder bis auf die Normalwerte herauf, da jetzt die Trächtigkeit der Weibchen einsetzt. Die letzte Häutung während der Trächtigkeit findet ca. 3–5 Wochen vor der Eiablage statt, bei meinen Tieren sind es meistens 29–31 Tage, die Eiablage erfolgt dann zwischen Mitte bis Ende März und Ende April, selten erst im Mai.

Die Gelege sind meistens nicht sehr groß, bei mir schwanken die Zahlen zwischen 8 und 15 Eiern, je nach Größe und Alter des Weibchens. Die Eier sind 55–60 g schwer (durchschnittlich 58,5 g), 57–64 mm lang und 37–40 mm breit (durchschnittlich 60 × 39 mm). Das Gesamtgewicht eines Geleges kann bis zu 36 % und sogar etwas mehr des Gesamtgewichtes (Jahresdurchschnitt) des Weibchens betragen.

Nach Barker & Barker (1994) setzt *Morelia s. cheynei* durchschnittlich 16 Eier pro Gelege ab. Die Autoren geben aber sogar Gelegegrößen von bis zu 28 Eiern an. Nach meinen Erfahrungen sind aber Gelege mit über 20 Eiern äußerst selten; *M. s. cheynei* produziert meist nur wenige, aber im Verhältnis zu ihrer Körpergröße recht große Eier.

Inkubiert werden diese Eier auf die für Rautenpythons typische Art und Weise bei 31–32 °C und einer Luftfeuchtigkeit von über 90 %.

Nach ca. 50–60 Tagen, bei mir sind es durchschnittlich 55 Tage, schlüpfen dann die Jungtiere,

Dieses etwa einjährige Jungtier der schwarzgelben Variante stammt aus der US-Zucht von D.G. und T. Barker.

Foto: D. G. Barker

die 40–47cm lang (durchschnittlich 44,3 cm) und etwa 23–35 g schwer (durchschnittlich 32,9 g) sind.

Die Aufzucht von *M. s. cheynei* ist recht unproblematisch und erfolgt am besten einzeln in Kleinstterrarien. Bei normaler Fütterung wachsen die Kleinen innerhalb des ersten Lebensjahres etwa auf eine Länge von 80–90 cm und ein Gewicht von 150–200 g heran, innerhalb des zweiten Lebensjahres auf etwa 105–120 cm Länge und ein Gewicht von ca. 420–500 g und innerhalb ihres dritten Lebensjahres auf 125–142 cm und ein Gewicht von 800–900 g.

Frisch geschlüpfte Jungtiere sind zunächst einmal recht schlicht gefärbt, aber etwas lebhafter und kontrastreicher als die meisten Jungtiere etwa von *M. s. mcdowelli.* Nach dem ersten Lebensjahr haben die Jungtiere dann schon ein recht attraktives Aussehen bekommen, das sich zwischen dem zweiten und dritten Lebensjahr noch stärker ausbildet. Bei meinen schwarzweißen *M. s. cheynei* zeigt sich zuerst ein sattes, tiefes Schwarz auf dem Rücken, das sich dann seitwärts bis an den Bauch ausdehnt. Erst danach, manchmal nach 12–15 Monaten, oft aber erst nach 2–3 Jahren, breitet sich, am Bauch beginnend über die Seiten bis zum Rücken hin, ein herrliches Weiß aus. Dieser Umfärbungsprozess dauert je nach Tier unterschiedlich lang, man kann aber sagen, dass die meisten *M. s. cheynei* nach drei Jahren durchgefärbt sind und dann bis etwa zum siebten Lebensjahr ihren „optischen Höhepunkt“ zeigen. Das heißt aber auf gar keinen Fall, dass ältere Tiere dann unattraktiv würden.

Wenn man es mit Exemplaren zu tun hat, die „saubere“, klare Farben besitzen und kontrastreich gemustert sind, kann diese Variante des Rautenpythons extrem schöne Vertreter hervorbringen. Solche Tiere gehören neben den meisten *M. s. spilota*, einigen besonders schön rot gefärbten *M. s. variegata* und *M. s. harrisoni* sowie manchem *M. bredli* für mich zu den schönsten Schlangen überhaupt.

Anmerkung

Wie schon erwähnt, ist der Regenwald-Teppichpython durch sein von jeher recht kleines – und durch eine massive Biotopzerstörung nochmals verkleinertes – Verbreitungsgebiet von Natur aus der Vertreter des *Morelia-spilota*-Komplexes, der in freier Natur in den geringsten Stückzahlen zu finden ist.

Deshalb wären ein besonderer Schutz dieser Tiere und ihres Lebensraums in Australien und gezielte Zuchtprojekte für diese Unterart mit ausschließlich reinrassigen Tieren für die Zukunft besonders wichtig. Sollte diese Unterart wirklich in freier Wildbahn aussterben, wäre ihr Fortbestand dann zumindest unter Terrarienbedingungen vorläufig gesichert. Diesbezüglich liegen mir natürlich besonders die schwarzweißen Regenwald-Teppichpythons am Herzen, weil diese Variante bis jetzt nur aus einigen sehr beschränkten Regionen innerhalb des insgesamt schon recht kleinen Verbreitungsgebietes bekannt ist. Außerdem findet man gerade die schwarzweißen Regenwald-Teppichpythons relativ selten in Zoos und in den Terrarien von Hobbyzüchtern, weshalb es besonders wichtig ist, sie zum einen reinrassig zu erhalten (auch unvermischt mit den schwarzgelben *M. s. cheynei*, damit beide Varianten für die Zukunft erhalten bleiben).

Wie dem auch sei, es bleibt für die Zukunft zu hoffen, dass diese wunderschönen und interessanten Pythons in freier Wildbahn und unter Terrarienbedingungen in ihrer ursprünglichen Form erhalten bleiben.

Morelia spilota harrisoni HOSER, 2000

Dieser Papua-Teppichpython wurde in der Nähe der Stadt Port Moresby (National Capital District) gefunden und fotografiert.
Foto: M. O'Shea

Deutscher Name

Papua-Teppichpython

Der bisherige im Deutschen der Teppichpythons von Neuguinea ist normalerweise „Irian-Jaya-Teppichpython". Der Name sollte aber in „Papua-Teppichpython" geändert werden, und zwar aus zwei Gründen:

1. „Irian-Jaya-Teppichpython" ist eine Bezeichnung, die schon immer in die Irre geführt hat, da die meisten der heute bekannten Fundorte dieser Tiere in Papua, dem südlichen Teil Papua-Neuguineas, und nicht etwa im nördlichen oder dem westlichen indonesischen Teil der Insel (Irian Jaya) liegen.

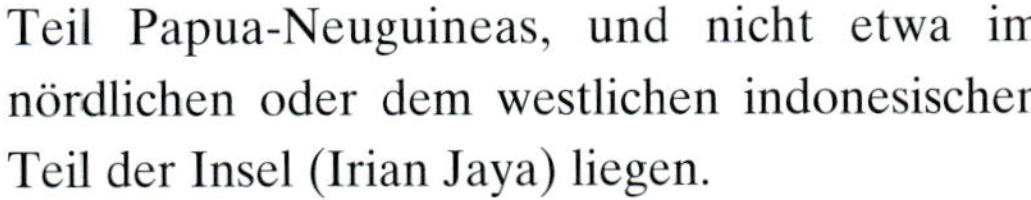

2. West-Papua ist die eigentliche und heute einzig gültige Bezeichnung für die westliche Hälfte Neuguineas, nicht mehr Irian Jaya.

Englische Namen

Irian Jaya Carpet Python; Trans Fly Carpet Python; Port Moresby Carpet Python (Auch hier wäre eigentlich „Papuan Carpet Python" empfehlenswert.)

Namen in Pidgin und Motu

Alle Pythons werden „Moran", Schlangen allgemein „Sinek" oder „Gaigai" genannt, wobei der letzte Begriff in Motu mehr für Giftschlangen gebräuchlich ist (O'SHEA, schriftl. Mittlg.).

In Papua-Neuguinea gibt es etwa 750 Sprachen, Pidgin und Motu sind aber in weiten Teilen des Landes die gebräuchlichsten.

Beschreibung

Der Papua-Teppichpython ist mit durchschnittlich 150–180 cm Körperlange einer der kleinsten, eventuell sogar der kleinste Vertreter aus dem *Morelia-spilota*-Komplex. Die Körperlänge ist recht variabel: So gibt es Tiere, die 140 cm kaum überschreiten, aber auch einzelne Exemplare mit fast 200 cm. O'SHEA (1996) gibt 100–200 cm an. Das größte Tier in meinem Besitz ist ein etwa neunjähriges Männchen, das etwa 170 cm lang und genau 2.450 g schwer ist. Es ist sehr muskulös, aber nicht massig. Ganz generell werden Papua-Teppichpythons nie besonders massig oder wuchtig, sondern bleiben immer eher schlank,

Fotografiert im Terrarium des Verfassers, hierbei handelt es sich um ein besonders kontrastreich gefärbtes Männchen von *M. s. harrisoni*. Foto: M. Mense

dabei aber sehr muskulös. Der Kopf ist deutlich vom Hals abgesetzt, und der Schwanz ist wie bei allen Rautenpythons relativ lang und als Greiforgan ausgebildet.

Die Musterung und die Farben sind, wie bei den meisten anderen Rautenpythons, recht variabel. Am häufigsten findet man rötliche, rötlich braune, olivbraune oder mittel- bis dunkelbraune Tiere. Seltener finden sich hellbräunliche, olivbeige oder insgesamt beige bis beigebraun wirkende Exemplare.

Die dunklen Elemente des Musters können olivbeige, beigebraun, hellbraun, bräunlich, haselnussbraun bis dunkelbraun, aber oft auch rötlich braun, rötlich, gelblich rot, orangerot bis herrlich leuchtend ziegelsteinrot sein. Sie sind weitestgehend dunkelbraun bis schwarz eingefasst, wodurch sie sich noch stärker von den hellen Musterelementen abgrenzen, wodurch die Musterung oft sehr kontrastreich wird. Die hellen Elemente des Musters können weißlich, elfenbeinweiß, gelblich weiß, gelblich oder beige sein. Bei *M. s. harrisoni* gibt es zwei ganz typische Zeichnungsvarianten. Am häufigsten findet man Tiere, die insgesamt geringelt bzw. quer gebändert sind. Bei ihnen sitzen die dunklen Musterelemente sattelartig auf dem Rücken und reichen meistens auf beiden Seiten bis fast an den Bauch hinunter.

Es gibt aber auch Exemplare, bei denen die hellen Zeichnungselemente auf dem Rücken in Längsrichtung so stark miteinander verschmelzen, dass ein heller dünner Streifen entsteht, der – manchmal zickzackförmig – über den Rücken verläuft. An den Seiten wirken aber auch diese Pythons gebändert.

An den Flanken von *M. s. harrisoni* finden sich immer zwei Reihen heller Flecken, die aber oft vertikal miteinander verschmelzen, wodurch dann bei den quer gebänderten Tieren der Eindruck eines geringelten Musters noch verstärkt wird, da diese hellen Flecken oft über den Rücken von einer Körperseite zur anderen verlaufen. Verschmelzen die hellen Seitenflecken miteinander, wirken die dunklen Musterelemente auch bei den „längs gestreiften" Tieren sattelartig, nur eben mit einer Unterbrechung auf dem Rücken.

Alle Zeichnungselemente werden an den Seiten zum Bauch hin heller. Dieser ist meist so gefärbt wie die hellen unteren seitlichen Flecken, also cremefarben, weißlich, elfenbeinweiß, gelblich oder gelblich beige. Die Unterseite des Kopfes und die des Halses sind nur wenig bis überhaupt nicht gefleckt, der Bauch wird dann aber nach hinten hin immer stärker mit Flecken übersät. Diese dunkle Unterseitenmusterung besteht meistens aus kleineren rundlichen, dunkelbraunen bis schwarzen Flecken und aus etwas länglicheren, quer verlaufenden, meist etwas helleren Flecken, die bräunlich, rötlich oder manchmal sogar fast fliederfarben sein können. Bei manchen Tieren wird die Fleckung des Bauches so stark, dass sie in der hinteren Körperhälfte von unten fast komplett dunkel gefärbt bzw. gefleckt sind und dann oft nur noch einige helle Flecken der eigentlichen Bauchfarbe zu sehen sind. Der Schwanz ist von unten ebenfalls stark gefleckt, oft verschmelzen die Flecken hier sogar zu einer dunklen Linie.

Die Oberseite des Kopfes ist in der Regel klar und kontrastreich gemustert; meist bis ins fortgeschrittene Alter. Im hinteren Bereich des Kopfes sieht man meist zwei oft längliche helle Flecken und einen gewöhnlich einzelnen hellen Fleck in etwa der Höhe des Stirnbeins. Ein länglicher heller Fleck bzw. Streifen zieht sich auf jeder Seite des Kopfes im Bereich der Schläfen und vom hinteren Rand der Nase zum Auge hin. Eine kräftige dunkle Linie verläuft vom hinteren seitlichen Rand des Kopfes auf Höhe der Supralabialia bis zum hinteren Rand des Auges und dann weiter vom vorderen Rand des Auges auf gleicher Höhe bis zum hinteren Rand des Nasale, bei manchen Tieren sogar bis auf das Nasale.

Zwei dunkle Linien ziehen etwa von der Kopfmitte auf die obere Hälfte beider Augen, und eine dritte ebenfalls etwa von der Kopfmitte aus gerade und mittig über die Schnauze bis zu den oder sogar manchmal bis auf die Internasalia. Diese drei dunklen Linien bilden dann häufig ein Muster, das von McDowell (1975) als „Kronen- oder Krönchenmuster" bezeichnet wird – ganz treffend, wie ich finde.

Manche Exemplare sind kräftig rot gefärbt und haben einen hellen Dorsalstreifen, so wie dieses Tier des Autors.
Foto: M. Mense

Häufig findet man einen dunklen meist etwas länglichen Fleck auf dem Rostrale und immer längliche dunkle Flecken auf den Supra- und Infralabialia.

Oft verläuft eine dunkle dünne Linie vom Mundwinkel bis unter das Auge durch die Grübchen der Infralabialia. Insgesamt hat die Kopfmusterung häufig sehr viel Ähnlichkeit mit der von *M. s. cheynei*.

Das Auge ist hellgrau, mittelgrau oder dunkelgrau, mit einer netzartigen, oft mit Sprenkeln durchzogenen Musterung, wodurch es insgesamt oft recht dunkel erscheint. Die Zunge ist blau.

Zur Beschuppung gibt MCDOWELL (1975) Folgendes an: 254–270 Ventralia (durchschnittlich 264,25); 71–81 Subcaudalia (durchschnittlich 76,5); Analschild in der Regel ungeteilt (2 von 8 Exemplaren hatte eine geteilte Analschuppe); 45–51 Schuppen um die Körpermitte; 12–13 Supralabialia, von denen das 6. und 7. das Auge berühren; 18–20 Infralabialia, davon 6–8 mit Grübchen.

Hin und wieder finden sich auch sehr dunkle Vertreter des Papua-Teppichpythons, wie dieses weibliche Exemplar. Foto: M. Mense

O´SHEA (1996) dokumentiert diese Werte: 254–270 Ventralia; 71–81 Subcaudalia, die meistens paarig vorhanden sind; Anale nicht geteilt; 45–51 Schuppen um die Körpermitte; 12–13 Supralabialia, von denen das 6. und 7. das Auge berühren; 18–20 Infralabialia.

Bei einer Auszählung von insgesamt etwa 30 Exemplaren kam ich zu folgenden Ergebnissen: 11–14 Supralabialia, von denen meistens das 6. und 7., seltener das 7. und 8. das Auge berühren; 17–19 Infralabialia, ab dem 7. oder 8. Infralabiale 7–8 mit Grübchen; zwischen den Supraocularschuppen 4–6 Schuppen, von denen die mittlere (Frontale) manchmal etwas vergrößert ist (meistens, wenn sie ungeteilt ist); 2–3 Präocularia; 3–4 Supraocularia; 3–5 Postocularia; 11–16 Lorealia; 239–273 Ventralia (durchschnittlich 262); 71–79 Subcaudalia (durchschnittlich 76); die Subcaudalia sind überwiegend paarig, verstreut gibt es aber auch ungeteilte; das Anale ist in der Regel ungeteilt (ein einziges Exemplar mit geteiltem Anale); 44–49 Schuppen um die Körpermitte.

Die Gesamterscheinung kann bei *M. s. harrisoni* recht stark variieren, wie bei den meisten Rautenpythons. Zum einen gibt es insgesamt recht helle Tiere mit einer oft rötlichen bis roten Grundfarbe, die dann häufig einen hellen Längsstreifen auf dem Rücken tragen, zum anderen aber auch sehr dunkle, bräunliche bis dunkelbraune Exemplare mit einer Querbänderung ohne Längsstreifen.

Aber gerade bei den rötlichen hellen Tieren findet man extrem schöne Exemplare, die auch im Alter ihre kräftigen Farben behalten. Das ist wohl auch der Grund dafür, dass sich diese Tiere in letzter Zeit bei Terrarianern immer größerer Beliebtheit erfreuen.

Lebensraum, Verbreitung und Freilandbiologie

Der Papua-Teppichpython kommt ausschließlich auf Neuguinea und einigen vorgelagerten Inseln vor und ist somit der einzige Vertreter aus dem *Morelia-spilota-* Komplex außerhalb Australiens.

Neuguinea liegt nördlich vor Australien, knapp südlich des Äquators. Die Insel ist politisch zweigeteilt, die westliche Hälfte gehört zu Indonesien und nennt sich heute West-Papua (ehemals Irian Jaya), die östliche heißt Papua-Neuguinea und ist politisch eigenständig.

Das Verbreitungsgebiet des Papua-Teppichpythons erstreckt sich innerhalb Neuguineas hauptsächlich auf Papua-Neuguinea und dort auf den Süden (Papua).

O´SHEA (1996) gibt an, dass man diese Tiere in Papua-Neuguinea im Central District entlang dem Goldie River, dem Laloki River und dem Brown River findet, ebenso wie auf dem Sogeri Plateau und auf Yule Island. Im NCD (National Capital District) findet man *M. s. harrisoni* rund um Port Moresby.

Im Western District (Fly) leben die Pythons im südlichen Trans-Fly (südlich des Fly-River).

Morelia s. harrisoni kommt außerdem bis über die Grenze im indonesischen Teil vor, bis etwa zum Ort Merauke. BARKER & BARKER (1999) berichten außerdem von einem Exemplar, das 1920 im Norden der Central Dividing Range, am Mamberamo River in Nordwest-Neuguinea, gefunden wurde. Vertreter dieser Unterat steigen bis in Höhenlagen von 300 m.

Es gibt zwischen den Tieren aus dem östlichen Teil des Verbreitungsgebietes, also west-

Die Sogeri Road, hier fand Mark O'Shea häufig Papua-Teppichpythons während und nach Regenfällen. Leider wird den Schlangen der Straßenverkehr auch immer wieder zum Verhängnis.

Foto: M. O'Shea

Küstennahe Savannen wie hier bei Kwikila (Central Province) sind ein typisches Habitat von *M. s. harrisoni*. Außerhalb der Regenzeit kann es in diesen Savannen sehr trocken werden.

Foto: M. O'Shea

Typische Eukalyptussavanne des südlichen Neuguineas (Oriomo Plateau, southern Trans-Fly, Western Province), eines der Habitate des Papua-Teppichpythons (*M. s. harrisoni*) Foto: M. O'Shea

lich von und rund um Port Moresby, und denen aus der Western Province (westlicher Teil von Papua-Neuguinea) im Gesamterscheinungsbild leichte Unterschiede, aber nicht ausgeprägt genug, um sie dadurch voneinander eindeutig abzugrenzen (O´SHEA, schriftl. Mittlg).

Verbreitungsgebiet von *Morelia spilota harrisoni*
a: Yule Island

Morelia s. harrisoni lebt hauptsächlich in küstennahen Eukalyptussavannen. Dort ist dieser Python wohl überwiegend bodenbewohnend und verbirgt sich tagsüber in Höhlen, hohlen Baumstümpfen oder Ähnlichem (O´SHEA1996). O´SHEA fand die Tiere besonders häufig weit außerhalb der Stadt Port Moresby, meistens kurz vor, kurz nach oder während Regenfällen, was möglicherweise damit zusammenhängt, dass dieser Python nur selten in direkter Nähe von permanenten Wasserstellen angetroffen wurden und die Savannen im Süden Papua-Neuguineas sehr trocken werden können (O´SHEA, schriftl. Mittlg.).

Insgesamt sind auch diese Rautenpythons in freier Wildbahn leider immer noch nur wenig erforscht, sodass man zur Biologie dieser Tiere oft nur auf Terrarienbeobachtungen zurückgreifen kann.

Der genaue Fundort der Exemplare, die nach Europa und Amerika importiert wurden, lässt sich im Allgemeinen nie genau ermitteln, da man nicht wissen kann, ob das eine oder andere Tier nicht über die „grüne Grenze“ von der einen Hälfte Neuguineas in die andere gebracht wurde.

Erschwerend kommt noch hinzu, dass die meisten Papua-Teppichpythons über Jakarta und nicht etwa direkt nach Europa und/oder in die USA gelangen.

Haltungsbedingungen

Dass der Papua-Teppichpython der am stärksten bodenbewohnende Vertreter aus dem *Morelia-spilota*-Komplex ist, heißt aber auf gar keinen Fall, dass diese Tiere nicht gern klettern. Oft treffe ich meine Tiere hoch oben in den letzten Winkeln des Beckens kletternd an. Auch schlafen meine Papua-Teppichpythons häufig in einer Astgabel zusammengerollt oder über einem Ast hängend in mehr als 1 m Höhe.

Ich halte die Tiere je nach Körpergröße in unterschiedlich großen Terrarien, subadulte Tiere meist einzeln in Becken mit den Maßen 120 × 60 × 70 cm (L × T × H), adulte Pythons als Pärchen oder in Dreiergruppen aus einem Männchen und zwei Weibchen in Terrarien von 150 × 80 × 150 cm oder 120 × 100 × 130 cm.

Alle Terrarien sind mit reichlich Kletterästen, einigen Versteckplätzen und einer großen Wasserschale ausgestattet, die groß genug sein soll, dass die Tiere darin auch baden können. Einige Terrarien haben zusätzlich noch eine strukturierte Seiten- und Rückwandverkleidung, die vor allem zum Klettern und als Häutungshilfe genutzt wird. Beleuchtet werden die Becken durch 1–2 UV-Licht abstrahlende Leuchtstoffröhren und 1–2 Strahler, die auf eine Korkröhre, Schlupfbox oder Ähnliches gerichtet sind und so auch Sonnenplätze schaffen.

Sehr selten finden sich auch grünlich beige Papua-Teppichpythons. Alle mir bisher bekannten Exemplare hatte immer einen hellen Dorsalstreifen und die für alle *M. s. harrisoni* typische Kopfmusterung.
Foto: M. Mense

Sehr ungewöhnlich aussehender Papua-Teppichpython. Dieses Tier besitzt eine extrem helle Grundfärbung und eine deutlich reduzierte Musterung.
Foto: M. Mense

Die mittlere Lufttemperatur sollte tagsüber bei 26–29 °C liegen und nachts auf ca. 21–25 °C abfallen. Lokal – z. B. unter einem Strahler – sollten Temperaturen von ca. 35–45 °C herrschen. Solche Plätze werden dann oft von den Tieren aktiv zum direkten Sonnenbaden oder zumindest deren Nähe zum Aufwärmen aufgesucht.

Die Luftfeuchtigkeit muss nicht besonders hoch sein, sie sollte sich tagsüber bei ca. 60–80 % und nachts um 70–90 % bewegen. Das erreicht man, indem die gesamte Einrichtung mehrmals in der Woche mit lauwarmem Wasser überbraust wird. Im Sommer sprühe ich etwas häufiger als im Winter; dadurch bekommen die Tiere einen leichten Jahreszyklus aus „Regen-“ und „Trockenzeit“.

Ventralansicht eines Papua-Teppichpythons (durch eine Glasscheibe fotografiert). Hier sieht man sehr gut, wie ab etwa der Körpermitte nach hinten hin die dunkle Fleckung stark zunimmt.

Foto: M. Mense

Gefüttert werden diese Pythons mit ihrer Körpergröße angepassten Nagern, wie Mäusen, Ratten, Hamstern usw. Manche Tiere entwickeln Vorlieben für ganz bestimmte Futtertiere, anderen hingegen fressen gierig alles, wann immer es angeboten wird.

Tendenziell kann man aber bei diesen Rautenpythons eine große Sensibilität gegenüber Veränderungen im Terrarium und Stress feststellen. Das äußert sich dann meistens durch eine mehrwöchige Futterverweigerung. Hat sich das Tier an die neue Umgebung, die neue Einrichtung usw. gewöhnt, wird auch wieder Futter angenommen. Überwiegend findet man solch ein Verhalten bei Jungtieren bis etwa zum dritten Lebensjahr, danach werden die meisten Exemplare deutlich unsensibler, von Wildfängen einmal abgesehen.

Zum Herausnehmen der Tiere ziehe ich immer Handschuhe an, da es durch die Gier einiger Pythons sonst immer wieder zu Unfällen kommt. Sind sie erst mal außerhalb ihres Terrariums, kann ich mit meinen Tieren ausnahmslos ohne Handschuhe hantieren. Gut eingelebte und an das Herausnehmen gewöhnte Tiere sind ruhig und umgänglich.

Vermehrung

Die Vermehrung ist auch bei *M. s. harrisoni* nicht besonders schwierig. Zur Stimulierung reicht meist ein schwacher Jahresrhythmus aus. Von März/April bis September/Oktober halte ich diesen Python bei durchschnittlichen Tagestemperaturen von 26–29 °C, lokal bei ca. 35–45 °C (Strahler/Sonnenplatz), nächtlichen Tiefsttemperaturen von ca. 21–25 °C und einer Beleuchtungsdauer von 12–13 Stunden.

Etwa von September/Oktober bis November/Dezember verkürze ich die Beleuchtungsdauer Schritt für Schritt auf ca. 10 Stunden, belasse die Tagestemperaturen wie gehabt, lasse aber die nächtlichen Tiefsttemperaturen allmählich auf ca. 20–22 °C abfallen.

In dieser Zeit fangen einige Männchen dann schon oft an, das Futter zu verweigern und besonders kühle Stellen im Terrarium aufzusuchen. Einige fressen aber trotz Paarungsaktivität die gesamte Paarungszeit (Winter) hindurch.

Von November/Dezember bis Januar/Februar verkürze ich die Beleuchtungsdauer nochmals um etwa eine auf neun Stunden täglich. Die durchschnittlichen Tagestemperaturen dürfen jetzt auch langsam auf ca. 23–26 °C sinken, die nächtlichen Tiefstemperaturen sollten weiterhin ca. 20–22 °C betragen. Lokal muss aber gerade in dieser Zeit eine Möglichkeit zum Aufheizen geboten werden, damit die Tiere die Energie, die sie benötigen, auch bekommen – der Sonnenplatz muss also nach wie vor zur Verfügung stehen. Hier sollten für ca. 8–9 Stunden täglich wie gewohnt um die 35–45 °C herrschen. In dieser Phase des Jahreszyklus finden die häufigsten Paarungen statt. In der Paarungszeit dürfen auf keinen Fall mehrere Männchen zusammen gehalten werden, schon gar nicht, wenn auch noch ein Weibchen anwesend ist, da der Papua-Teppichpython wilde Kommentkämpfe austrägt. Trennt man kämpfende Männchen nicht schnell genug, können die Auseinandersetzungen schnell in Beschädigungskämpfe umschlagen. Letztere äußern sich in Beißereien oder gegenseitigem Strangulieren bzw. so heftigen Körperschlägen, dass sich dabei die Männchen stark verletzen können; einmal brach bei mir ein größeres Männchen dem kleineren mehrere Rippen.

Papua-Teppichpythons sind zwar die am stärksten bodenbewohnenden Teppichpythons, aber dennoch trifft man sie oft kletternd an. Foto: M. Mense

Zwischen Januar und Februar setze ich dann die Temperaturen und die Beleuchtungsdauer wieder auf die normalen „Sommerwerte" herauf. Die Umstellung muss Schritt für Schritt und ganz langsam erfolgen, damit sich die Tiere darauf einstellen können. Zwischen Februar und April beginnt bei den meisten Weibchen die Trächtigkeit, weshalb ich ihnen dann schon eine Eiablagekiste mit einer milden Heizung zur Verfügung stelle, vor allem für die Nacht, damit sie nicht allzu sehr herunterkühlen.

Ballstellung eines trächtigen Weibchens. Diese Körperhaltung konnte ich bisher nur bei *M. s. cheynei* und bei *M. s. harrisoni* gegen Ende der Trächtigkeit beobachten. Foto: M. Mense

Die Ovulation zeigt sich bei den Weibchen oft für ca. 10–20 Stunden durch eine mehr oder weniger starke Verdickung zwischen der Körpermitte und dem Anfang des hinteren Körperdrittels. Die letzte Häutung während der Trächtigkeit findet ca. 3–5 Wochen, bei meinen Tieren meistens 24–28 Tage vor der Eiablage statt, die meistens zwischen Mitte/Ende März und Ende April erfolgt, selten erst im Mai. Mir ist von dieser Unterart aber auch eine Eiablage im Dezember bekannt, jedoch kenne ich nicht die näheren Umstände.

Die Gelege sind meistens nicht sehr groß, sie bestehen aus 8–25 Eiern pro Gelege, je nach Größe und Alter des Weibchens. Durchschnittlich enthält ein Gelege 12–16 Eier.

Diese sind 53–59 mm lang und 36–40 mm breit (durchschnittlich 56 × 38 mm); sie haben ein Gewicht zwischen 40 und 48 g (durchschnittlich 43,9 g). Das Gesamtgewicht eines Geleges kann bis zu 35 % und sogar etwas mehr des Gesamtgewichtes (Jahresdurchschnitt) des Weibchens betragen.

Inkubiert werden die Eier auf die für Rautenpythons typische Art und Weise bei 31–32 °C und einer Luftfeuchtigkeit von über 90 %. Nach ca. 50–65 Tagen (durchschnittlich 58) schlüpfen die Jungtiere, die 35–45 cm lang (durchschnittlich 41,8 cm) und etwa 23–35 g schwer sind (durchschnittlich 27,1 g).

Jungtiere sind nicht gefärbt wie adulte Papua-Teppichpythons, sondern meistens recht schön rötlich, hellrot, rot bis rotbraun, ganz ähnlich wie Jungtiere von *M. s. variegata*, wodurch sie sich also bereits direkt nach dem Schlupf von den meisten anderen Rautenpythons deutlich unterscheiden.

Die ontogenetische (altersbedingte) Umfärbung der Jungtiere beginnt häufig schon nach einigen Wochen. Bis zur vollständigen Umfärbung kann es aber mehrere Monate bis zu zwei Jahre dauern, wobei allerdings die meisten Tiere nach ihrem ersten Lebensjahr schon überhaupt keine Babyfärbung mehr zeigen, sondern ein den erwachsenen Tieren recht ähnliches Erscheinungsbild. Eventuell könnte man hier von so etwas wie einer Semiadultfärbung sprechen.

Die Aufzucht von *M. s. harrisoni* ist recht unproblematisch und erfolgt am besten einzeln in Kleinstterrarien. Bei normaler Fütterung wachsen Jungtiere dieser Unterart bei mir innerhalb der ersten 18 Monate etwa auf eine Länge von 89–109 cm und ein Gewicht von 235–350 g heran.

Die Geschlechtsreife setzt bei normaler Fütterung bei den Männchen nach etwa drei Jahren, bei Weibchen nach 3–4 Jahren ein.

Unter allen Tieren, die ich bis jetzt von dieser Unterart gesehen habe, war nicht eines, das man als unattraktiv bezeichnen könnte. Es finden sich im Gegenteil bei *M. s. harrisoni* manchmal extrem schöne, vor allem aber durch die rötliche Färbung gänzlich anders wirkende Vertreter, als man es sonst von Rautenpythons kennt. Außerdem ist sie eine der letzten Unterarten, die noch regelmäßig unverfälscht und reinrassig unter Terrarienbedingungen gehalten und gezüchtet werden, da es von diesen Tieren immer noch Wildfänge (der Natur entnommen) bzw. davon dann direkte Nachzuchten (F_1) gibt. Mir ist bis jetzt keine Vermischung bekannt (außer von den so genannten „Designertieren“). Das alles zusammen ist es, was diesen Rautenpython für mich persönlich sehr attraktiv und interessant macht.

Anmerkung

Von Wildfängen muss ich dringend abraten, vor allem weniger erfahrenen Pythonhaltern, da diese oft in einem schlechten Allgemeinzustand und mit Parasiten wie Würmern, Milben usw. hier ankommen. Außerdem gewöhnen sie sich oft nur schlecht an Terrarienbedingungen, besonders größere Tiere tun sich damit schwer. Als ich Mitte der 1990er-Jahre die ersten Tiere bekam, hatte man noch nicht die Wahl. Es gab zu diesem Zeitpunkt noch keinerlei Nachzuchten in Deutschland, und Wildfänge wurden auch nur selten und zu relativ hohen Preisen angeboten. Ein Importeur, der eine große Lieferung aus Indonesien erhalten hatte, rief mich damals an und erzählte mir, dass eine größere Anzahl Rautenpythons dabei war, woraufhin ich sofort zu ihm fuhr und mir die „besten“ Papua-Teppichpythons aussuchte. Die Tiere, die ich dann erwarb, waren alle

Schlüpflinge dieser Unterart sind zunächst kräftig rötlich bis rötlich braun gefärbt. Die ontogenetische Umfärbung beginnt meist schon nach den ersten Häutungen. Foto: K. Bergmann

noch recht klein, schätzungsweise nicht älter als 10–15 Monate. Obwohl fast alle noch Jungtiere waren und ich die „fittesten" gewählt hatte, dauerte es etwa ein Jahr, bis alle gesund und futterfest waren. Angefangen von Wurmbefall über Magen-Darm- und Atemwegsinfektionen bis zu hartnäckig nicht und/oder nur sporadisch fressenden Tieren war fast alles dabei. Die Nachzuchtsituation hat sich heute drastisch gebessert, sodass jemand, der sich diese wunderschönen und interessanten Rautenpythons anschaffen möchte, heute jederzeit auf deutsche oder zumindest europäische Nachzuchten zurückgreifen kann. Wenn diese erst einmal futterfest sind, bereiten sie im Allgemeinen überhaupt keine Probleme und sind dann dankbare, lang ausdauernde Pfleglinge.

Diskussion

HOSER (2000) beschrieb diesen Rautenpython ursprünglich als neue Art *Morelia harrisoni*. Diese Neubeschreibung basiert auf lediglich drei Exemplaren aus dem American Museum of Natural History, New York. Der von ihm beschriebene Holotypus (AMNH 82433) ist ein Weibchen aus der Nähe von Port Moresby, genauso wie einer der beiden beschriebenen Paratypen (AMNH 103637). Ein weiterer Paratypus unbekannten Geschlechts stammt aus Mawatta (Katow) (AMNH 107157), Western District, Papua-Neuguinea. Leider ist die Neubeschreibung sehr lückenhaft und unvollständig.

HOSER ist zwar bei seiner Neubeschreibung auf die richtige Spur gestoßen (er schreibt darin, dass die Tiere aus Neuguinea *vermutlich* weniger Ventralia und Subcaudalia besitzen – was aber auch schon MCDOWELL [1975] geschildert hatte), kann das aber nicht manifestieren, da ihm zu wenig Exemplare zur Verfügung standen. Mit der Namensgebung ehrt HOSER den 1999 an Krebs verstorbenen David Harrison.

Nach meinen eigenen intensiven Nachforschungen stimme ich HOSER darin zu, dass es sich bei diesem Rautenpython um ein eigenes Taxon handelt. Mir standen bis jetzt insgesamt ca. 30 Exemplare zur Verfügung, wodurch ich die Unterschiede zu den anderen Rautenpythons relativ gut herausarbeiten konnte.

Da die Beschreibung von HOSER (2000) rudimentär ist und nur andeutet, wie dieses neue Taxon definiert ist, ergänze ich die Angaben hier mit meinen Ergebnissen.

Meiner Meinung nach handelt es sich bei dem neuen Taxon um eine Unterart von *Morelia spilota*, also eben um *M. s. harrisoni*, nicht aber um eine eigenständige Art. Es gibt zwar deutliche Unterschiede zu den anderen Vertretern aus dem *Morelia-spilota*-Komplex, diese sind jedoch auch nicht auffälliger als zwischen den anderen Unterarten, und es zeigen sich sehr viele Parallelen.

Die Beschuppungsmerkmale sind im Vergleich zu den meisten Unterarten aus dem *Morelia-spilota-* Komplex recht abweichend (besonders im Vergleich zu *M. s. variegata*), *M. s. spilota* und *M. s. imbricata* besitzen aber ebenso wie *M. s. harrisoni* oft recht wenige Subcaudalia (*M. s. spilota* 71–85, *M. s. imbricata* 63–82); *M. s. imbricata* hat ebenfalls ganz ähnlich wie *M. s. harrisoni* eine relativ geringe Anzahl an Ventralia (239–276); Jungtiere von *M. s. harrisoni* sind auffällig kräftig rot gefärbt, genauso wie die Jungtiere von *M. s. variegata*.

Die Anzahl der Kopfschuppen ist bei allen Tieren aus dem *Morelia-spilota*-Komplex recht ähnlich, die Werte überlappen sich oft, auch mit denen von *M. s. harrisoni*. Die meisten *M. s. harrisoni* wirken stark geringelt, genauso wie *M. s. cheynei* und *M. s. variegata*. Als Farben der Musterung dominieren bei *M. s. harrisoni* Rot und Braun, wie bei *M. s. variegata*.

Im Gegensatz dazu zeigt *M. bredli* bei den Lorealia keine Überlappung der Anzahl mit den Unterarten von *Morelia spilota*; es erreicht auch kein Tier aus diesem Komplex eine so hohe Anzahl von Ventralia (bis zu 310) und Subcaudalia (bis zu 120) wie *M. bredli*. Auch bei *M. carinata* finden sich einige innerhalb der Rautenpythons einzigartige Merkmale – bei ihnen handelt es sich also im Gegensatz zu *M. s. harrisoni* nach bisherigen Erkenntnissen um eigenständige Arten.

Neuguinea ist seit dem Ende der letzen Eiszeit vor etwa 15.000 Jahren von Australien getrennt, was für die Evolution eine sehr kurze Zeit darstellt. Ob diese „kurze" Zeitspanne ausgereicht hat, dass sich die Populationen auf dieser Insel bereits zu einer eigenen Art weiterentwickelt haben, bleibt fraglich.

Im Folgenden sollen die Unterschiede von *M. s. harrisoni* zu *M. s. variegata*, zu denen die Tiere vormals gestellt wurden, aufgeführt werden. Trotz ihrer optisch oft großen Ähnlichkeit in Musterung und Färbung weist *M. s. harrisoni* gegenüber *M. s. variegata* einige signifikante Unterschiede auf:

a) Es werden zum größten Teil unterschiedliche Lebensräume bevorzugt (*M. s. harrisoni* = küstennahe Eukalyptussavannen; *M. s. variegata* = offene Wälder, Monsunwälder).

b) Die australischen Vertreter sind wesentlich stärker arboricol lebend als die Tiere in Neuguinea.

c) Die Kopfmusterung ist bei *M. s. variegata* wenig markant, i. d. R. nicht stark ausgeprägt und neigt im zunehmendem Alter dazu, verwaschen, undeutlich und kontrastlos, teilweise sogar einfarbig zu werden und schließlich gänzlich zu verschwinden. Bei *M. s. harrisoni* ist sie meistens sehr markant („Krönchenmuster"), stark ausgeprägt und bleibt auch im Alter erhalten.

d) Viele *M. s. variegata* werden deutlich massiger und wuchtiger als *M. s. harrisoni*.

Porträt eines frisch geschlüpften Papua-Teppichpythons

Foto: K. Bergmann

e) Zwischen den beiden Unterarten findet man Unterschiede in der Beschuppung. *Morelia s. harrisoni* weist durchschnittlich deutlich weniger Subcaudalia und Ventralia auf. Im Vergleich zur Gesamtzahl der Subcaudalia beider Unterarten gibt es nach dem jetzigen Kenntnisstand nur eine einzige Überlappung (bei der Schuppenanzahl 81). *Morelia s. variegata* besitzt durchschnittlich etwa 85 Subcaudalia, *M. s. harrisoni* dagegen durchschnittlichen 76. *Morelia s. variegata* hat durchschnittlich etwa 285 Ventralia, bei *M. s. harrisoni* sind es im Mittel etwa 263, wobei es bei dieser Schuppenanzahl eine etwas größere Überlappung gibt (Überlappungsbereich bei 259–273 Ventralia). Dennoch lassen sich die meisten Exemplare anhand dieser beiden Beschuppungsmerkmale sehr einfach auseinanderhalten.

Morelia spilota imbricata SMITH, 1981

Deutscher Name

Westaustralischer Teppichpython

Englischer Name

Southwestern Carpet Python

Beschreibung

Morelia spilota imbricata ist ein relativ kräftiger, muskulöser Rautenpython mit einem stark abgesetzten, manchmal recht wuchtigen Kopf und einem langen kräftigen Nacken.

Die GL der Tiere ist – vor allem geschlechtsspezifisch – recht unterschiedlich. Eine Gruppe australischer Wissenschaftler (PEARSON et al. 2002) untersuchte 518 frei lebende Exemplare (256 Männchen und 262 Weibchen) auf der Insel Garden Island in der Nähe von Perth und stellte dabei fest, dass adulte weibliche *M. s. imbricata* durchschnittlich doppelt so lang und im Mittel etwa 13 Mal schwerer wie adulte männliche *M. s. imbricata* sind. Weibchen haben eine durchschnittliche KRL von 214 cm und wiegen im Mittel 3,9 kg; Männchen dagegen haben eine durchschnittliche KRL von 104 cm und wiegen im Mittelwert etwa 305 g.

Das absolut größte Männchen, das auf Garden Island gefunden wurde, hatte eine KRL von 159 cm und wog 1,24 kg, das größte Weibchen

Diese adulte *M. s. imbricata* wurde im Schwemmland des Swan River (WA) entdeckt.

Foto: D. G. Barker, mit freundlicher Unterstützung von B. Bush

hatte hingegen eine KRL von 231 cm und brachte 5,35 kg auf die Waage. In Größe und Masse gab es zwischen den beiden Geschlechtern im Erwachsenen-Stadium keine Überlappungen, da kein Männchen 160 cm KRL überschritt.

Bush (1997) schreibt in einem Haltungsbericht, dass seine beiden adulten Männchen eine KRL von 96 und 108 cm hätten, leider macht er keine Größenangabe zu den Weibchen (lediglich bei einem Weibchen wird erwähnt, es sei 2,5 kg schwer).

Es gibt auch zwischen den verschiedenen Populationen große Unterschiede in der Endgröße. So fanden Pearson et al. (2002) auf St. Francis Island kein Tier, das schwerer als 2 kg war, im Gegensatz zu Garden Island, wo sie auch wesentlich größere Tiere mit bis zu 5,4 kg entdeckten.

Man kann also davon ausgehen, dass Männchen eine GL von etwa 130–180 cm und Weibchen eine von 220–270 cm erreichen. Farbe und Musterung sind wie bei allen Rautenpythons recht variabel, wobei *M. s. imbricata* insgesamt meistens bräunlich schwarz oder dunkeloliv bis grünlich schwarz erscheint. Die Musterung besteht aus hellen Elementen, die meistens beigebräunlich, bräunlich grün, rotbräunlich oder graubräunlich sind, und aus dunklen Elementen, die dunkelbraun oder schmutzig schwarz bis tiefschwarz sind. Die helle Musterung verläuft als schmale Streifen oder mäßig breite Bänderung meistens quer oder schräg über den Rücken bis

Dieser Westaustralische Teppichpython wurde im Zoo von Perth fotografiert. Ursprünglich stammt er aber aus der Darling Range (nordwestlich von Perth/WA).
Foto: D. G. Barker, mit freundlicher Unterstützung vom Zoo Perth

an die Seiten hinunter, wo sie insgesamt immer heller wird. Über die Flanken ziehen manchmal ein oder mehrere Längsstreifen. Die Unterseite von *M. s. imbricata* ist weißlich bis gelblich.

SMITH (1981) gibt an, dass man an der Unterseite meistens drei dunkle, kräftig ausgeprägte Längsstreifen findet, vor allem in den hinteren zwei Dritteln.

Der Kopf ist individuell unterschiedlich stark gemustert, bei einigen Tieren ist er ausgeprägt kontrastreich, es finden sich aber auch Tiere fast ohne Kopfmusterung oder mit einem nur angedeuteten Muster, meist ist es wenig deutlich und nur schwach ausgeprägt.

Die Zunge ist blau gefärbt. Das Auge ist meistens hellgrau, aber fast immer mit einer dunkelgrauen Netzmusterung durchzogen, wodurch das Auge insgesamt manchmal eher hell, manchmal eher dunkel wirkt.

Die Tiere der Population auf St. Francis Island unterscheiden sich insgesamt recht stark von denen aus Westaustralien, denn sie sind insgesamt eher rötlich braun gefärbt, bleiben durchschnittlich deutlich kleiner und weisen eine einmalige Schuppenanomalie der Ventralia auf: Geteilte Ventralia. Dies wurde bisher bei noch keinem anderen Rautenpython beobachtet. Erste Spekulationen, weshalb die Tiere dieser Inselgruppe diese Anomalie aufweisen, gehen dahin, dass die durchschnittlich relativ kühlen Temperaturen auf den Inseln während der Inkubation der Gelege damit etwas zu tun haben könnten (S. STONE, schriftl. Mittlg.).

Zur Beschuppung macht SMITH (1981) folgende Angaben: Vordere Dorsalbeschuppung stark überlappend und oft lanzettförmig; 11–15 Supralabialia (durchschnittlich 12,8), wovon meistens das 6. und 7., manchmal das 6.–8., das 7. und 8. oder seltener das 7.–9. das Auge berühren; 16–20 Infralabialia (durchschnittlich 17,8), von denen 6–8 Grübchen aufweisen, meistens ab dem 8.; 41–49 Schuppen um die Körpermitte (durchschnittlich 44,8); 239–276 Ventralia (durchschnittlich 260,6); 63–82 Subcaudalia (durchschnittlich 75,3), überwiegend geteilt; Anale immer ungeteilt.

BARKER & BARKER (1994) machen außerdem folgende Angaben: 3–5 Präocularia; 3–4 Supraocularia; 4–5 Postocularia; 17–23 Lorealia; Nasale im hinteren Bereich ohne die für andere Rautenpythons typische Falte („Naht"), wenn doch eine Falte/Naht vorhanden ist, dann geht diese bei *M. s. imbricata* normalerweise vom Nasenloch nach unten, zum 2. Supralabiale.

Anmerkung: Die stark überlappenden Schuppen waren namensgebend für diese Unterart, in Anlehnung an das Wort „imbricatus" = mit Dachziegeln versehen.

Porträtaufnahme von *M. s. imbricata* aus der Umgebung von Perth (WA). Hier sieht man sehr gut, dass die Falte/ Naht in der Nasalschuppe fehlt

Foto: R. Hoser

Lebensraum, Verbreitung und Freilandbiologie

Morelia spilota imbricata kommt hauptsächlich im Süden von Western Australia vor, dort völlig isoliert von den anderen Rautenpythonarten. Außerdem lebt *M. s. imbricata* weit entfernt vom eigentlichen Verbreitungsgebiet auf der Inselgruppe St. Francis Island vor South-Australia (Schwaner et al. 1988). Nach neuesten Erkenntnissen kommt *M. s. imbricata* aber auch in einigen Teilen des Festlandes des Bundesstaates South Australia vor. Dr. Stone berichtete mir, dass die Tiere dort hauptsächlich an der Fowlers Bay leben (nordwestlich der Eyre-Halbinsel). Außerdem existiert noch eine Population in der Umgebung der Ortschaft Whyalla (Eyre-Halbinsel, landeinwärts zwischen Middleback und den Gawler Ranges), wo die Tiere jedoch morphologisch einige Ähnlichkeiten mit *M. s. imbricata*, allerdings auch mit den östlichen Teppichpythonpopulationen aufweisen – Stone (schriftl. Mittlg.) spricht hier von „intergrades".

St. Francis Island ist überwiegend mit mittelhohem Buschwerk bewachsen. Durch kalte Winde und die sehr südliche Lage ist es hier das ganze Jahr, aber besonders im Winter relativ kühl.

Foto: S. Stone

Die Inselgruppe St. Francis Isles liegt südlich vor South Australia im Nuyts-Archipel und besteht aus mehreren kleineren und einer größeren Hauptinsel, St. Francis Island.

Foto: S. Stone

St. Francis Island ist wohl der kälteste Lebensraum, der überhaupt von einer Pythonart weltweit bewohnt wird. Dr. S. Stone (schriftl. Mittlg.) beobachtete diesen Python bei Außentemperaturen von nur 14 °C noch bei der aktiven Jagd.

Smith (1981) gibt zur Verbreitung Folgendes an: Südwestliches Australien, im Norden erstreckt sich das Vorkommen etwa bis zu den Orten Geraldton und Yalgoo und östlich bis etwa Kalgoorlie, Norseman und Mt. Le Grand. Außerdem werden einige Inseln wie West Wallabi Island, Garden Island, Noth Twin Peak Island und Mondrain Island besiedelt.

Wie die meisten Rautenpythons bevorzugt auch *M. s. imbricata* Gegenden mit regelmäßigen Niederschlägen und Busch- oder Baumbewuchs.

Pearson et al. (2003) fanden diesen Python auf Garden Island besonders häufig in mit Akazien bestandenem Buschland, in halbhoch

Im Verbreitungsgebiet von *M. s. imbricata* gibt es unter anderem auch Eukalyptuswälder und Baumgras

Foto: M. Gaulke

Durch die Wirkung von Licht und Schatten sind Pythons in ihrem natürlichen Habitat oft nur schwer zu entdecken.

Foto: S. Stone

bewachsenem Buschland und in Wäldern mit Bewuchs von *Callitris prisii* und *Melaleuca lanceolata*. Garden Island befindet sich etwa 15 km südwestlich von Perth und weist warme, trockene Sommer und kühle, feuchte Winter mit manchmal extrem niedrigen Temperaturen auf, die durch kalte Brisen von der See entstehen. Weiterhin untersuchten PEARSON et al. die Pythons des Dryandra Woodland; diese Gegend befindet sich etwa 140 km südöstlich von Perth auf dem Festland und besteht überwiegend aus fragmentierten Waldgebieten und Ackerland. Dort fanden die Forscher *M. s. imbricata* häufig in Gebieten mit Beständen von *Eucalyptus wandoo* und *E. accendes*. Hier herrschen noch extremere Temperaturen als auf Garden Island, im Sommer werden hier manchmal Werte von 38 °C und im Winter von 0 °C gemessen. In Dryandra fanden PEARSON et al. die Tiere besonders oft in Baumlöchern in einer Höhe von 5–10 m, auf Garden Island häufig unter Büschen, wobei man anmerken muss, dass es auf Garden Island einfach nicht sehr viele Baumhöhlen gibt.

Verbreitungsgebiet von *Morelia spilota imbricata*
a: Fowlers Bay; **b:** St. Francis Island

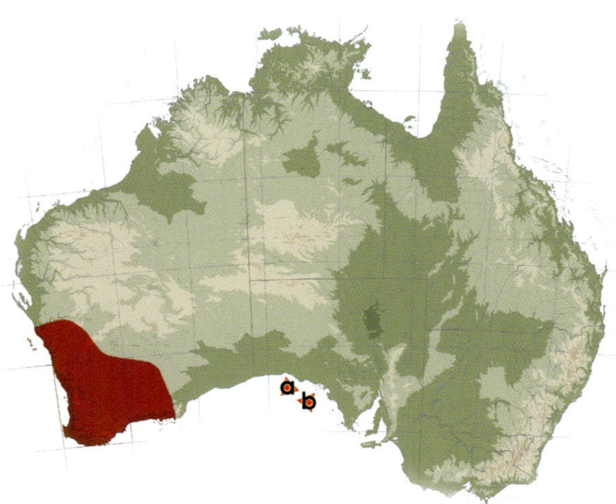

MARYAN (1994) schreibt über Probleme bei der Anpassung an suburbane oder gar urbane Gebiete – er habe *M. s. imbricata* nur in (ausreichend) hohen Stückzahlen in größeren unzerstörten Gegenden finden können.

SMITH (1981) bemerkt, dass das Western Australian Museum in den letzten Jahren eine abnehmende Zahl dieser Schlange verzeichnet, die dem Museum überlassen werden. Dies deute darauf hin, dass sich die Wildpopulationen verringerten, was vielleicht an denselben Faktoren liege, die für die Gefährdung der südwestlichen Woma-Populationen (*Aspidites ramseyi*) verantwortlich sind. Mit diesen teilt sich *M. s. imbricata*

Morelia s. imbricata, gefunden und fotografiert auf St. Francis Island (SA). Die Tiere aus dieser Population sind etwas rötlicher, vor allem aber deutlich kleiner als ihre Verwandten aus Westaustralien.

Foto: S. Stone

Wie alle Rautenpythons, so ist auch *M. s. imbricata* ein geschickter Kletterer, hier zu sehen im hohem Gras auf St. Francis Island.

Foto: S. Stone

einen Großteil des Verbreitungsgebietes, obwohl sie größtenteils andere Nischen besetzen. PEARSON (1993) bemerkt, dass anekdotische Hinweise und die abnehmenden Museumszugänge stark diese Meinung von SMITH (1981) unterstützten.

Morelia s. imbricata wird in Australien als bedroht geführt, einer der Vorschläge für die Erhaltung dieser Unterart ist die Einrichtung eines Zuchtprogramms in menschlicher Obhut (BARKER & BARKER 1994; COGGER et al. 1993).

Dieses besonders große Weibchen von *M. s. imbricata* fand man in der Umgebung von Norseman (WA).

Foto: D. G. Barker, mit freundlicher Unterstützung von B. Bush

Haltungsbedingungen

Über die Haltungsbedingungen bei Terrarientieren außerhalb Australiens ist nur wenig bekannt. Persönlich kenne ich nur wenige Schlangenhalter, die diesen schönen Python pflegen, und auf diese Wenigen beziehen sich die nachfolgenden Angaben.

Da dieser Python hauptsächlich in Gegenden vorkommt, die nicht den „normalen“ Python-Vorzugstemperaturen entsprechen, pflegen alle mir bekannten Terrarianer die Tiere ganz ähnlich wie den Diamantpython (*M. s. spilota*).

Die allgemeine mittlere Lufttemperatur sollte für *M. s. imbricata* nicht zu hoch, sondern tagsüber bei 23–28 °C liegen und nachts auf 15–20 °C abfallen. Im Winter sind deutlich niedrigere Temperaturen erforderlich. Lokal, z. B. unter einem Strahler, sollte die Temperatur ca. 35–45 °C betragen, damit sich die Tiere dort sonnen können. Ganz besonders wichtig bei der Haltung von *M. s. imbricata* ist, dass man im Terrarium ausgeprägte Temperaturzonen schafft, sodass die Tiere immer ein kühles oder auch warmes Versteck wählen können. Entscheidend ist daher auch der Standort des Terrariums: Man sollte sich hierfür einen selbst im Sommer kühl bleibenden Raum aussuchen.

Die Luftfeuchtigkeit sollte tagsüber ca. 60–80 % betragen und nachts auf 80–100 % ansteigen. Mehrmals in der Woche wird das gesamte Terrarium mit lauwarmem Wasser überbraust, zum einen erhöht man damit die Luftfeuchtigkeit im Terrarium, zum anderen imitiert man regelmäßige Niederschläge, die zum allgemeinen Wohlbefinden beitragen.

Eingerichtet wird das Terrarium auf die herkömmliche Art und Weise mit reichlich Kletterästen, einigen Verstecken, wenn man mag mit Rück- und Seitenwandverkleidung und einer Wasserschale, die auch zum Baden genutzt wird.

Die Terrariengröße sollte wie immer nicht zu klein gewählt werden, da man zum einen so leichter die Temperaturzonen schaffen kann, zum anderen die Tiere aber auch ihren Bewegungsdrang ausleben können. Für ein Pärchen ist ein Terrarium mit den Maßen 200 × 100 × 120–180 cm (L × T × H) zu empfehlen.

Geteilte und ungeteilte Ventralia, diese Schuppenanomalie konnte bisher nur bei den Exemplaren von der Inselgruppe St. Francis festgestellt werden.

Foto: S. Stone

Ernährt werden diese Pythons mit ihrer Körpergröße entsprechend großem Futter wie Mäusen, Küken, Ratten, Meerschweinchen usw.

Vermehrung

Über die Vermehrung außerhalb Australiens ist nur wenig bekannt, wichtig ist hierbei aber auf jeden Fall ein ausgeprägter jahreszeitlicher Rhythmus mit einer deutlichen Winterphase. Vorteilhaft für die Stimulation ist auch, wenn man die Tiere zur Winterzeit voneinander trennt.

Um eine Winterphase zu simulieren, senkt man im Herbst langsam und Schritt für Schritt die allgemeine Temperatur, aber auch die nächtlichen Tiefstwerte, bis man bei nächtlichen Minima von ca. 10–15 °C und einer Terrarientemperatur von tagsüber ca. 18–20 °C angekommen ist. Man muss den Tieren aber auch zu dieser Zeit unbedingt einen lokalen Sonnenplatz mit etwa 35–45 °C – zumindest für 2–3 Stunden täglich – zur Verfügung stellen, damit sie sich bei Bedarf aufwärmen können und nicht erkranken. Auch die Beleuchtungsdauer sollte man zu dieser

Auf diesem Bild hat man einen sehr guten Größenvergleich, zu sehen ist hier Dr. Stone auf St. Francis Island mit einer adulten *M. s. imbricata* von dieser Insel.
Foto: S. Stone

Nahaufnahme der Kopfbeschuppung von *Morelia s. imbricata*, in diesem Fall von einem St.-Francis-Island-Exemplar
Foto: D. G. Barker, mit freundlicher Unterstützung von Simon Stone

Zeit reduzieren, von sonst durchschnittlich 12 auf dann ca. 7–8 Stunden. Diese Winterphase sollte 6–8 Wochen dauern.

Anschließend steigert man die Temperaturen und die Beleuchtungsdauer wieder Schritt für Schritt, bis die „Normalwerte" erreicht sind. In der Schlussphase oder nach dieser Temperatursteigerung sollte man die Geschlechter wieder zusammensetzen. Kurz danach kommt es oft spontan zu Paarungen.

Hilfreich ist auch das Zusammensetzen eines Weibchens mit mehreren Männchen, da dies wohl stimulierend auf die Tiere wirkt. Komment- oder gar Beschädigungskämpfe sind von *M. s. imbricata* nicht bekannt (PEARSON et al. 2002), weshalb man bei dieser Unterart ruhig mehrere Männchen gemeinsam in einem Terrarium pflegen kann.

Dr. STONE (schriftl. Mittlg.) fand auf St. Francis Island vier geschlechtsreife Männchen, die um ein einziges Weibchen gewickelt waren, um sich mit ihm zu paaren. Dabei konnte er ebenfalls keinerlei agonistisches Verhalten beobachten.

Sehr interessante Aufzeichnungen zur Vermehrung von *M. s. imbricata* liefert BUSH (1997) aus Australien. Er hielt ein Männchen mit zwei Weibchen über etwa fünf Jahre zusammen ohne jegliche Nachzuchterfolge, bis er 1992 und 1993 jeweils ein zusätzliches Männchen bekam, wodurch die zusammen gepflegte Gruppe auf drei Männchen und zwei Weibchen wuchs. Die beiden neuen Männchen konnte er weder bei der Balz oder Paarungsversuchen beobachten, noch zeigten sie irgendein Verhalten, das auf Paarungsaktivitäten oder Konkurrenzverhalten hingedeutet hätte. Trotzdem stimulierte ihre Anwesenheit das alteingesessene Männchen wohl so stark, dass es im September 1993 zu Paarungen kam. Zwischen 1994 und 1996 wurden so bei BUSH insgesamt drei Gelege abgesetzt. Die letzte Häutung der trächtigen Weibchens fand jeweils 21, 22 und 28 Tage vor der Eiablage statt. Die Gelege bestanden immer aus 17 Eiern, die jeweils zwischen 50 und 68 mm (durchschnittlich 56,93 mm) lang und zwischen 35 und 45 mm (im Mittel 38,37 mm) breit waren. Die Inkubation wurde bei Temperaturen zwischen 28 und 30 °C durchgeführt und dauerte 62–75 Tage.

Schlüpflinge von *M. s. imbricata* sind zwischen 32 und 37,2 cm (im Mittel 35,3 cm) lang (KRL) und zwischen 20,74 und 38,36 g (durchschnittlich 25,88 g) schwer.

Ebenfalls von einer gelungenen Nachzucht berichtet ROOYENDIJK (1998). Er trennte im November seine Tiere und verringerte für etwa 50 Tage die Terrarientemperaturen (die Nacht- und Tagesdurchschnittstemperatur) jeweils um etwa 4–5 °C. Danach – Ende Dezember – setzte er ein Pärchen zusammen, woraufhin es noch am selben Tag zur Kopulation kam. Am 26. Februar setzte das Weibchen ein Gelege mit 20 Eiern ab.

Inkubiert wurde es bei Temperaturen zwischen 28 und 32 °C. Am 20. April, nach 53 Tagen, schlüpfte dann das erste Jungtier, am 28. April das letzte nach einer Inkubationszeit von 61 Tagen. Aus den 20 Eiern schlüpften insgesamt 19 Jungtiere, die alle zwischen 30 und 35 cm lang waren.

Dr. STONE (schriftl. Mittlg.) fand 1996 ein trächtiges Weibchen auf St. Francis Island, das kurz darauf zehn Eier legte, die im Durchschnitt jeweils 35,2 g wogen. Außerdem erwähnte er, dass er es für sehr wahrscheinlich halte, dass sich die Tiere auf St. Francis Island nur etwa alle vier Jahre reproduzieren.

Die Aufzucht von *M. s. imbricata* ist recht unproblematisch und erfolgt am besten einzeln in kleinen sauberen Terrarien und bei nicht zu hohen Temperaturen, ähnlich wie bei den Haltungsbedingungen beschrieben.

Morelia spilota mcdowelli WELLS & WELLINGTON, 1984

Deutsche Trivialnamen

McDowells Rautenpython

Englische Namen

Coastal Carpet Python; Eastern Carpet Python; Mcdowell´s Carpet Python

Beschreibung

Morelia spilota mcdowelli ist ein sehr kräftiger, muskulöser Rautenpython mit einem stark abgesetzten, wuchtigen Kopf und einem langen, kräftigen Nacken. Diese Unterart bringt nicht nur die schwersten, sondern wohl auch die längsten Vertreter des gesamten *Morelia-spilota*-Komplexes hervor. So gibt COVACEVICH (1970) ca. 420 cm als maximale Länge an.

Solche Riesen sind sicher die Ausnahme, jedoch sind Längen von 250 bis über 300 cm nicht besonders selten. FEARN (1996) fing 20 Exemplare in freier Wildbahn ein, maß und wog sie: Die beiden größten Tiere waren 298,5 cm lang und 6,9 kg schwer bzw. 298,7 cm lang und 7,2 kg schwer. Mein größtes Männchen misst 259 cm und wiegt 6,33 kg, mein größtes Weibchen ist 248 cm lang und bringt 5,85 kg auf die Waage. Unter Terrarienbedingungen wird McDowells Rautenpython meistens zwischen 200 und 300 cm lang, manchmal auch etwas

Dieses ungewöhnlich, aber sehr schön gemusterte und gefärbte Tier wurde in der Nähe der Stadt Brisbane (QLD) gefunden.

Foto: D. G. Barker

Morelia s. mcdowelli Foto: V. Franz

Ebenfalls extrem ungewöhnlich ist das Aussehen dieser noch juvenilen *M. s. mcdowelli*, gefunden in Queensland nahe Bundaberg. Foto: R. Hoser

darüber hinaus, und fast alle Tiere sind recht kräftig gebaut.

Wie alle Rautenpythons ist auch *M. s. mcdowelli* in der Musterung und den Farben recht variabel. Die dunklen Zeichnungselemente können olivgrün, beigegrau bis mittelgrau oder sogar schwarz sein, meistens sind sie jedoch rötlich braun, beigebraun oder mittel- bis dunkelbraun, mit einer oft schwarz, immer aber dunkel eingefassten helleren Musterung. Diese helle Musterung kann schmutzig weiß, gelblich oder gräulich sein, ist aber meistens gelblich beige, bräunlich beige, mittelbraun oder auch hellbraun.

Die Kopfmusterung ist bei *M. s. mcdowelli* meistens nur schwach ausgeprägt und wirkt dadurch dann oft nur wenig kontrastreich oder ist sogar nur andeutungsweise bis gar nicht vorhanden. Wenn aber eine deutlichere Kopfmusterung vorhanden ist, wirkt diese meistens quadratisch und ist dann oft nicht besonders kompakt, sondern eher offen.

Über den Rücken verläuft eine Doppelreihe heller, relativ großer, leicht versetzter Flecken, die sehr oft untereinander verbunden sind, wodurch sie dann zu einer schräg über den Rücken verlaufenden Querbänderung werden. Manchmal sind diese Querbänder wiederum mit dem jeweils nächsten Querband verbunden, wodurch sich ein Zickzackmuster oder zumindest oft eine M- oder N-Form ergeben.

An den Seiten sieht man eine Reihe oft leicht ovaler Flecken, die etwas heller sind als die am Rücken. Eine zweite Reihe noch hellerer Flecken verläuft an den Flanken kurz über dem Bauch; diese sind allerdings oft so miteinander verschmolzen, dass sie eher wie ein Seitenstreifen wirken. Dieser relativ dünne Seitenstreifen verschmilzt wiederum oft an einigen Stellen mit der Reihe ovaler Seitenflecken, weshalb die Flankenzeichnung dann schnell etwas „ungeordnet" wirkt. Alle Musterelemente werden gewöhnlich an den Seiten zum Bauch hin immer heller. Es gibt auch Tiere, bei denen die Rückenmusterung mit der

Seitenmusterung verschmilzt, wodurch sie dann quer gebändert wirken.

Begleitet werden alle größeren Muster von einer Vielzahl kleiner Flecken.

Auch die Schuppen der dunklen bis schwarzen Musterelemente besitzen oft einen hellen Kern, wodurch die gesamte Musterung häufig schmutzig oder zumindest nur wenig kontrastreich wirkt.

Die Unterseite von Mcdowells Rautenpythons ist weiß, weißlich, cremefarben oder leicht gelblich mit unregelmäßig verstreuten dunklen bis schwarzen Flecken, die in der hinteren Körperhälfte zum Schwanz hin deutlich häufiger auftreten. Besonders am Bauch sind die Schuppenränder oft dunkel gefärbt. Hals und Kinn sind ungefleckt.

Meine Tiere erscheinen mehrheitlich bräunlich bis dunkelbraun oder graubraun. Ein Exemplar ist allerdings insgesamt so hell gefärbt, dass es eher hellbeige-gräulich wirkt. Nach BARKER & BARKER (1994) gibt es eine derart gefärbte Population vermutlich in Queensland bei Port Douglas. Sie halten es für möglich, dass es sich bei diesen Tieren um eine Übergangsform zwischen *M. s. mcdowelli* und *M. s. cheynei* handeln könnte, da eine Population schwarzweißer *M. s. cheynei* lediglich 20 km weiter landeinwärts vorkommt.

Das Auge von Mcdowells Rautenpython ist meistens mittelgrau mit einer dunklen, netzartigen Musterung. Es gibt aber auch Tiere mit hellgrauen, dunkelgrauen, selten auch mit beigen oder gelblichen Augen. Die Zunge ist blau gefärbt.

Der Schwanz ist wie bei allen Rautenpythons relativ lang und als Greiforgan ausgebildet, sodass selbst große Exemplare immer noch hervorragend klettern können.

WELLS & WELLINGTON (1984) beschreiben den Holotypus (in Alkohol) von *M. s. mcdowelli* als insgesamt bräunlich mit unregelmäßigen schwarzen Flecken. Diese werden im Zentrum deutlich heller. Auf dem Rücken neigen sie dazu, eine Querlinie oder manchmal auch eine S-Form zu bilden. Der Kopf ist bräunlich, die Supralabialia sind weißlich. Die Unterseite ist cremefarben bis weißlich mit einigen schwarzblauen Flecken. Zur Beschuppung werden folgende Angaben gemacht: 51 Schuppen um die Körpermitte; 281 Ventralia; 80 Subcaudalia, geteilt; Analschuppe ungeteilt; 14 Supralabialia; 21 Infralabialia; 13 Schuppen berühren das rechte Auge, 12 das linke; zwei große Internasalia, direkt darüber zwei nur geringfügig kleinere Praefrontalia. Der Holotypus stammt aus Terania Creek, NSW. Er hat eine KRL von 1.580 mm und eine Schwanzlänge von 290 mm.

Dieses Exemplar von *M. s. mcdowelli* ist außergewöhnlich kontrastreich gefärbt. Gefunden und fotografiert wurde es in Queensland.

Foto: V. Franz

Adultes Exemplar von *M. s. mcdowelli*, gefunden und fotografiert in der Nähe der Ortschaft Bundaberg (QLD) Foto: R. Hoser

Gestreifter McDowells Teppichpython aus dem Norden des Verbreitungsgebietes, Queensland Foto: R. Hoser

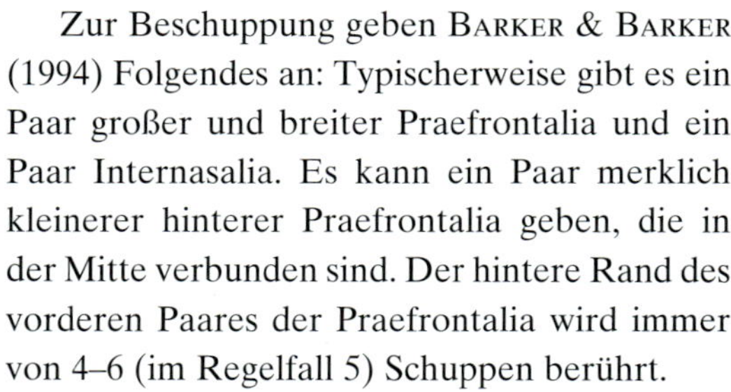

Zur Beschuppung geben Barker & Barker (1994) Folgendes an: Typischerweise gibt es ein Paar großer und breiter Praefrontalia und ein Paar Internasalia. Es kann ein Paar merklich kleinerer hinterer Praefrontalia geben, die in der Mitte verbunden sind. Der hintere Rand des vorderen Paares der Praefrontalia wird immer von 4–6 (im Regelfall 5) Schuppen berührt.

Die genannten Autoren untersuchten acht Exemplare aus dem nordöstlichen NSW sowie dem südöstlichen Queensland und fanden bei ihnen 16–20 Lorealia, weitere fünf Exemplare aus Bundaberg bis Port Douglas hatten 12–16 Lorealia. Wie bei allen Teppichpythons bedecken recht viele kleine Schuppen die Stirn- und die Seitenregion. Typischerweise gibt es 1–4 größere Schuppen zwischen vielen kleinen Schuppen in der Stirnregion; 3–4 Präocularia; 3 Supraocularia; 4–6 Postocularia. Das Maul besitzt ein Paar tiefdunkler Grübchen. 11–14 Supralabialia, normalerweise 12 oder 13, der 1. und 2. Supralabialschild besitzen Grübchen, der 3. Supralabialschild kann entweder kein Grübchen, eine deutlich geformte senkrechte Falte oder ein flaches Grübchen aufweisen. Der 6. und 7. berühren das Auge, gelegentlich der 6.–8. und selten der 7.–8.; 18–21 Infralabialia, normalerweise 19, eine Reihe von 7 oder 8 Infralabialia, die mit dem 9. oder 10. Infralabialschild beginnt, mit Grübchen.

Covacevich (1970) gibt zur Beschuppung an: 270–300 Ventralia; 40–60 Schuppenreihen um die Körpermitte; 80–90 Subcaudalia. Wie bei allen Teppichpythons sind alle oder zumindest die meisten Subcaudalia paarweise angeordnet.

Anmerkung

Bei den fünf Tieren, die Barker & Barker (1994) zwischen Bundaberg und Port Douglas untersuchten, kann man meiner Meinung nach bei einigen nicht unbedingt davon ausgehen, dass es sich bei ihnen um reinrassige *M. s. mcdowelli* handelte, da der Fundort (Port Douglas) z. T. schon erheblich im (ehemaligen?) Verbreitungsgebiet von *M. s. cheynei* liegt.

Lebensraum, Verbreitung und Freilandbiologie

Morelia spilota mcdowelli besiedelt ein riesiges Gebiet zwischen dem Norden von NSW, wo es zur Vermischung mit *M. s. spilota* kommt (Gow 1988; Wilson & Knowles 1988; Worrell 1970), und dem Norden von Queensland, wahrscheinlich bis zur Cape-York-Halbinsel. Über die nördlichsten Populationen ist jedoch nur wenig bekannt, man weiß eigentlich nur, dass dort überhaupt Rautenpythons vorkom-

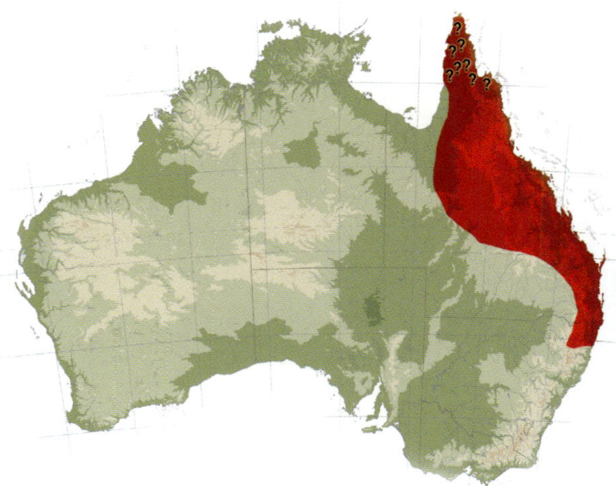

Verbreitungsgebiet von *Morelia spilota mcdowelli*
? = Vorkommen der Unterart in diesem Gebiet nicht gesichert bzw. umstritten (siehe Artenteil)

men, aber nicht genau, welche. Mir sind mehrere Fotos von Tieren aus dieser Gegend bekannt, nur lassen sich Rautenpythons durch ihre Variabilität meistens nicht nach rein optischen Merkmalen (und schon gar nicht anhand von Fotos) der einen oder anderen Unterart sicher zuordnen. Außerdem sahen einige dieser Tiere ähnlich wie *M. s. cheynei* aus, andere aber wiederum erinnerten mich eher an *M. s. variegata,* wieder andere wirkten wie eine Mischung aus beiden. Die meisten Tiere aus diesem Gebiet, von denen ich Bilder gesehen habe, hatten jedoch große Ähnlichkeiten mit *M. s. harrisoni*, waren aber immer eher grünlich als rötlich.

Es könnte also ebenso gut sein, dass sich das Verbreitungsgebiet von *M. s. variegata* oder von *M. s. cheynei* weiter erstreckt als bisher vermutet und dass es eventuell auch dort eine Hybrid- bzw. Übergangsform verschiedener Unterarten gibt. Vielleicht existiert ja sogar noch eine weitere, bis jetzt noch nicht näher beschriebene Variante, die dann eventuell – was ich mir gut vorstellen könnte – das Bindeglied zum Papua-Teppichpython innerhalb des *Morelia-spilota*-Komplexes darstellen

Es werden auch relativ trockene Gegenden wie dieses Gebiet in Queensland bewohnt, wenn sichere Wasserstellen vorhanden sind und es regelmäßige, zumindest geringe Niederschläge gibt.

Foto: V. Franz

Offene, sonnendurchflutete Wälder werden von *M. s. mcdowelli* gern besiedelt, sehr dichte Wälder hingegen werden generell gemieden.

Foto: M. Mense

könnte. Das ist alles natürlich rein spekulativ – aber wer weiß, welche Überraschungen die Zukunft hier noch bringt.

Barker & Barker (1994) geben zur Verbreitung von *M. s. mcdowelli* Folgendes an: Ungefähr in der Höhe von Townsville erstreckt sich das Verbreitungsgebiet westwärts über die Great Dividing Range bis zum westlichen Rand des Black-Soil-Landes in Zentral-Queensland. Im nördlichen Zentral-Queensland sind Teppichpythons unterschiedlich stark verbreitet. Sie sind dort auf die dichtere Vegetation und die Wälder entlang den Wassersystemen dieses ansonsten trockenen und offenen Landes beschränkt Die Autoren nehmen an, dass sich *M. s. mcdowelli* und *M. s. metcalfei* im Inland von Zentral-Queensland etwa in der Höhe der Städte Rockhampton und Mackay mischen, kennen allerdings keine veröffentlichten Beschreibungen oder Fotos von Exemplaren aus dieser Gegend, noch waren sie in der Lage, Exemplare aus diesem Gebiet zu untersuchen.

So riesig das Verbreitungsgebiet ist, so unterschiedlich sind auch die Lebensräume, die von Mcdowells Rautenpython besiedelt werden. Der größte Teil des Verbreitungsgebietes wird von Trockenwäldern und Savannen beherrscht. Es gibt aber auch Strauch- und Baumheiden, Grasland, felsige Gebiete mit Busch- oder Baumbewuchs und Hartlaubwälder.

Bevorzugt werden immer Lebensräume mit zumindest lockerem Baumbestand oder einer dichten Buschvegetation, regelmäßigen Niederschlägen und einer sicheren Wasserstelle.

Shine & Fitzgerald (1995b) untersuchten Rautenpythons in zwei Gegenden im Norden von NSW und fanden diese Tiere in der einen Region zu 45 % auf Bäumen vor – besonders gern wurden Bäume mit starkem Rankenbewuchs bewohnt –, in der anderen zu 47 % tief im Dickicht. Nur sehr selten beobachteten sie Tiere in offenen Arealen.

Die Pythons halten sich auch in relativ dichten Wäldern und deren Lichtungen sowie

Bei so großen Tieren wie den McDowells Teppichpythons eignen sich nur noch besonders robuste Pflanzen wie z. B. *Rhododendron*.

Foto: M. Mense

auf landwirtschaftlich genutzten Flächen auf, wie etwa Farmen und Plantagen. Wie einige andere Rautenpythons auch, meidet *M. s. mcdowelli* also nicht die Nähe menschlicher Siedlungen. So kenne ich z. B. ein Foto von einem Australier, der gerade ein Tier aus seiner Regenrinne befreit hatte (und „zum Dank" mitten ins Gesicht gebissen wurde).

SHINE & FITZGERALD (1995b) untersuchten das Verhalten von 19 mit Sendern ausgestatteten Exemplaren in zwei suburbanen Gegenden im Norden von NSW. In einem der beiden Gebiete wurden auch regelmäßig Gebäude von den Tieren aufgesucht. Sie bewohnten vor allem Dächer bzw. Dachböden, teilweise über längere Zeiträume; eines der beobachteten Weibchen blieb ganze 92 Tage unter dem Dach eines Gebäudes. JAMES (1998) berichtet sogar von einem Gelege aus Nord-Queensland, das in einer betriebsamen Bananenplantage direkt neben einer Bananenstaude in einer Mulde abgesetzt wurde.

Generell kann man wohl getrost sagen, dass diese Unterart recht anpassungsfähig und wenig spezialisiert auf einen ganz bestimmten Lebensraum ist.

Im Süden des Verbreitungsgebietes gibt es das ganze Jahr über regelmäßige Niederschläge, Norden kommt es während des australischen Südsommers (November bis April) zu besonders starken Regenfällen, wodurch die Tiere hier eine ausgeprägtere Regen- und Trockenzeit erleben. Die Tiere im Süden haben stattdessen eine ausgeprägtere kühlere Jahreszeit, den Südwinter (Mai bis Oktober).

Als Nahrung kommen – außer ganz großen Arten – fast alle Säugetiere und Vogelarten innerhalb des Verbreitungsgebietes von *M. s. mcdowelli* in Betracht. Nach BARKER & BARKER (1994) werden vermutlich auch Fledermäuse, insbesondere Fruchtfledermaus-Arten (*Pteropus*), die in diesem Gebiet zahlreich vorkommen, gefressen, obwohl ihnen keine Berichte darüber bekannt sind. Außerdem verschmähen die Pythons auch Katzen nicht, wie fotografisch belegt ist.

SHINE & FITZGERALD (1995b) stellten bei ihren Untersuchungen in suburbanen Gegenden fest, dass die hier lebenden Rautenpythons überwiegend (zu 89 %) von ursprünglich nicht einheimischen Säugetieren leben (eingeschleppte Ratten, Hausmäuse, einige Vögel, wie Gänse, Tauben und Ziervögel). In einem Fall wurde sogar ein ein Beagle getötet, allerdings nicht gefressen. Außerdem wurden zwei einheimische Echsen erbeutet, eine Wasseragame (*Physignathus lesueurii*) und eine Bartagame (*Pogona barbata*).

Als Resümee kann man *M. s. mcdowelli* wohl als sehr anpassungsfähig, wahrscheinlich sogar als den anpassungsfähigsten Rautenpython überhaupt bezeichnen. Ein gewisser Opportunismus lässt sich aus all den in freier Wildbahn beobachteten Verhaltensweisen ganz klar erkennen.

Haltungsbedingungen

Dass auch diese Unterart trotz ihrer Größe gern klettert, muss bei der Wahl des Terrariums unbedingt berücksichtigt werden. Bei mir lebt ein sehr großes Pärchen – beide Tiere sind etwa 250 cm lang – in einem Terrarium mit den Maßen 360 × 100 × 160 cm, das ursprünglich für eine Dreiergruppe geplant war. Will oder kann man ein solch großes Terrarium wie oben beschrieben nicht zur Verfügung stellen, sollte es aber mindestens 200 × 80 × 150 cm für ein Pärchen von über 2 m Körperlänge aufweisen, besser wären 250 × 100 × 200 cm. Da auch ältere Mcdowells Rautenpythons noch sehr aktiv sind, lohnt die Anschaffung solch großer Terrarien auch auf lange Sicht, da diese Tiere jeden Zentimeter Raum aktiv nutzen.

Morelia s. mcdowelli im Terrarium des Autors. Trotz ihrer enormen Größe (dieses Tier ist etwa 300 cm lang) sind McDowells Teppichpythons hervorragende Kletterer.
Foto: M. Mense

Die Einrichtung des Terrariums wird in der für Rautenpythons üblichen Art ausgewählt, mit reichlich Kletterästen, strukturierten Rück- und Seitenwänden, einigen Versteckplätzen und einer großen Wasserschale, die auch zum Baden benutzt werden kann. Die Einrichtung muss unbedingt sehr robust gewählt werden, da diese Rautenpythons doch recht schwer werden können und nicht gerade zimperlich mit der Terrariendekoration umgehen, weshalb diese gerade auch zur Sicherheit der Tiere sehr stabil sein sollte.

Die mittlere Lufttemperatur sollte tagsüber bei 26–30 °C und nachts bei 20–23 °C liegen, die Lokaltemperatur, z. B. unter einem Strahler, bei ca. 35–45 °C.

Die Luftfeuchtigkeit sollte sich tagsüber bei ca. 60–70 % und nachts um die 80–90 % bewegen.

Geringe Abweichungen von diesen Werten über kurze Zeit schaden den Tieren nichts, nur dürfen sie nicht dauerhaft bei viel zu hohen oder viel zu niedrigen Werten gehalten werden, da es sonst zu Erkrankungen – besonders der Atemwege – kommen kann.

Mehrmals in der Woche sollte man die gesamte Einrichtung mit lauwarmem Wasser überbrausen, um für eine erhöhte Luftfeuchtigkeit im Terrarium zu sorgen und regelmäßige Niederschläge zu imitieren. Beides ist für das allgemeine Wohlbefinden dieser Schlangen wichtig.

Gefüttert wird dem Alter der Schlangen entsprechend. Erwachsene *M. s. mcdowelli* bewältigen selbst gro ße Futtertiere, wie Meerschweinchen, Zwerghühner und Kaninchen, wobei auch bei dieser Unterart von Individuum zu Individuum gewisse Vorlieben für die eine oder andere Futtertiersorte bestehen. Mein ältestes Pärchen frisst verschiedene Futtertiere unterschiedlich gern: Das Männchen nimm gern Kaninchen, die vom Weibchen konsequent verweigert werden, das Weibchen wiederum liebt Meerschweinchen, die das Männchen nie annimmt. Nur große Ratten werden von beiden gleich gern erbeutet

Diese „Riesen“ unter den Rautenpythons sind genau wie alle anderen Vertreter der Gruppe als Jungtiere ziemlich bissig, als semiadulte und adulte Tiere aber sehr friedfertig und recht umgänglich.

Vermehrung

Die Zucht von *M. s. mcdowelli* ist nicht besonders schwierig, wenn man den Tieren einen ausgeprägten Jahresrhythmus bietet. Dazu senkt man im Herbst und Winter zwischen Anfang November und Ende Januar die allgemeinen Temperaturen um einige Grad Celsius auf tagsüber durchschnittlich 23–26 °C und nachts ca. 19–22 °C. Lokal muss aber unbedingt ein Sonnenplatz mit etwa 40 °C erhalten bleiben, damit die Tiere die benötigte Energie aufnehmen können. Auch die Beleuchtungslänge wird etwas reduziert, von sonst durchschnittlich 12–13 Stunden auf ca. acht Stunden.

Bei meinen Tieren beginne ich mit dieser allgemeinen Reduzierung von Temperatur und Licht im November, wodurch die Männchen dann meist im Laufe des Dezember paarungsaktiv werden und mit der Balz beginnen. Als erstes stellen die Männchen jede Nahrungsaufnahme ein und werden zunehmend unruhiger. Auffallend oft halten sie sich während dieser Zeit in besonders kühlen Abschnitten des Terrariums auf, vermutlich um die Spermienqualität (Fertilität) zu erhöhen. Trifft man ein paarungsaktives Männchen nicht in einer „kühlen Ecke" des Terrariums an, liegt es meistens dicht beim Weibchen und versucht, sich mit diesem so oft wie möglich zu paaren. Die Hauptpaarungszeit liegt bei diesem Jahresrhythmus meistens zwischen Ende Dezember und Anfang März. Während der gesamten Winterphase darf sich kein zweites Männchen im Terrarium befinden, da es bei *M. s. mcdowelli* nicht nur zu Komment-, sondern auch zu schweren Beschädigungskämpfen kommen kann. Man kann nur unter Beaufsichtigung ein zweites Männchen für kurze Zeit als Stimulans ins Terrarium setzen. Man muss es aber sofort wieder entfernen, wenn man merkt, dass die Situation langsam eskaliert oder einer der beiden Kontrahenten fliehen will.

Die meisten Paarungen kann man unter diesen Klimabedingungen im Januar und Februar beobachten. Genau zum Ende der Hauptpaarungsaktivitäten, ca. Mitte bis Ende Februar, fange ich dann an, Beleuchtungslänge und Temperaturen Schritt für Schritt wieder auf die normalen Werte heraufzusetzen, da es dann meist nicht mehr lange dauert, bis sich Eier entwickelt haben.

Die Ovulation zeigt sich oft für 10–20 Stunden durch eine starke Verdickung zwischen der Körpermitte und dem Anfang des hinteren Körperdrittels. BARKER & BARKER (1994) geben an, dass die Eiablage 45–46 Tage nach der Ovulation stattfinde. Die letzte Häutung während der Trächtigkeit beobachtet man ca. 3–4 Wochen vor der Eiablage, bei meinen Tieren meistens 20–23 Tage. Die Eiablage findet dann oft im Mai, seltener im April oder Juni statt.

Die Gelege können sehr groß sein, bei meinen Tieren sind es durchschnittlich über dreißig Eier – zwischen 27 und 38 –, aus denen die meisten Jungtiere auch wirklich schlüpfen.

Laut BARKER & BARKER (1994) sind die Eier jeweils zwischen 33 und 59 g schwer, zwischen 48 und 57 mm lang, und sie weisen eine Breite von 40–48 mm auf.

Inkubiert werden die Eier auf die für Rautenpythons typische Art, bei 31–32 °C und einer Luftfeuchtigkeit von über 90 %. Unter diesen Bedingungen schlüpfen die Jungtiere dann nach ca. 50–60 Tagen, bei sehr niedrigen Bruttemperaturen eventuell auch erst nach 60–65 Tagen.

Frisch geschlüpfte *M. s. mcdowelli* sind durchschnittlich 35–48 cm lang und etwa 15–35 g schwer.

Die Jungtiere sind wie bei den meisten Rautenpythons zunächst einmal recht schlicht gefärbt – ziemlich dunkel und kontrastlos, manchmal leicht rötlich. Die meisten Jungen sind relativ bissig, was sich aber innerhalb der ersten zwei Lebensjahre ändert. Die Aufzucht von *M. s. mcdowelli* ist recht unproblematisch und erfolgt am besten einzeln in kleinen, sauberen Terrarien.

Alles in allem sind diese Tiere trotz ihrer für Rautenpythons enormen Größe und ihres nicht immer so „perfekten Aussehens" faszinierende und dankbare Pfleglinge sind, die ich in meinem Bestand nicht mehr missen möchte und jedem, der sich Rautenpythons anschaffen will, nur wärmstens empfehlen kann – auch oder gerade dem weniger erfahrenen Pythonhalter.

Morelia spilota metcalfei WELLS & WELLINGTON, 1985

Ein Inland-Teppichpython (*Morelia s. metcalfei*) aus einer nördlichen Verbreitung. Typisch für diese Tiere ist ein erhöhter Rotanteil in der Musterung. Dieses Exemplar stammt aus den Gammon Ranges (SA). Foto: S. Stone

Deutsche Namen

Grauer Inland-Teppichpython;
Inland-Teppichpython;
Metcalfes Teppichpython

Englische Namen

Inland Carpet Python; Inland Rivers Carpet Python; Metcalfe`s Carpet Python

Beschreibung

Bei *Morelia spilota metcalfei* handelt es sich um einen mittelgroßen Rautenpython, der zwar kräftig, aber nicht massig wirkt. Die Endgröße liegt bei etwa 170–200 cm. Musterung und Färbung sind wie bei allen Rautenpythons recht variabel. Die Tiere sind grau bis hellgrau mit schwarzer Musterung oder grau mit rötlich brauner und schwarzer Musterung.

Überwiegend grauschwarz gemusterte Tiere finden sich hauptsächlich im Süden des Verbreitungsgebietes, Exemplare mit brauner und rötlicher Musterung vor allem im Norden (S. STONE, schriftl. Mittlg.).

Die dunklen Musterelemente können braun bis dunkelbraun, mittelgrau bis dunkelgrau oder auch gräulich schwarz bis tiefschwarz sein. Leider sind die dunklen Zeichnungselemente im Kern manchmal deutlich heller, wodurch sie dann schnell schmutzig oder zumindest weniger kontrastreich wirken. Es finden sich aber auch Exemplare mit einem manchmal rötlich braun gefärbten Zentrum in der schwarzen

Musterung, solche Exemplare sind dann häufig sehr attraktiv. Die hellen Musterelemente sind meistens in verschiedenen Grautönen bzw. verschiedenen Grauabstufungen gefärbt. Sie können aber auch (seltener) schmutzig beige bis bräunlich sein. Es finden sich oft auch sehr kontrastreich gemusterte, klar und „sauber" gefärbte *M. s. metcalfei*, die dann äußerst attraktiv sein können.

Die Kopfmusterung ähnelt, für diese Unterart sehr signifikant, einer stilisierten Pfeilspitze oder einem spitz zulaufenden Trapez aus meistens nur dünnen Linien. Über den Rücken verläuft oft eine Doppelreihe heller, relativ großer, leicht versetzter Flecken, die sehr oft untereinander verbunden bzw. miteinander verschmolzen sind.

An den Seiten befinden sich oft weitere helle Flecken, die so miteinander verschmelzen, dass ein heller Längsstrich entsteht, der unterschiedlich lang und breit sein kann. Häufig kommen auch Tiere vor, bei denen die gesamte helle Musterung miteinander verschmilzt, wodurch sie dann insgesamt geringelt wirken.

Alle Musterelemente werden gewöhnlich an den Flanken zum Bauch hin immer heller. Der Bauch selbst ist weißlich oder gräulich bis cremefarben getönt, mit unregelmäßig verstreuten dunklen Flecken, die in der hinteren Körperhälfte zum Schwanz hin zahlreicher auftreten. Besonders häufig sind am Bauch die Schuppenränder dunkel gefärbt. Hals und Kinn sind meistens ungefleckt.

Das Auge ist gräulich, mit einer netzartigen Musterung. Je nach Ausprägung dieser Zeichnung kann das Auge bei weniger Musterung eher hell, bei stärkerer aber auch recht dunkel wirken. Die Zunge ist blau.

Typisch für Exemplare aus dem südlichen Verbreitungsgebiet ist eine überwiegend grauschwarze Färbung. Diese *M. s. metcalfei* stammt aus der Murray River Region.

Foto: S. Stone

Dieses Exemplar stammt aus einer englischen Zucht, im übrigen Europa ist diese Unterart immer noch nur sehr selten in Liebhaberterrarien zu finden. Foto: P. Harris

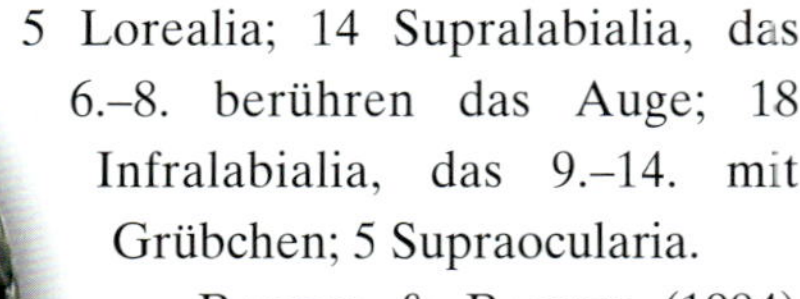

Sowohl die nördlich als auch die südlich vorkommenden Inland-Teppichpythons *Morelia s. metcalfei* haben eine ganz signifikante Kopfmusterung. Diese ähnelt einer Pfeilspitze oder einem spitz zulaufendem Trapez.

Foto. S. Stone

WELLS & WELLINGTON (1985) beschreiben *M. s. metcalfei* als einen grauschwarz gefärbten Rautenpython, der nur selten länger als 240 cm werde. Sie erwähnen ausdrücklich, dass es sich um besonders friedfertige Pythons handelt, die, wenn überhaupt, nur in extremen Stresssituationen zubeißen. Der Holotypus stammt aus den Warrumbungle Mountains, NSW. Zur Beschuppung machen sie folgende Angaben: 5 Lorealia; 14 Supralabialia, das 6.–8. berühren das Auge; 18 Infralabialia, das 9.–14. mit Grübchen; 5 Supraocularia.

BARKER & BARKER (1994) dokumentieren: Exemplare aus der Nähe des Murray River im südlichen Teil des Verbreitungsgebietes sind hauptsächlich schwarzgrau. Bei Individuen aus dem Norden, um den Darling River, sind die dunklen Rückenelemente überwiegend braun mit einem schwarzen Rand, und die Teppichpythons aus diesem Gebiet haben oft eine deutlich braune, sogar hellbraune Gesamterscheinung. Die dunklen Zeichnungselemente von Tieren aus höheren Lagen, den Vorgebirgen und kleinen Bergketten im östlichen Teil des Verbreitungsgebiets sind im Allgemeinen eher dunkelgrau als braun. Bei Exemplaren aus südlichen Gegenden sind die dunkle Pfeilspitze auf dem Kopf und das helle Zentrum darin klarer ausgeprägt, während die Kopfmarkierungen der nördlich lebenden Exemplare weniger deutlich sind und verwischter wirken. *Morelia s. metcalfei* besitzt 1–2 Paar kleiner Stirnschuppen und ein Paar Schuppen zwischen den Nasenlöchern, die alle in der Mitte verbunden sind. 12–14 Supralabialia, von denen die ersten beiden gut ausgebildete Grübchen enthalten. Das dritte Supralabiale besitzt typischerweise eine Einbuchtung, bei manchen Exemplaren mit einem schmalen runden Grübchen, während man bei anderen eine gut ausgeprägte Falte findet. 18–22 Infralabialia, mit einer Reihe von 6–7 Infralabialia mit Grübchen, die am 9. oder 10. Infralabiale beginnen. BARKER & BARKER (1994) ergänzen, die von WELLS & WELLINGTON (1985) am Holotypus ermittelten fünf Lorealia

Ein Inland-Teppichpython aus den Macquarie Marshes (NSW)
Foto: R. Hoser

Diese *Morelia s. metcalfei* wurde in der Nähe von Birdsville (QLD) gefunden.
Foto: R. Hoser

seien für einen Vertreter der *Morelia-spilota*-Gruppe sehr wenig. Bei den fünf Exemplaren, die sie untersuchten, zählten sie 15–21 Lorealia. Typischerweise gibt es 3–4 Präocularia, 3 Supraocularia und 4–5 Postocularia. Die meisten anderen Unterarten des Teppichpythons besitzen auf der hinteren Hälfte der Nasalschuppe eine „Naht" oder eine gut ausgeprägte Spalte, die ungefähr vom Nasenloch bis zur Mitte des hinteren Randes der Nasalschuppe verläuft. Inland-Teppichpythons haben diese normalerweise nicht. Typischerweise sitzt das Nasenloch bei *M. s. metcalfei* neben dem Hinterrand der Nasalschuppe, wobei der zum Hinterrand des Nasenloches das Internasale berührt. BARKER & BARKER (1994) geben an, *M. s. metcalfei* weise gewöhnlich keine Falte bzw. „Naht" vom Nasenloch zum hinteren Rand der Nasalschuppe auf. Das kann ich aber nicht bestätigen: Zwar besitzen einige Tiere diese Falte nicht, oft ist sie aber eben doch vorhanden. Ganz typisch ist jedoch, dass das Nasenloch im oberen Bereich das Internasale berührt. Dr. Simon STONE (Adelaide) untersuchte auf meine Bitte hin die Beschuppungswerte seiner sechs erwachsenen *M. s. metcalfei* und kam dabei zu folgenden Ergebnissen: Seine fünf Exemplare aus dem südlichen Teil des Verbreitungsgebietes (Murray River) besitzen 268–289 Ventralia; 82–87 Subcaudalia; 40–46 Schuppen um die Körpermitte; das sechste Exemplar stammt mehr aus dem Norden (Gammon Ranges) und besitzt 271 Ventralia; 78 Subcaudalia; 43 Schuppen um die Körpermitte. Die durchschnittliche Schuppenanzahl beträgt 278 Ventralia, 83,3 Subcaudalia und 43,5 Schuppen um die Körpermitte; das Anale ist immer ungeteilt; seine Tiere besitzen alle eine Falte bzw. „Naht" im hinteren Nasalschuppenbereich; der obere Rand des Nasenlochs berührt immer das Internasale. Sein Tier aus der Gammon Range (nördliche Flinders Range) hat mehr rötliche/bräunliche Musterungselemente als seine Exemplare vom Murray River. Dr. STONE teilte mir außerdem noch mit, dass es zwischen den Geschlechtern wohl keine besonderen Unterschiede bei der Endgröße gebe. Dass schwerste Exemplar, das er je fand, war ein Weibchen, das längste jedoch ein Männchen.

Persönlich konnte ich bisher leider nur die Schuppen eines einzigen *M. s. metcalfei* auszählen, und zwar anhand einer Häutung, die von einer EU-Nachzucht stammte und mir freundlicherweise von Paul Harris zur Verfügung gestellt wurde: 13 Supralabialia, von denen das 6. und 7. das Auge berühren;

16 Infralabialia; 13 Lorealia; 3 Praeocularia; 3 Supraocularia; 4 Postocularia; 4 Schuppen zwischen den Supralabialia; 41 Schuppen um die Körpermitte herum; 280 Ventralia; 81 Subcaudalia, alle geteilt; Analschild ungeteilt; das Tier besaß eine Falte bzw. „Naht" im hinteren Nasalschuppenbereich; der obere Rand des Nasenloches berührte die Internasalschuppe.

Lebensraum, Verbreitung und Freilandbiologie

Die Verbreitung von *M. s. metcalfei* erstreckt sich laut WELLS & WELLINGTON (1985) in Nord-Victoria und im Süden von NSW entlang dem Murray River, mit all seinen kleinen und großen Nebenflüsse inklusive der beiden größten, dem Lachlan River und dem Murrumbidgee River. Im zentralöstlichen South Australia, im Zentrum und im Norden von NSW sowie im südlichen Queensland bewohnt der Inland-Teppichpython Kanäle und Nebenflüsse entlang dem Darling River und seinem Hauptnebenfluss, dem Macquarie River.

Nach BARKER & BARKER (1994) gibt es aber auch noch angrenzende Populationen, die ihrer Meinung nach dieser Unterart „zugesprochen" werden müssen. Dazu zählen die Vorkommen, die sich von der Eyre-Halbinsel, Boston Island, den Flinders-Bergketten und dem Darling River in South Australia über das Inland Nord-Victorias, nördlich durch das Inland von New South Wales und in das südliche Queensland westlich der Great Dividing Range erstrecken. Damit dringt diese Unterart in ein Gebiet vor, in dem die Formen des *Morelia-spilota-*

M. s. metcalfei aus dem nördlichen Teil des Verbreitungsgebietes. Ebenfalls mit der für alle Vertreter dieser Unterart typischen Kopfmusterung, die allerdings durch die eher rötliche Färbung weniger ausgeprägt erscheint. Foto: S. Stone

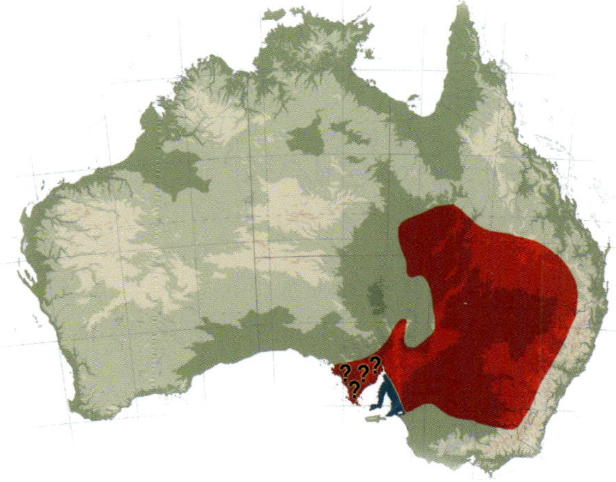

Verbreitungsgebiet von *Morelia spilota metcalfei*
? = Eyre-Halbinseln, hier ist das Vorkommen nicht gesichert bzw. umstritten (siehe Artenteil)
blau = in diesem Gebiet ist *M. s. metcalfei* vermutlich seit den 1980er-Jahren ausgestorben

Komplexes nur schlecht erforscht sind. Es ist auch möglich, dass diese Unterart bis in das südliche Zentral-Queensland vorkommt und dort Übergangsformen bildet.

BARKER & BARKER (1994) geben die Eyre-Halbinsel pauschal als Verbreitungsgebiet für *M. s. metcalfei* an, nach neueren Untersuchungen muss man aber davon ausgehen, dass dort – zumindest in einigen Gebieten – auch *M. s. imbricata* lebt (S. STONE, schriftl. Mittlg.).

Der Lebensraum von *M. s. metcalfei* ist laut WELLS & WELLINGTON (1985) immer mit Waldrändern oder Flussufern verbunden.

Die meisten Aufzeichnungen über den Inland-Teppichpython stammen aus Belah- und Mellee-Gebieten (semiarider Trockenbusch mit Akazien- oder Eukalyptusbewuchs, wo man jedoch auch Flüsse findet, die regelmäßig Wasser führen), wo diese Schlange oft auf Bäumen, in Felsspalten oder in Kaninchenbauten angetroffen wird – fast ausnahmslos in Wassernähe (SHINE 1994).

Rob BREDL fing im Zuge einer Fernsehreportage über australische Pythons ein sehr kontrastreich gefärbtes, wunderschön hellgrau-schwarz gemustertes Exemplar von *M. s. metcalfei.* Er fand es in einer Baumhöhle in etwa 2 m Höhe an einem Flussufer einer ansonsten

Murrumbidgee River bei Wagga Wagga

Foto: M. Gaulke

sehr trockenen Gegend. BREDL erwähnte ausdrücklich, dass man die Tiere in diesem ariden Gebiet ausschließlich entlang von bewachsenen Flussufern finde.

Wenn man Rückschlüsse aus den Aufzeichnungen von S. STONE zieht, finden Paarungen in freier Wildbahn vermutlich im australischen Frühling zwischen August und September statt. Zur Eiablage kommt es dann wohl für gewöhnlich zwischen Oktober und Dezember, und frisch geschlüpfte Jungtiere findet man dann in Australien vermutlich hauptsächlich zwischen Januar und Februar.

SHINE & FITZGERALD (1995a) berichten, leider nur anhand eines Falls, dass es bei diesen Rautenpythons wohl unter Männchen keinerlei agonistisches Verhalten gebe.

Wie mir aber Dr. S. STONE versicherte, kommt es sehr wohl während der Paarungszeit in Australien zu einem Rivalitätsverhalten. Die Männchen bestreiten dann heftige Kommentkämpfe, wie man es auch von den meisten anderen Rautenpythons kennt.

Inland-Teppichpythons produzieren zum Teil recht große Gelege von 30 Eiern und mehr. Foto: S. Stone

Haltungsbedingungen

Der Inland-Rautenpython wird wohl neben *M. s. imbricata* am seltensten von allen *Morelia-spilota*-Unterarten in europäischen Terrarien gehalten. Über eine erfolgreiche Pflege und Vermehrung außerhalb Australiens sind mir nur einige wenige Fälle bekannt.

Anscheinend sollte eine Haltung von Tieren aus dem nördlichen Verbreitungsgebiet in ähnlicher Form geschehen wie bei *M. s. mcdowelli,* bei einer mittleren Lufttemperatur von tagsüber 26–30 °C und lokal, z. B. unter einem Strahler, ca. 35–45 °C. Nachts sollte die Temperatur auf 20–23 °C sinken.

Die Luftfeuchtigkeit sollte sich tagsüber bei ca. 60–70 % und nachts um die 80–90 % bewegen. Bei Tieren aus dem südlichen Verbreitungsgebiet ist es wahrscheinlich vorteilhafter, wenn die allgemeinen Tagestemperaturen nicht ganz so hoch und die nächtlichen Tiefsttemperaturen unter den bei *M. s. mcdowelli* angegebenen liegen, also bei einer mittleren Lufttemperatur von tagsüber bei 24–28 °C und lokal 35–45 °C. Nachts sollte die Temperatur bei diesen Tieren auf 19–21 °C absinken. Exemplare aus dem Süden des Verbreitungsgebietes legen vermutlich eine ähnliche „Winterphase" wie der Diamantpython ein, in der sie sich nur gelegentlich sonnen, ansonsten aber eher inaktiv sind. Bei ihnen wäre dann wohl ein Herunterkühlen im Winter ebenfalls ein Vermehrungsauslöser und der allgemeinen Gesundheit der Tiere zuträglich (allerdings mit nicht ganz so niedrigen Tiefsttemperaturen).

Grundsätzlich wird es aber bei den bereits im Terrarium

gezüchteten *M. s. metcalfei* wahrscheinlich keine allzu großen Unterschiede in der Haltung und Zucht zu den anderen Unterarten des Rautenpythons geben, da das Grundmuster einer erfolgreichen Haltung immer ganz ähnlich ist, natürlich unter Berücksichtigung der Besonderheiten wie der „Winterphase".

Vermehrung

Zu Gelegegröße, Eigröße, Inkubation und den Jungtieren von *M. s. metcalfei* machen BARKER & BARKER (1994) folgende Angaben (diese Daten be-ziehen sich leider auf nur ein einziges Gelege):

Gelegegröße: 21 Eier; Eigröße: 49,5–61,1 mm lang, 35,4–39,9 breit, 38,2–43,5 g schwer;

Inkubationsdauer: 51 Tage; Schlupfgröße/-gewicht: 47,1–51,3 cm und 20–22,9 g.

Frisch geschlüpftes Jungtier von *Morelia s. metcalfei*. Die Farben sind noch nicht so ausgeprägt wie bei adulten Tieren, die typische Kopfmusterung ist aber schon ganz deutlich zu erkennen.

Foto: S. Stone

Dr. Simon STONE stellte mir folgende Aufzeichnungen über *M. s. metcalfei* zur Verfügung:

Gelege Nr.	abgesetzt am	Gewicht	Gewicht des Weibchens nach der Ablage	Anzahl der Eier
1	18.11.1997	1.076 g	2.583 g	
2	19.11.1997	944 g	2.524 g	
3	19.11.1997	856 g	2.538 g	
4	18.11.1998	1.243 g	2.788 g	
5	17.11.1998	1.134 g	3.486 g	
6	21.11.1998	1.325 g	2.950 g	
7	29.11.1998	1.143 g	3.110 g	
8	03.12.1999	1.285 g	3.515 g	
9	02.12.1999	1465 g	3.374 g	27
10	13.12.2000	1.101 g		
11	11.12.2001	1.297 g		26
12	15.12.2001	1.340 g		29
13	12.12.2002	1.422 g		31
14	03.12.2003	1.534 g		31
15,	13.12.2003	1.456 g		29

Zusammengefasst: Das Gelegegewicht beträgt zwischen 25 und 31 % des Gesamtgewichtes des Weibchens nach der Eiablage. Die Eier waren immer etwa 45–50 g schwer, frisch geschlüpfte Jungtiere hatten immer ein Gewicht von 23–32 g.

Morelia spilota variegata GRAY, 1842

Deutscher Name

Darwin-Teppichpython

Englische Namen

Northwestern Carpet Python; Port Essington Carpet Python; Carpet Snake

Beschreibung

Der Darwin-Teppichpython ist mit durchschnittlich 160–190 cm Körperlänge ein kleinerer bis mittelgroßer Vertreter der Rautenpythons. Allerdings können größere Exemplare recht wuchtig werden, weshalb man diese Unterart eigentlich eher als mittelgroß bezeichnen müsste. Der größte Darwin-Teppichpython, der von SMITH (1981) untersucht wurde, war 143,1 cm lang. Das größte Exemplar, das von COGGER & LINDNER (1974) aus der Gegend von Port Essington, Northern Territory, vermessen wurde, maß 167, 5 cm. BARKER & BARKER (1994) untersuchten zwei Exemplare aus der Gegend von Katherine, Northern Territory, in der Sammlung von Graeme Gow gemessen – beide waren länger als 200 cm.

GOW (1981) selbst gibt mit 219 cm eine der größten Längenangaben für *M. s. variegata*. Mein größtes Exemplar misst 208 cm und wiegt 4.680 g, wodurch es bei dieser Länge recht massig wirkt.

Das Muster ist wie bei den anderen Rautenpythons sehr variabel, die meisten Tieren wirken aber geringelt bzw. quer gebändert und sind nur selten gefleckt. Insgesamt ist diese Unterart die wohl am stärksten geringelt erscheinende überhaupt.

Nahaufnahme von *M. s. variegata*, sehr schön kann man hier die schwarze Umrandung der einzelnen Musterelemente sehen.

Foto: P. Harris

Bei manchen Tieren findet sich, ähnlich wie bei *M. s. harrisoni* von Neuguinea, ein heller Längsstrich über einen Teil des Rückens oder manchmal auch über den gesamten Rücken verlaufend, gelegentlich auch mit einigen Unterbrechungen. Zu solch einem Längsstrich kommt es, wenn die Elemente der hellen Rückenmusterung miteinander verschmelzen.

Die dunklen Musterelemente können hellbraun, gräulich braun, oliv, braun bis dunkelbraun, aber auch ziegelsteinrot, rötlich, rotbraun bis orangerot sein. Diese dunklen Zeichnungselemente sind nochmals dunkelbraun bis schwarz eingefasst, wodurch sie sich noch stärker von den hellen Elementen abgrenzen. Somit wirkt die Musterung oft sehr kontrastreich. Die hellen Elemente des Musters können cremefarben, elfenbeinweiß, gelblich weiß, gelblich oder beige bis sandfarben sein. Die gesamte Musterung wird an den Seiten zum Bauch hin immer heller. Der Bauch ist cremefarben, weißlich, gelblich oder gelblich weiß mit unregelmäßigen dunklen Flecken, besonders an den hinteren Schuppenrändern in der zweiten Körperhälfte.

Der Kopf ist bei erwachsenen *M. s. variegata* oft recht kontrastlos, zumindest aber wenig markant gemustert. Bei vielen adulten Tieren verwäscht bzw. verschwindet die Kopfmusterung mit zunehmendem Alter sogar ganz. Hier gibt es aber auch Ausnahmen: Einige Exemplare behalten eine mehr oder weniger deutliche Kopfmusterung. Bei dem einzigen Pärchen, das in meinem Besitz ist, ist die Kopfmusterung bei einem Tier stark verwaschen, bei dem anderen aber weitestgehend deutlich.

Bei jüngeren Tieren ist der Kopf „normal" gemustert, es findet sich eine dunkle Linie etwa ab dem Mundwinkel über den

Dieser Darwin-Teppichpython wurde in der Nähe der Stadt Katherine im Northern Territory gefunden.
Foto: D. G. Barker, mit freundlicher Unterstützung von G. Gow

Bei den meisten *M. s. variegata* wird die Kopfmusterung im Alter undeutlich oder verschwindet sogar fast gänzlich, so wie bei diesem Exemplar vom South Alligator River (NT).

Foto: R. Hoser

Dieses Jungtier ist etwa ein Jahr alt und wurde in der Nähe der Stadt Darwin gefunden. Die Umfärbung ist noch nicht komplett abgeschlossen, aber schon weit fortgeschritten. Trotzdem ist in diesem Alter (Stadium der Umfärbung) die Kopfmusterung meistens noch gut ausgeprägt.

Foto: D. G. Barker mit freundlicher Unterstützung von G. Gow

Supralabialschilden bis zum Auge verlaufend, die dann meistens vor dem Auge wieder beginnt und sich bis kurz vor die Nasalschuppe erstreckt, manchmal sogar bis auf die Nasalschuppe hinauf. Der hintere Bereich des Kopfes ist meist recht dunkel, mit einem oder mehreren hellen Flecken, ebenso der Stirnbeinbereich. Häufig verläuft außerdem eine dunkle Linie etwa vom Stirnbein beginnend bis auf die Praefrontal- bzw. sogar bis auf die Internasalschuppen. Auf den vorderen Supralabialia und Infralabialia findet man ganz ähnlich wie bei *M. s. cheynei* und *M. s. harrisoni* oft längliche, senkrecht verlaufende dunkle Flecken.

Das Auge ist hellgrau, jedoch meistens mit einem netzartigen dunklen Muster durchzogen, wodurch es dann insgesamt oft recht dunkel wirkt. Die Zunge ist blau gefärbt.

Zur Beschuppung macht GOW (1981) folgende Angaben: 45–50 Schuppen um die Körpermitte; 11–13 Supralabialia; 16–20 Infralabialia, von denen 6–7 mit Grübchen versehen sind; 3–6 Schuppen zwischen den Supraocularia; 10–15 Schuppen umgeben das Auge.

SMITH (1981) untersuchte mehrere Exemplare in Western Australia aus dem Kimberley District und stellte Folgendes fest: 12–13 Supralabialia, von denen 1–3 das Auge berühren, meistens das 6.–8., manchmal das 5.–7. oder auch das 6. und 7.; 280–290 Ventralia, (durchschnittlich 285,2); Ventralia weißlich, ohne schwarze Flecken; 81–89 Subcaudalia, (durchschnittlich 83,2); Anale ungeteilt; 45–47 Schuppen um die Körpermitte.

BARKER & BARKER (1994) geben an: Ein Paar Internasalia und zwei Paar Praefrontalia, die alle in der Mitte verbunden sind; der Rest der

Kopfschuppen ist fragmentiert und die Oberseite des Kopfes mit zahlreichen kleinen Schuppen bedeckt; 1–4 Supraocularia, normalerweise 2–3; 3–6 Schuppen in einer schrägen Linie über der Frontalregion zwischen den Supraocularia; 11–13 Lorealia, 2–3 Präocularia und 4–5 Postocularia.

Das Rostrale ist tief mit schrägen Spalten durchzogen.

Basierend auf einer Probe von zwölf Exemplaren von *M. s. variegata* aus Port Essington, Darwin, Oenpelli – in der Gegend, in der der Arnhem Highway den South-Alligator-Fluss kreuzt – und Groote Eylandt wurde ermittelt: 259–294 Ventralia (durchschnittlich 286), 46–49 Schuppenreihen um die Körpermitte (durchschnittlich 48,3) und 81–91 Subcaudalia (durchschnittlich 87,2).

Typisches Habitat des Darwin-Teppichpythons (*Morelia spilota variegata*), aber auch von anderen Pythonarten wie dem Schwarzkopfpython (*Aspidites melanocephalus*), dem Gefleckten Python (*Antaresia childreni*) und dem Olivpython (*Liasis olivaceus olivaceus*). Termitenhügel und durch Buschfeuer schwarz gefärbte Eukalyptusbäume prägen diese Landschaft im Northern Territory.

Foto: M. Mense

Lebensraum, Verbreitung und Freilandbiologie

Der Darwin-Teppichpython kommt im Norden in Western Australia vom Kimberley District über den gesamten Norden des Northern Territory bis in den Westen von Queensland und auf einigen vorgelagerten Inseln wie Barthurst Island, Melville Island und Groote Island vor (Barker & Barker 1994).

Smith (1981) gibt außerdem interessanterweise einen gemeinsamen Fundort von *M. s. variegata* und *M. carinata* im Kimberley District an.

Morelia s. variegata besiedelt verschiedene Lebensräume, felsige Gegenden mit Baum- oder Buschbewuchs, Eukalyptussavannen und Monsunwälder. Bevorzugt werden meis-

Während der Regenzeit sind große Flächen im Lebensraum von *M. s. variegata* im Norden des Northern Territory, wie hier in der Nähe des Kakadu-Nationalparks, überflutet. Dies zwingt die Tiere über Monate hinweg abzuwandern, oder zu einer überwiegend baumbewohnenden Lebensweise überzugehen.

Foto: M. Mense

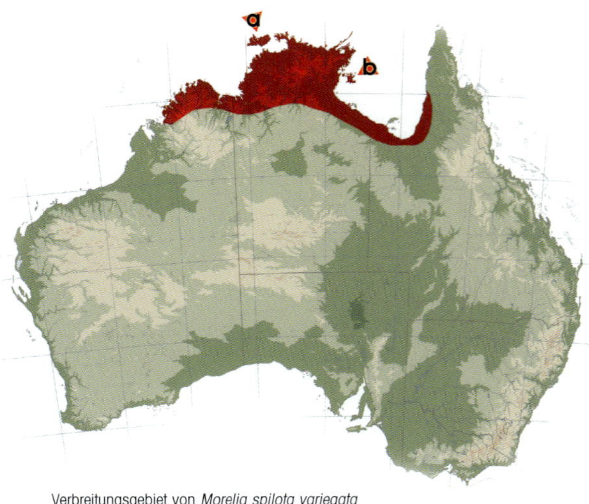

Verbreitungsgebiet von *Morelia spilota variegata*
a: Melville Island; **b:** Groote Eylandt

tens bewaldete Gebiete, in denen die Tiere dann Baumhöhlen bewohnen. In felsigen Regionen werden gern höher gelegene Höhlen und Felsspalten angenommen. Der Darwin-Teppichpython ist überwiegend baumbewohnend, was ihm wiederum gerade im Norden des Northern Territory zugute kommt, da dort während der Regenzeit oft alle tiefer liegenden Gebiete großflächig und teilweise lang andauernd überschwemmt sind. Dann wandern diese Pythons entweder in höher liegende Regionen ab oder gehen gänzlich zu einer mehr oder weniger baumbewohnenden Lebensweise über. Die Hauptregenzeit liegt zwischen November und Februar, jedoch kann es im Oktober und März/April ebenfalls zu starken und lang andauernden Regenfällen kommen. Als ich im Februar 1997 im Norden des Northern Territory unterwegs war, konnte ich viele Stellen wegen der anhaltenden Überschwemmungen nicht erreichen, und es kam zu dieser Zeit auch immer wieder zu heftigsten Gewittern mit extrem hohen Niederschlagsmengen.

Nachts trifft man diesen Python aber auch auf dem Boden an, vor allem auf Straßen, was ihm häufig zum Verhängnis wird.

Haltungsbedingungen

Mein Pärchen Darwin-Teppichpythons bewohnt ein Terrarium mit den Maßen 160 × 80 × 150 cm (L × T × H), das mit einigen kräftigen Kletterästen, einigen Versteckplätzen und einer großen Wasserschale ausgestattet ist.

Das Terrarium hat eine strukturierte Seiten- und Rückwandverkleidung, die vor allem zum Klettern und als Häutungshilfe genutzt wird, aber auch optisch ansprechend ist. Beleuchtet wird das Becken mit einer oder mehreren Neonröhren mit UV-Abstrahlung und einem oder mehreren Strahlern, die auf eine Korkröhre, Schlupfkiste o. Ä. gerichtet sind und so lokale Sonnenplätze schaffen.

Die mittlere Lufttemperatur sollte tagsüber bei 26–29 °C liegen und nachts auf ca. 22–25 °C abfal-

Auf den ersten Blick weisen Darwin-Teppichpythons (*M. s. variegata*) oft große Ähnlichkeit mit dem Papua-Teppichpython (*M. s. harrisoni*) auf.
Foto: P. Harris

len. Lokal, unter einem Strahler, sollten Temperaturen von ca. 40–45 °C herrschen. Solche Plätze werden dann oft aktiv zum direkten Sonnenbaden oder zumindest ihre Nähe zum allgemeinen Erwärmen aufgesucht.

Die Luftfeuchtigkeit sollte sich tagsüber bei ca. 60–80 % und nachts um die 80–90 % bewegen. Das erreicht man, indem die gesamte Inneneinrichtung mehrmals in der Woche mit lauwarmem Wasser überbraust wird. Im Sommer sprühe ich etwas öfter als im Winter, dadurch bekommen die Tiere einen leichten Jahreszyklus mit „Regen-" und „Trockenzeit", wie in ihrem natürlichen Lebensraum.

Gefüttert werden diese Pythons mit ihrer Körpergröße angepassten Futtertieren, wie Mäusen, Ratten und Hamstern bei kleineren und mittleren Tieren. Große Exemplare, wie meine beiden, fressen auch Meerschweinchen und Zwergkaninchen. Manche dieser Pythons entwickeln Vorlieben für ganz bestimmte Futtertiere, andere hingegen fressen gierig alles.

Zum Herausnehmen der Tiere ziehe ich immer Handschuhe an, wie bei den meisten meiner Rautenpythons, da es durch die Gier einiger Tiere sonst immer wieder zu Unfällen kommt. Befinden sie sich dann erst einmal außerhalb ihres Terrariums, kann ich mit meinen Tieren ohne Handschuhe umgehen.

Gut eingelebte und an das Herausnehmen gewöhnte Tiere sind recht ruhig und sehr umgänglich.

Vermehrung

Die Vermehrung ist auch bei *M. s. variegata* nicht besonders schwierig und entspricht im Ablauf derjenigen der meisten anderen Rautenpythons. Als Stimulans reicht meist ein schwacher Jahresrhythmus aus: Etwa von März/April bis September/Oktober halte ich diesen Python bei durchschnittlichen Tagestemperaturen von 26–29 °C, lokal bei ca. 35–45 °C (Strahler/Sonnenplatz), nächtlichen Tiefsttemperaturen von ca. 22–25 °C und einer Beleuchtungsdauer von 12–13 Stunden.

Manche Darwin-Teppichpythons sind eher grünlich braun als rötlich gefärbt, die Musterung ist aber identisch.

Foto: M. Mense

Von September/Oktober bis November/Dezember verkürze ich die Beleuchtungszeit Schritt für Schritt auf ca. zehn Stunden, behalte die Tagestemperaturen bei, lasse aber die nächtlichen Tiefstwerte allmählich auf ca. 20–22 °C fallen. Ab jetzt überbrause ich die gesamte Einrichtung auch schon häufiger und etwas intensiver.

In dieser Zeit fangen die Männchen oft bereits an, das Futter zu verweigern und besonders kühle Stellen im Terrarium aufzusuchen. In den Wintermonaten – etwa von November/Dezember bis Januar/Februar – verkürze ich die Lichtlänge

Darwin-Teppichpythons lassen sich allgemein gut unter Terrarienbedingungen halten und vermehren. Foto: P. Harris

nochmals um eine auf nun neun Stunden täglich. Die durchschnittlichen Tagestemperaturen dürfen jetzt auch langsam auf ca. 23–26 °C sinken, die nächtlichen Tiefsttemperaturen sollten weiterhin bei ca. 20–22 °C liegen. Lokal muss aber gerade in dieser Zeit eine Möglichkeit zum Aufheizen geboten werden, der Sonnenplatz muss also nach wie vor zur Verfügung stehen. Hier sollten für ca. 8–9 Stunden täglich um die 35–45 °C herrschen. Nun überbrause ich die gesamte Einrichtung fast täglich, passe aber auf, dass keine Staunässe entsteht.

In dieser Phase des Jahreszykluss finden die häufigsten Paarungen statt.

In der Paarungszeit dürfen auf keinen Fall mehrere Männchen zusammen gehalten werden, schon gar nicht, wenn auch noch ein Weibchen anwesend ist, da der Darwin-Teppichpython wil de Kommentkämpfe austrägt. Trennt man kämpfende Männchen dann nicht schnell genug voneinander, schlagen diese Auseinandersetzungen leicht in Beschädigungskämpfe um, die auch tödlich enden können.

Zwischen Januar/Februar und März/April setze ich dann Temperaturen und die Beleuchtungsdauer wieder auf die normalen Werte des Sommers herauf, ebenso die Feuchtigkeit. Dies muss ebenfalls wieder Schritt für Schritt geschehen, damit sich die Tiere darauf einstellen können. Zu dieser Jahreszeit, zwischen Februar und April, beginnt bei den meisten Weibchen die Trächtigkeit, weshalb ich ihnen dann schon eine Eiablage- bzw. Schlupfbox mit einer milden Heizung zur Verfügung stelle, vor allem für die Nacht, damit sie nicht all zu sehr herunterkühlen.

Frisch geschlüpfte Darwin-Teppichpythons sind überwiegend rötlich gefärbt. Die ontogenetische Umfärbung beginnt aber bereits nach einigen Häutungen.
Foto: D. G. Barker, mit freundlicher Unterstützung von Simon Kortlang

Die Ovulation zeigt sich beim Weibchen oft für 10–20 Stunden durch eine mehr oder weniger starke Verdickung zwischen der Körpermitte und dem Anfang des hinteren Körperdrittels.

KORTLANG (1994) berichtet über die Vermehrung von *M. s. variegata*. Seine Beobachtungen beziehen sich auf Tiere aus dem Northern Territory (Kimberley-Form), zwei Männchen und zwei Weibchen, die alle etwa vier Jahre alt waren. Ende Juni setzte er die Männchen zu den Weibchen, wobei es bei einem der Pärchen direkt zu einer Kopulation kam, bei dem anderen Pärchen konnte zunächst nur Balzverhalten beobachtet werden. Ab Ende Juli nahm ein Weibchen kein Futter mehr an und veränderte sein Verhalten insofern, als es sich oft in einem Unterschlupf aufhielt. Ab Anfang September wurden beide Weibchen dabei beobachtet, dass sie mit der hinteren Körperhälfte auf dem Rücken lagen, was ganz typisch für trächtige Rautenpythons ist. Der genannte Körperbereich war bei beiden Tieren mittlerweile sehr dick. Am 25. Oktober legte das erste Weibchen zwölf Eier, von denen acht gut waren. Die Eier waren alle zwischen 47,7 und 52,3 mm (durchschnittlich 50,4 mm) lang, 35,3–37,3 mm (im Mittel 36,5 mm) breit und 37,4–41,1 g (durchschnittlich 38,4 g) schwer.

Das zweite Weibchen legte am 11. November elf gute Eier ab, diese waren 50,8–64,3 mm (durchschnittlich 54 mm) lang, 31,7–38,8 mm (im Mittel 36,4 mm) breit und zwischen 38,6 und 42,8 g (durchschnittlich 41,1 g) schwer. Diese 19 befruchteten Eier wurden bei 29,5–32 °C inkubiert. Alle acht Jungen des ersten Geleges schlüpften unter diesen Bedingungen zwischen dem 29. Dezember und dem 1. Januar, also nach 65–68 Tagen. Es handelte sich um fünf Männchen und drei Weibchen, sie waren alle zwischen 53,3 und 54,7 cm (durchschnittlich 54,3 cm) lang und zwischen 19,9 und 22,7 g (im Mittel 21,2 g) schwer. Die Jungtiere des zweiten Geleges schlüpften zwischen dem 19. und dem 20. Januar, also nach 69–70 Tagen. Auch hier kamen alle elf Junge zur Welt, vier Männchen und sieben Weibchen, die zwischen 52,8 und 58,7 cm (durchschnittlich 56,9 cm) lang und zwischen 22,5 g und 25,6 g (im Mittel 24,1 g) schwer waren.

Alle Jungtiere waren ziegelsteinrot gefärbt (inklusive der Ventralbeschuppung), ohne ein kontrastreiches Muster. Diese Färbung änderte sich erst nach mehreren Häutungen nach und nach und näherte sich so langsam der Erwachsenenfärbung.

Aus diesem Bericht geht eine relativ lange Inkubationszeit hervor, die meinen Erfahrungen nach immer dann zu beobachten ist, wenn ein Gelege bei schwankenden oder relativ niedrigen Temperaturen erbrütet wird.

Die beiden Gelege von KORTLANGS Schlangen bestanden also einmal aus elf und einmal aus zwölf Eiern, Gelege von etwa 20 Eiern sind aber bei dieser Unterart durchaus denkbar. Die frisch geschlüpften Jungtiere waren mit einer Körperlange von 52,8–58,7 cm für Rautenpythonbabys recht lang und mit ihrer mehr oder weniger einheitlichen Rotfärbung ebenfalls ziemlich auffällig unter den sonst eher schlicht gefärbten Rautenpythonschlüpflingen.

Leider sind diese prachtvollen Rautenpythons nur selten in europäischen Terrarien zu finden, weshalb noch immer nur wenig über diese Tiere bekannt ist.

Einige Vertreter von *Morelia spilota variegata* sind besonders attraktiv, so wie dieses sehr kontrastreich und besonders rot gefärbte Exemplar.

Foto: P. Harris

Teil 4: Anhang

Glossar und Abkürzungen

aberrant: .... abweichend
adult: .... erwachsen, geschlechtsreif
agonistisch: .... feindselig
Allel: .... auf Mutation beruhende alternative Zustandsform eines Gens
Allele: .... verschiedene Ausbildungsformen des gleichen Gens, die zu unterschiedlicher Merkmalsausprägung führen
AMNH: .... American Museum of Natural History (New York)
Anatomie: .... Wissenschaft vom Körperbau
apathisch: .... teilnahmslos
arboricol: .... auf Bäumen lebend
Areal: .... Verbreitungsgebiet einer Art, d. h. die Summe aller einzelnen Fundorte.
arid: .... trocken
Art (Species, sp.): .... Grundlegende Einheit der Klassifikation (Systematik), bei der die Individuen einer bestimmten (nicht allein gütligen) Definition nach in allen wesentlichen morphologischen und physiologischen Merkmalen übereinstimmen; sie zeigen im Wesentlichen das gleiche äußere Erscheinungsbild aller Individuen dieser Art und bilden unter natürlichen Bedingungen eine Fortpflanzungsgemeinschaft, pflanzen sich also fruchtbar untereinander fort.
Artkonzept: .... Ein allgemein verbindliches und anerkanntes Artkonzept gibt es nicht. Vielleicht die überzeugendste Definition ist die Richard von Wettsteins: „Eine Art ist, was ein maßgeblicher Systematiker als solche bezeichnet".
Artkonzept, biologisches: Fortpflanzungsgemeinschaft von Populationen (von anderen reproduktiv isoliert) von Individuen, die in allen wesentlichen Merkmalen übereinstimmen und die in der Natur eine bestimmte Nische besetzen
Artkonzept, evolutionäres: Die Art ist der Inbegriff sämtlicher Biotypen, die im Lauf der Evolution zu Trägern derselben Allele intraspezifischer Gene geworden sind.
Beschädigungskampf: ... Kampfverhalten, bei dem die vorhandenen Waffen (Zähne, Giftapparat oder Ähnliches) zum Einsatz kommen; Beschädigungskämpfe können zu mehr oder weniger starken Verletzungen oder sogar zum Tod führen.
Biotop: .... Lebensraum
Canthus rostralis: .... ein vorderer Schädelknochen
carnivor: .... fleischfressend
Chromosom: .... Erbgut tragendes, fadenförmiges Gebilde im Zellkern
dehydriert: .... ausgetrocknet
dorsal: .... zum Rücken gehörend, die Oberseite betreffend
Dorsalia: .... Rückenschuppen
dorsolateral: .... den oberen Flankenbereich betreffend
dominant: .... vorherrschend, überdeckend
Ecdysis (Häutung): .... Abstoßen der Hornschicht der Oberhaut (Epidermis) z. B. bei Amphibien und Reptilien
Embryo: .... Bezeichnung für den sich entwickelnden Keimling bis zur Anlage der Organe, danach Fetus; unkorrekterweise auch für den Keimling während der gesamten Entwicklungsperiode gebraucht
endemisch: .... nur in einem bestimmten Gebiet vorkommend
Eizahn: .... nach vorn gerichteter Zahn auf dem Zwischenkieferknochen zum Aufschneiden der Eischale; wird kurze Zeit nach dem Schlupf abgeworfen
et al.: .... lat. Abkürzung für „und andere"
Exuvie: .... abgestreifte Hornschicht der Oberhaut
Farbwechsel, ontogenetischer: langfristiger Farbwechsel im Laufe der Entwicklung eines Individuums
Farbwechsel, physiologischer: kurzfristiger Farbwechsel eines Individuums in Anpassung an äußere und

innere Faktoren
Fetus (Frucht): .... Bezeichnung für den sich entwickelnden Keimling nach Anlage der Organe
Follikel: .... Hülle der reifenden Eizelle im Eierstock
Fortpflanzung (Reproduktion): Erzeugung von Nachkommen
Gattung (Genus):............. In der Systematik der Art übergeordnete Hauptkategorie, die die am nächsten verwandten Arten zusammenfasst
Gen: .... Erbanlage, Erbfaktor
Genetik:............................. Wissenschaftsbereich der Biologie, der sich mit der Konstanz und Veränderlichkeit von Erbanlagen und Merkmalen bei Lebewesen beschäftigt
genetisch: .... erblich bedingt
Genotyp (Erbtyp): .... Gesamtheit aller in den Chromosomen lokalisierten Erbanlagen und deren Wirkung (vgl. Phänotyp)
Geschlechtsbestimmung: Festlegung des Geschlechts eines Individuums
Geschlechtsdiagnose: ..... Erkennung des Geschlechts eines Individuums nach sekundären und primären Geschlechtsmerkmalen sowie kernmorphologischen Geschlechtsunterschieden
Geschlechtsdimorphismus (Sexualdimorphismus): Deutliche Unterschiede in Gestalt, Größe, Färbung (Sexualdichromatismus) zwischen den Geschlechtern
Geschlechtsreife: .... Entwicklungsstand eines Tieres, in dem die Geschlechtsorgane voll funktionsfähig sind, der sich aber nicht mit der Zuchtreife decken muss
GL:...................................... Gesamtlänge
granulär: .... körnig
Gulare: .... Kehlschild
Habitat: .... Lebensraum; charakteristischer Ort, an dem eine Organismenart beheimatet ist
Habitus: .... Erscheinungsbild, Gesamterscheinung
Hemiklitoris: .... Äquivalent zum männlichen Geschlechtsorgan (Hemipenis)
Hemipenis .... (Mehrzahl: Hemipenes): Teil des paarigen Geschlechtsorgans (Penis) männlicher Schuppenkriechtiere
heliophil: .... sonnenliebend
Home Range: .... Aktivitätsraum; Fläche, in der ein Tier sich überwiegend aufhält
Hybridisierung: .... Kreuzung; Vermischung
Hibernation: .... kühle Überwinterung
humid: .... feucht
Hybrid: .... Mischling; Kreuzung
hypermelanistisch: .... übermäßig schwarz (dunkel) pigmentiert
hypomelanistisch: .... vermindert schwarz (dunkel) pigmentiert
Infralabiale: .... Unterlippenschild
Inkubation: .... Bebrütung, beispielsweise Eizeitigung
Inkubator: .... Brutkasten
Intergrade (engl.): .... Übergangsform; Kreuzungsform, die Merkmale beider Ausgangsformen aufweist
intermediär: .... dazwischenliegend
Internasale: .... Zwischennasenschild
Jacobsonsches Organ: .. mit Riechepithel ausgekleidetes paariges Organ am Gaumen, das der Chemorezeption dient, also der Wahrnehmung von Geruchsmolekülen
juvenil: .... jugendlich
Karnivor: .... fleischfressend
Karyologie: .... Zellkern-Lehre
Kommentkampf: .... Turnierkampf; angeborenes Kampfverhalten gegenüber Artgenossen, wobei es kaum zu Verletzungen kommt (vgl. Beschädigungskampf)
Kopulation: .... Paarung
Kreuzung (Bastardierung, Hybridisation): Paarung von Individuen verschiedener Gattungen, Arten, Unterarten sowie in der Zucht auch von Rassen, Zuchtlinien
KRL: .... Kopf-Rumpf-Länge
Kulturfolger: .... Art, die das vom Menschen geschaffene Kulturland als Lebensraum annimmt
Labialgruben: .... Lippengruben (Höhlungen in Ober- u. Unterlippenschilden); dienen der Wahrnehmung von Temperaturdifferenzen
lateral: .... seitlich

Legenot: .... Zustand, in dem das Weibchen aus körperlichen (physiologischen) Gründen oder stressbedingt (psychogen) seine Eier nicht ablegen kann
Loreale: .... Zügelschild
Melanismus (Melanose): Vermehrte Ablagerung eines dunklen Pigments
Mentale: .... Kinnschild
Metabolismus: .... Stoffwechsel
Mikrohabitat: .... Kleinlebensraum
monophyletisch: .... auf eine Stammlinie zurückgehend
monotypisch: .... keine systematischen Unterkategorien ausbildend
Morphologie: .... Gestaltlehre
morphologisch: .... die äußere Gestalt betreffend
Mutation (Erbänderung): nicht auf genetischer Neukombination beruhende, diskontinuierliche Veränderung des Genotyps
Nasale: .... Nasenschild
NCD: .... National Capital District
NG: .... Neuguinea
Nomenklatur: .... wissenschaftliche Namensgebung für alle Organismen; sie unterliegt international verbindlichen Regeln und Empfehlungen
Nominatform: .... Unterart, zu der das Tier gehört, anhand dessen die Art erstmals wissenschaftlich beschrieben wurde
NSW: .... New South Wales
NT: .... Northern Territory
ovipar: .... eierlegend
ovovivipar: .... eilebendgebärend; die Jungen schlüpfen kurz vor, während oder kurz nach der Ablage der lediglich von häutigen Schichten umgebenen Eier.
Ovulation: .... Eisprung
PNG: .... Papua-Neuguinea
Phänotyp: .... äußeres Erscheinungsbild eines Individuums; Gesamtheit aller äußeren und inneren Strukturen und Funktionen eines Organismus als Ergebnis der Wechselwirkung des Genotyps eines Lebewesens mit seinen Entwicklungsbedingungen
Pheromon: .... Signalstoff
phylogenetisch: .... die Abstammung betreffend
Pholidose: .... Beschuppung; Anzahl, Form etc. der Schuppen
polyphyletisch: .... aus mehreren Stämmen hervorgegangen
Population: .... Individuen einer Art, die zu gleicher Zeit in einem bestimmten Gebiet leben und sich miteinander fruchtbar fortpflanzen
Postoculare: .... Hinteraugenschild
Praefrontale: .... Vorderstirnschild
Praeoculare: .... Voraugenschild
Prädator: .... Beutegreifer, Raubtier
Pigment (Farbstoff): .... hier gebraucht als die im Wesentlichen durch ihre Eigenfarbe charakterisierten Zellbestandteile
Poikilothermie: .... Variable Körpertemperatur als Funktion der Umgebungstemperatur (wechselwarm)
QLD: .... Queensland
Reproduktion: .... Fortpflanzung
Retention: .... Zurückhaltung, beispielsweise Eiretention
rezent: .... in der Gegenwart lebend
rezessiv: .... zurücktretend, nicht in Erscheinung tretend
Rostrale: .... Schnauzenschild
rudimentär: .... nicht vollständig entwickelt; zurückgebildet
SA: .... South Australia
semiadult: .... halb erwachsen
semiarid: .... halb trocken
semiarboricol: .... halb baumbewohnend
Sibling .... Englisch für Geschwister

subadult: .... fast geschlechtsreif
Subcaudale: .... Unterschwanzschuppe
suburban: .... „halb städtisch", meistens versteht man darunter landwirtschaftliche Gegenden wie Farmen, Plantagen usw.
Supralabiale: .... Oberlippenschild
Supraoculare: .... Überaugenschild
sympatrisch: .... im gleichen Gebiet vorkommend
Synonym: .... anderer wissenschaftlicher Name für dasselbe Taxon, entstanden durch unwissentliche Mehrfachbeschreibung oder durch Revision eines Taxons
syntop: .... im selben Lebensraum gemeinsam vorkommend
Systematik: .... Lehre von der Einordnung (Klassifikation) der Organismen in ein System unter Berücksichtigung der Erkenntnisse der Stammesgeschichtsforschung
Taxon (Mehrzahl: Taxa): .. In der Systematik Kategorie (taxonomische Einheit) bei der Einordnung der Organismen
Taxonomie: .... Teilgebiet der Systematik; befasst sich mit der wissenschaftlichen Benennung (Nomenklatur) sowie den Prinzipien der Klassifikation der Organismen
Terra typica: .... Herkunftsgebiet des Exemplars, anhand dessen ein neues Taxon beschrieben wurde
terrestrisch: .... landbewohnend
terricol: .... bodenbewohnend
Territorialität: .... Revierverhalten
Testosteron: .... männliches Sexualhormon
Thermoregulation: .... Regulation der Körpertemperatur, bei wechselwarmen Tieren vor allem durch Verhaltensanpassungen
Typus: .... Belegexemplar einer bestimmten, neubeschriebenen Organismengruppe. Das Originalexemplar des Autors ist der Holotypus, jedes weitere Exemplar ist ein Paratypus.
Unterart (Subspecies, ssp.): Hilfskategorie unter der Art, die Individuen umfasst, die sich von anderen Unterarten der entsprechenden Art durch konstante Merkmale deutlich unterscheiden und die innerhalb des Verbreitungsareals der Art geographisch, biologisch und physiologisch isoliert sind
urban: .... städtisch (auch Vororte und Dörfer)
ventral: .... zum Bauch gehörend, bauchwärts gelegen
Ventrale: .... Bauchschild
Vermehrung: .... Erhöhung der Individuenzahl bei der Fortpflanzung
vertebral: .... die Wirbelsäule bzw. deren Verlauf betreffend
vivipar: .... lebendgebärend
WA: .... Western Australia
Wildfang: .... Ein Exemplar, das in der freien Natur gefangen wurde
Winterruhe: .... Bezeichnung für den durch Temperaturabfall, Verkürzung der Tageslichtlänge und (in gewissem Maße) auch hormonal gesteuerten Ruhezustand bei wechselwarmen Tieren (Poikilothermie). Als Winterruhe wird auch das Verhalten von Warmblütern bezeichnet, deren Körpertemperatur im Winter nicht absinkt und deren Ruheperiode von Aktivitätsphasen unterbrochen wird.
Winterschlaf: .... Hormonal gesteuerte und durch Verkürzung der Tageslichtlänge vorbereitete Form der Überwinterung bei Warmblütern, bei artspezifisch unterschiedlichen Temperaturen ausgelöst; die Körpertemperatur wird dabei abgesenkt (Heterothermie). Begriff wird oft fälschlicherweise auch auf Amphibien und Reptilien bezogen (vgl. Winterruhe).
ZMB: .... Zoologisches Museum Berlin
Zucht (Züchtung): .... Gelenkte, planmäßige Paarung von Individuen, die auf ein vorgegebenes Zuchtziel gerichtet ist und besonders der Veränderung ihrer Eigenschaften und Leistungen dient
Zuchtreife: .... Entwicklungszustand eines Tieres, in dem es zur Fortpflanzung herangezogen werden kann (vgl. Geschlechtsreife)
Zuchtziel: .... Gesamtheit der angestrebten Eigenschaften und Merkmale bei der Zucht

Adressen

Vereinigungen

Deutsche Gesellschaft für Herpetologie und Terrarienkunde (DGHT) e.V.
Postfach 120433
68055 Mannheim
Internet: www.dght.de
E-Mail: gs@dght.de

European Snake Society
c/o Jan-Cor Jabobs
W.A. Vultostraat 62
NL-3523 TX Utrecht, Niederlande
Tel. & Fax: 0031/302801115
E-Mail: ess-secretary@wxs.nl

International Herpetological Society
C/o 15 Barnett Lane
Stourbridge
West Midlands
DY 8 5PZ, England
Internet: www.international-herp-society.co.uk
E-Mail: secretary@international-herp-society.co.uk

Kotanalysen und Sektionen

Veterinärmedizinische Fakultät der Universität Gießen
Frankfurter Str. 87
D-35392 Gießen

Tiergesundheitsamt Hannover, Dr. Röder,
Vahrenwalder Str. 133, 30165 Hannover

GEVO Diagnostik
Jacobstr. 65, 70794 Filderstadt

Exomed
Am Tierpark 64, 10319 Berlin
Internet: www.exomed.de

Dr. Renate Keil
Am blauen See 1, 30629 Hannover

Kotproben können aber auch bei fast allen Tierärzten abgegeben werden, die diese dann zur Analyse ans nächstgelegene Institut weiterleiten, dasselbe gilt für Sektionen bei verendeten Tieren.

Zeitschriften

REPTILIA, TERRARIA, Terraristik-Fachmagazine
erscheinen je sechs Mal jährlich,
mit Internetportal für Kleinanzeigen
Natur und Tier - Verlag GmbH
An der Kleimannbrücke 39–41, 48157 Münster,
Tel.: 0251/13339-0
E-Mail: verlag@ms-verlag.de, Internet: www.reptilia.de

DRACO: Terraristik-Themenheft
erscheint viel Mal jährlich, Natur und Tier - Verlag, s. o.

Sauria: Terraristik und Herpetologie
erscheint vier Mal jährlich
Terrariengemeinschaft Berlin e.V.
Bruno Treu, Gardes-du-Corps-Str. 12, 14059 Berlin
E-Mail: abo@sauria.de, Internet: www.sauria.de

Reptiles Magazine: P.O. Box 58700, Boulder
CO 80323-8700, USA

Reptilian: P.O. Box 163, Aylesbury, Bucks HP19 3ZH
United Kingdom (England)

Reptile Care: Mulberry Publications Ltd., Butt Road, Colchester, Essex, United Kingdom (England)

Internet

www.embl-heidelberg.de/~uetz/ LivingReptiles.html
www.markoshea.tv
www.morelia.ca www.morelias.de
www.morelia-spilota.de www.morelia-spilota.ch
www.nnsw.quik.com.au/khearn/index.html
www.reptilienworld.com www.snakes.pl

Kontakt zum Autor

E-Mail: info@cheynei.com
Homepage des Autors: www.morelia-spilota.de

Artenschutzfragen

Bundesamt für Naturschutz
Artenschutzvollzug, Konstantinstr. 110, 53179 Bonn
Tel.: 0228-8491-1311
E-Mail: citesma@bfn.de, www.bfn.de

Untersuchungsstellen

Kotproben, Sektionen und andere Untersuchungen können von spezialisierten Tierärzten oder von veterinärmedizinischen Untersuchungsstellen, die es in vielen Städten gibt, vorgenommen werden. Eine Liste mit Tierärzten, die sich mit Reptilien und Amphibien beschäftigen, kann über die DGHT bezogen oder auf www.dght.de eingesehen werden.
Überregional bekannt sind z. B. folgende Einrichtungen:

Exomed
Postfach 600164
10251 Berlin
Telefon: 030-51067701
E-Mail: labor@exomed.de
www.exomed.de

Universität München
Institut für Zoologie, Fischereibiologie und Fischkrankheiten der tierärztlichen Fakultät
Kaulbachstr. 37, 80539 München
Tel.: 089-2180-2687
E-Mail: office@zoofisch.vetmed.uni-muenchen.de
www.vetmed.lmu.de/zoofisch/

Chemisches und Veterinäruntersuchungsamt Ostwestfalen-Lippe
Westerfeldstr. 1, 32758 Detmold
Tel.: 05231-9119
E-Mail: poststelle@cvua-detmold.nrw.de
www.cvua-owl.nrw.de

Vet Med Labor GmbH
Mörikestraße 28/3
71636 Ludwigsburg
Tel.: 01802-838633
E-Mail: info@vetmedlabor.de
www.vetmedlabor.de
(für privat nur über Ihren Tierarzt)

Literatur

ACHESON, C.& B.CLARK (2003): Carpet pythons in captivity and nature. – Reptiles 8: 110–117.

AMUNDSEN, U. (1999): *Morelia s. spilota*. Keeping and breeding the diamond python. – REPTILIA (GB) 8: 34–38.

AYERS, D.,Y. & R. SHINE, (1997). Thermal influences on foraging ability: body size, posture and cooling rate of an ambush predator, the python *Morelia spilota*. – Functional Ecology 11: 342–347.

BANKS, C. & T. D. SCHWANER (1984): Two cases of interspecific hybridization among captive Australian boid snakes. – Zoo. Biol. 3(3): 221–227

BARKER, D. & T. BARKER, (1995) A new python in captivity from New Guinea. The New Guinea carpet python and the Savu python a correct common name. – Vivarium (Lakeside) 6(6): 30–33.

– (1999): 'A tapestry of Carpet Pythons', – REPTILES 5: 48–71.

– (1994): Pythons of the world. Band1: Australia. – Advanced Vivarium Systems, Lakeside, Kalifornien: 171 S.

BARZYK, B. (1992). Jungle carpet pythons. – Captive Breeding. 1 (1): 24–25.

BEDFORD, G. (1992): Observation of scent following in a male carpet python (*Morelia spilota variegata*). – Herpetofauna (Sydney) 22 (2): 45

BELS, V. L. & P.A.VAN DEN SANDE (1986): Breeding the Australian carpet python (*Morelia spilota variegata*) at Antwerp Zoo. – Int. Zoo Yb. 24/25: 231–238.

BOOS, H.E.A. (1983): Austral-Asian pythons with some breeding records in captivity. – ASRA Jl 2(1): 22–32.

BOULENGER, G.A. (1893): Catalogue of the Snakes in the British Museum (Natural History). – British Museum, London

BROER, W. (1983): Erfolgreiche Haltung und Nachzucht des Teppich- oder Rautenpythons, *Python spilotus variegatus* (GRAY, 1842) (Serpentes, Boidae). – Salamandra 19 (1/2) : 84–93.

BUSH, B. (1988): An unsuccesfull breeding record for the Western Australian carpet python, *Morelia spilota imbricata*. – Herpetofauna (Sydney) 18 (1): 30–31

– (1997): Captive reproduction in the south-western carpet python, *Morelia spilota imbricata*, including an exeptional fasting record of a reproductively active female. – Herpetofauna (Sydney) 27 (2): 8–12

CANN, J. (2001): Snakes Alive. Snake Experts & Antidote Sellers of Australia. – E.C.O. NSW Australia, 193 S.

CHARLES, N., R. FIELD & R.SHINE (1985): Notes on the reproductive biology of Australian Pythons, genera *Aspidites*, *Liasis* and *Morelia*. –Herpetological Review 16: 45–48.

COBORN, J. (1995): Schlangen Atlas. – bede Verlag, Kollnburg, 591 S.

COGGER, H.G. & D.A. LINDNER (1974): Frogs and reptiles. Fauna survey of the Port Essington District, Cobourg Peninsula, Northern Territory of Australia. – Technical Pap. Wildl. Surv. Sect. CS/RO No.28: 63–107.

COGGER, H.G. (1994): Reptiles & Amphibians of Australia. – Reed Books, New South Wales, Australia, 788 S.

COGGER, H.G., E. CAMERON, R.SADLIER, & P. EGGLER (1993): The Action Plan for Australian Reptiles. – Australian Nature Conservancy Agency. Australian Museum, Sydney.

COOK, R.A. (1994): Nesting site observation of the diamond python *Morelia spilota spilota*. – Herpetofauna (Sydney) 24 (1): 22–24.

COVACEVICH, J. (1970): The Snakes of Brisbane. – The Queensland Museum. Booklet No. 4: 1–32.

– (1975): Snakes in combat. – Victorian Nat. 92 (12): 252–253

DIRKSEN, L. & M. AULIYA (2001): Zur Systematik und Biologie der Riesenschlangen (Boidae). – DRACO 5(2): 4–19

FEARN, S. (1996): Captive growth of a carpet python *Morelia spilota*. – Litteratura Serpentium English Edition 16(4): 94–101.

FEARN, S., B. ROBINSON, J. SAMBONO & R. SHINE (2001): Pythons in the pergola: the ecology of 'nuisance' carpet python (*Morelia spilota*) from suburban habitats in south-eastern Queensland. – CSIRO, Wildlife Research 28: 573–579.

FRIEND, J. & C. FRIEND (1985): Treatment of newly imported herptiles. – Herptile 10 (1): 16–17.

FRITH, C. & D. FRITH (1987): Australian Tropical Reptiles & Frogs. – Frith & Frith Books, Queensland Australia, 71 S.

FUCHS, D. (1995): Australien. Nationalparks. – Bruckmann, München, 191 S.

FUGGER, B. & BITTMANN, W. (1994): Australien. Reiseführer Natur. 3. Auflage. – BLV Verlagsgesellschaft, München, 239 S.

FYFE, G. (1990): Notes on the central carpet python, *Morelia spilota bredli*. – Herpetofauna (Sidney) 20 (2): 11–14.

– (1994): The Central Carpet Python (*Morelia spilota bredli*) in the field and in captivity. – Monitor 16: 70–72.

GOW, G.F. (1989): Graeme Gion`s complete guide to australian snakes.– Angus & Robertson, London, Sydney, 171 S.

– (1981): A new species of python from central Australia. – Australian Journal of Herpetology. 1(1): 29–34.

– (1983): Snakes of Australia. Revised Edition. – Angus & Robertson, London, Sydney, Melbourne, 118 S.

GREER, A. E.: Encyclopedia of Australian reptiles. http://amonline.net.au/herpetology/research/index.htm#encyclopedia (Stand: Winter 2004)

GRUNDKE, F.D. & B.GRUNDKE (1993): Feldherpetologische Beiträge zur Fauna Australiens. Teil 4a: Zur Biologie und Verbreitung von Pythonarten in Queensland (Qld), New South Wales (N.S.W.) und Northern Territory (N.T.) mit Berücksichtigung des *Morelia spilota* Komplexes. – Herpetofauna (Weinstadt) 82 (15): 26–34

HAMMOND, S. (1986): Notes on the carpet python, *Morelia spilota variegata*. – Newsletter Chicago Herpt. Soc. 2: 1.

HARLOW, P. & G.C. GRIGG (1984): Shivering thermogenesis in a brooding diamond python *Python spilotes spilotes*. – Copeia 4: 959–965

HINGLEY, K.D. & M. HEMMINGS (1993): Keeping and breeding the carpet python, *Morelia spilota* ssp. – Herptile 18 (3): 118–129

– (1995): Breeding results. *Morelia spilota variegata*-carpet python. – Litteratura Serpentium English Edition 15 (3): 79.

HOSER, R.T. (1980): Further records of aggregations of various species of Australian snakes. – Herpetofauna (Sidney) 12 (1): 16–22.

– (1982): Australian pythons (part 4). Genus *Morelia* and *Python carinatus*, followed by a discussion on the taxonomy and evolution of Australian pythons. – Herptile 7(2): 2–17.

– (1989): Australian Reptiles & Frogs. – Pearson & Co, Sydney, 238 S.

– (1999): Hybridisation in carpet snakes. Genus: *Morelia* (Serpentes: Pythoninae) and other Australian pythons. – herptile 24 (2): 61–67.

– (2000): A revision of the Austalasian pythons. –Ophidia Review, Herbstausgabe: 7–27.

– (2003): Five new Australian pythons. – Newsletter of the Macarthur Herpetological Society 40: 4–9.

IRVINE, W. (1976): Letter to the editor. – Herpetofauna (Sidney) 8(1): 9.

JAKOBSEN, M. (1999): Breeding of the carpet python *Morelia spilota* in my Terrarium. Mit opdraet af taeppepython, *Morelia spilota*. –Nordisk Herpetologisk Forening 42 (6): 162–163

JAMES, B. (1988): Carpet snake (*Morelia spilota mcdowelli*) eggs in a banana plantation. – Monitor (Victoria) 9 (2): 9–13

JENSEN, F. H. (1998): Captive care and breeding of carpet python. Hold og opdraet af taeppepython. – Nordisk Herpetologisk Forening 41 (2): 45–47

JOHANSEN, K.M. (1993): Breeding *Morelia spilota variegata*. – Lacerta 51 (6): 166–172

JOHNSON, C.R. (1972): Thermoregulation in pythons. I. Effect of shelter, substrate type and posture on body temperature of the Australian carpet python, *Morelia spilotes variegata*. – Comp. Biochem. Physiol. 43A: 271–278.

– (1973): Thermoregulation in pythons. II. Head-body temperature differences and thermal preference in Australian pythons.– Comp. Biochem. Physiol. 45A: 1065–1087.

KEND, B.A. (1997): Pythons of Australia. – Canyonlands Publishing Group, Utah, 206 S.

KLUGE, A.G. (1993): Aspidites and the phylogeny of pythonine snakes. – Records of the Australian Museum, Suppliment 19: 77 S.

KORTLANG, S. & D.GREEN (2001): Keeping Carpet Pythons. – Australian Reptile Keeper Publications, Bendigo, 40 S.

KORTLANG, S. (1991): Husbandry and reproduction of the Northern Territory / Kimberley from carpet python *Morelia spilota variegata*. –Monitor 3: 51–60

– (1994): Husbandry and reproduction of the Northern Territory/ Kimberley form carpet python, *Morelia spilota variegata* (GRAY,1842). –Litteratura Serpentium English Edition 14(1): 25–32.

KREFFT, G. (1869): Snakes of Australia. Goverment Printer 1869, Sydney. Faksimile von 1984 – Lookout Publications, Brisbane, Australien, 100 S.

KUNDERT, F. (1984): Das neue Schlangenbuch. – Albert Müller Verlag, Rüschlikon, Zürich 196 S.

LANCINI V.A. R. & P. KORNACKER (1989): Die Schlangen von Venezuela. – Armitano Editores C.A. Caracas / Venezuela, 381 S.

LEYDEN, D., J. BIRKETT & N. HARCOURT (1990): Breeding and maternal incubation of carpet pythons at Melbourne Zoo. – Thylacinus 15: 18–21.

LUCIEN, R. (1997): Breeding report *Morelia spilota mcdowelli*. – Litteratura Serpentium English Edition 17 (2): 32–34.

– (1998): Breeding report: *Morelia spilota imbricata* 1998. – Litteratura Serpentium 19 (2): 53–55.

MAGMIRE, M. (1983): Observations of the carpet snake & the red-naped snake. –Herpetofauna (Sidney) 14 (1/2): 92–93.

MARYAN, B. (1994): The Western Australian carpet python (*Morella pilota imbricata*) how little we know about it! –Herpetofauna (Sydney) 24 (1): 30–32

MATTISON, C. (1998): Keeping and Breeding Snakes. –Sterling Publishing, New York, 224 S.

McDOWELL, S.B. (1975): A catalogue of the snakes of New Guinea and the Solomons, with special reference to those in the Bernice P. Bishop Museum. Part 2. Anilioidea and Pythoninae. – Journal Herpet. 9 (1): 1–80.

MEHRTENS, J. M. (1993): Schlangen der Welt. Lebensraum-Biologie-Haltung. Franckh-Kosmos, Stuttgart, 463 S.

MENSE, M. (2004): A Review of the Australo-Papuan Carpet Python complex (*Morelia bredli*, *Morelia carinata* and *Morelia spilota*), with a key to the species. – Litteratura Serpentium 24 (4): 178–204.

– (2005 A): Snakebite with consequences. Herptile 30-1, 29-31.

– (2005B). *Pseudomonas aeruginosa* in *Morelia spilota cheynei* and *Morelia spilota harrisoni*: Infection and treatment. Litteratura Serpentium 25 (4): 242 - 246.

– (2005C): Schlangenbiss mit Folgen. – Reptilia, Münster, 10 (5): 8-10.

– (2006). Rautenpythons: *Morelia bredli*, *Morelia carinata* und der *Morelia spilota*-Komplex. – NTV Verlag, Münster, 208 S.

– (2009A): Kurzbeschreibung und Bestimmungsschlüssel aller rezenten Rautenpythons – Morelia bredli, *Morelia carinata* und der *Morelia spilota* Komplex-. Terraria Nr. 17 (Mai / Juni): 20 -31.

– (2009B): Farb- und Zeichnungsvarianten bei Rautenpythons. Terraria Nr. 17 (Mai / Juni): 32–39.

– (2009C): Care and breeding of the Papua Carpet Python *Morelia spilota harrisoni*. Litteratura Serpentium 29 (2): 52–62.

– (2010A): The complete carpet python guide. Practical Reptile Keeping (October 2010): 44–48.

– (2010B): The complete carpet python guide part 2. Practical Reptile Keeping (November 2010): 44 – 48.

– (2011): New colour carpets in high demand. Practical Reptile Keeping (February 2011): 22 – 26.

– (2014): Wähle die Raute. Farb- und Zeichnungsformen bei Rautenpythons. – DRACO 57: 54–58.

O'Shea, G.M.& R.A. Sadller (1999): A catalogue of the non-fossil amphibian and reptile type specimens in the collection of the Australian Museum:types currently, previously and purportedley present. – Technical Reports of the Australian Museum 15: 91 S.

O'Shea, M. (1996): A Guide To The Snakes Of Papua New Guinea. – Independent Publishing, Independent Group Pty Ltd, Port Moresby, 239 S.

Obst, F. J., K. Richter & U. Jakob (1988): The Completely Illustrated Atlas of Reptiles and Amphibians For The Terrarium. – T.F.H. Publications, USA, 830 S.

– (1984): Lexikon der Terraristik. – Landbuch, Hannover, 465 S.

Pearson, D., R. Shine & A. Williams. (2002): Geographic variation in sexual size dimorphism within a single snake species (*Morelia spilota*, Pythonidae). – Oecologia, 131: 418–426.

– (2003): Thermal biology of large snakes in cool climates: A radio-telemetric study of carpet pythons (*Morelia spilota imbricata*) in south-western Australia. – Journal of Thermal Biology 28: 117–131.

Pearson, D., R. Shine & R. How (2002): Sex-specific niche partitioning and sexual size dimorphism in Australian pythons (*Morelia spilota imbricata*). – Biological Journal of the Linnean Society 77: 113–125.

Reiner, E. & E. Löffler (1983): Australien. – Kümmerly & Frey, Geographischer Verlag, Bern, 224 S.

Ross, R.A. & G. Marzec (1994): Riesenschlangen, Zucht und Pflege. bede Verlag, Ruhmannsfelden, 247 S.

Schmidt, D. (1994): Schlangen. – Urania, Leipzig, 200 S.

Schwaner, T. D., M. Francis & C. Harvey (1988): Identification and conservation of carpet pythons (*Morelia spilota imbricata*) on St Francis Island, South Australia. – Herpetofauna (Sydney) 18: 13–20

Shine, R. & M. Fitzgerald (1995a): Variation in mating systems and sexual size dimorphism between populations of the Australian python *Morelia spilota* (Serpentes: Pythonidae). – Oecologia 103: 490–498

– (1995b): Large snakes in a mosaic rural landscape: the ecology of carpet pythons, *Morelia spilota* (Serpentes: Pythonidae) in coastal eastern Australia. – Biological Conservation 76 (2): 113–122.

Shine, R. (1994): The biology and management of the Diamond Python (*Morelia spilota spilota*) and Carpet Python (*M. s. variegata*) in NSW. – New South Wales National Parks and Wildlife Service, Hurstville, 48 S.

– (1996): Das Große Buch der Australischen Schlangen. –bede Verlag, Ruhmannsfelden, 224 S.

Slip, D. J. & R.Shine, (1988a). Feeding habits of the diamond python *Morelia s. spilota*: Ambush predation by a boid snake. Journal of Herpetology 22: 323-330.

– (1988b): The reproductive biology and mating system of diamond pythons, *Morelia spilota* (Serpentes: Boidae). – Herpetologica 44: 396–404.

– (1988c): Habitat use, movements and activity of free-ranging diamond pythons, *Morelia s. spilota* (Serpentes: Boidae): a radiotelemetic study. –Australian Wildlife Research 15: 515–531.

– (1988d). Reptilian endothermy: a field study of thermoregulation by brooding diamond pythons. – Journal of Zoology 216: 367-378.

– (1988e). Thermophilic response to feeding of the diamond python, *Morelia s. spilota* (Serpentes: Boidae). – Comparativ Biochemistry and Physiology 89A: 645–650

– (1988f): Thermoregulation of free-ranging diamond pythons, *Morelia spilota* (Serpentes: Boidae). – Copeia 4: 984–995.

Smith, L.A. (1981): A revision of the python genera *Aspidites* and *Python* (Serpentes: Boidae) in Western Australia. – Records of the Western Australian Museum 9(2): 211–226.

Stimson, A.F (1969): Liste der Rezenten Amphibien und Reptilien. Boidae (Subfam. Boinae, Bolyeriinae, Loxoceminae et Pythoninae). Tierreich 89. – de Gruyter, Berlin, 49 S.

Stopford, J. (1980): Unusual food intake of a diamond python. – Herpetofauna (Sidney) 12 (1): 35.

Storr, G.M., L.A.Smith & R.E. Johnstone (2002): Snakes of Western Australia. Revised Edition. –Western Australian Museum, Perth, 309 S.

Swan, G. (1990): A Field Guide to the Snakes and Lizards of New South Wales. – Three Sisters Productions Pty Ltd, NSW, Australien, 224 S.

Torr, G. (2000): Pythons of Australia. – Krieger Publishing, Malabar, Florida, 103 S.

Underwood, G. & A.F. Stimson (1990): A classification of Pythons (Serpentes, Pythoninae). – J. Zool., London, 221: 565–603.

Van Riel, C.A.P. (1984): *Morelia spilotes variegata* (Gray, 1842). – Litteratura Serpentium 4 (2): 57–62

Vogel, Z. (1994): Riesenschlangen aus aller Welt. –Westarp Wissenschaften, Magdeburg, 101 S.

Walls, J.G. (1998): The Living Pythons, A Complete Guide Of The Pythons Of The World. – T.F.H. Publications Inc., Neptune City, 256 S.

Warson, N. (1998): Breeding and maternal incubation of a diamond python *Morelia spilota spilota* (Serpentes: Boidae). – Herpetofauna (Sydney) 28 (2): 41–43

Webb, G.A. & A.B. Rose (1984): The food of some Australian snakes. – Herpetofauna (Sydney) 16 (1): 21–27

Weigel, J. & R.Worrell (1985): Diamonds are not forever. – Geo 7: 106–111.

Weigel, J. & Russell, T.,(1993): A record of a third specimen of the Rough-Scaled Python, *Morelia carinata*. – Herpetofauna (Sidney) 23: 1–5

Weigel, J. (2004): Rough Pursuits. – Nature Australia, Frühjahrsausgabe: 44–51.

Wells, R.W. & C.R. Wellington (1984): A synopsis of the class Reptilia in Australia. – Australian Journal of Herpetology 1 (3/4): 73–129.

Wells, R.W., & C.R. Wellington (1985): A classification of the Amphibia and Reptilia of Australia. –Australian Journal of Herpetology. Supplementary Series 1: 61 S.

Wengler, W. (1994): Riesenschlangen. – Natur und Tier - Verlag, Münster, 160 S.

Westerboek N.B. (2000): Keeping and breeding the Irian Jaya carpet python, *Morelia spilota variegata*. Hold og opdraet af Irian Jaya-taeppepython, *Morelia spilota variegata*. – Nordisk Herpetologisk Forening 43 (6): 166–175

Wheeler, T. (1995): Papua Neu Guinea. – Schettler Publikationen, Hattorf, 358 S.

Williams, D. J., (1992). Notes on the carpet python *Morelia spilota variegata* (Gray,1842), from the Mackay region of coastal Queensland. –Sydney Basin Naturalist 1: 79–80.

Wolf, E. (1989). Der Rauten- oder Teppichpython *Python spilotes variegatus* (Gray, 1842) (Serpentes: Boidae) in der F_2-Generation im Tierpark Hellabrunn. –Salamandra 54–56

Worrell, E. (1951). Classification of Australian Boidae. –Proceedings of the Royal Zoological Society of NSW 1049-50: 20–25.

– (1970): Reptiles of Australia. – Angus and Robertson, Sydney, 169.

Wüster, W., B.Bush, J., S., Keogh, M. O'Shea& R. Shine (2001): Taxonomic contributions in the "amateur" literature: comments on recent descriptions of new genera and species by Raymond Hoser. – Litteratura Serpentium 21 (3): 67–79, 86–91.

Yuhasz, J. (1998): Jungle Carpet Pythons (*Morelia spilota cheynei*). – Reptilian 7 (5): 40–41.

Außerdem zum Thema Pythons bzw. Riesenschlangen erschienen im Natur und Tier - Verlag (Adresse siehe oben) die drei folgenden Zeitschriftenausgaben:

REPTILIA 39, Februar/März 2003, Jahrgang 8 (1)
DRACO 5 (2) (2001-1)
Terraria Nr. 17, Mai/ Juni 2009